彩图1　数码相机

彩图2　微单数码相机

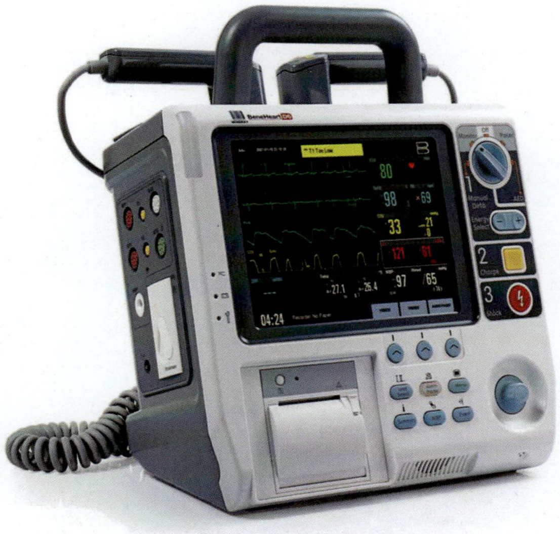

彩图3　除颤监护仪

彩图4　大型游轮

彩图5　冲击电钻

彩图6　运动型跑车

彩图7　色环

彩图8　色相推移

彩图9　色相的明度变化

彩图10　色彩的明度推移

彩图11　色彩的味觉感

彩图12　色彩的季节感

彩图13　M40D型叉车

彩图14　自行式房车

彩图15　CDC-6型童车

彩图16　F1赛车

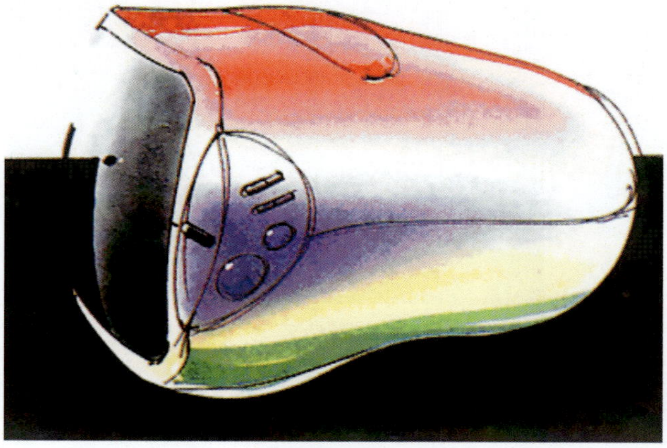

彩图17　钢笔淡彩效果图之一

彩图18　钢笔淡彩效果图之二

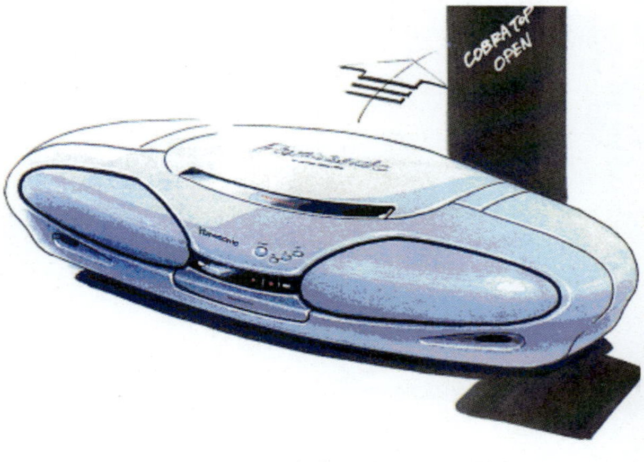

彩图19　钢笔淡彩效果图之三

彩图20　钢笔淡彩效果图之四

彩图21　水粉画法效果图之一

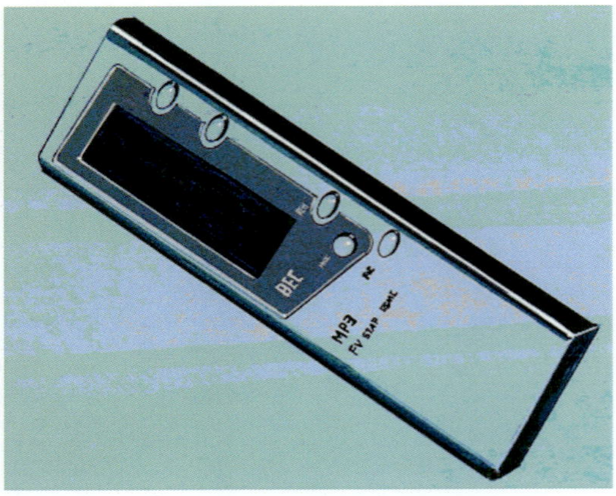

彩图22　水粉画法效果图之二

彩图23　水粉画法效果图之三

彩图24　彩色底浅层画法效果图

彩图25　麦克笔绘制的效果图之一

彩图26　麦克笔绘制的效果图之二

彩图27　麦克笔绘制的效果图之三

彩图28　色粉画法效果图之一

彩图29　色粉画法效果图之二

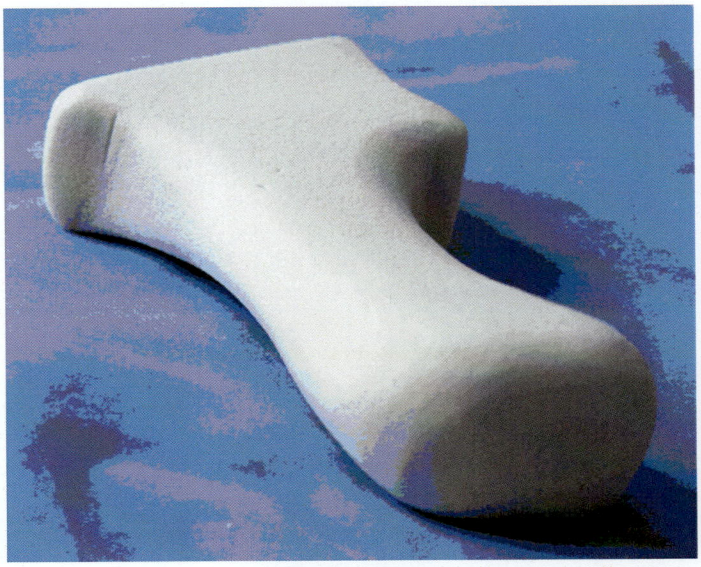

彩图30　草模型

彩图31　柴油机实物模型

彩图32　吸尘器的石膏模型

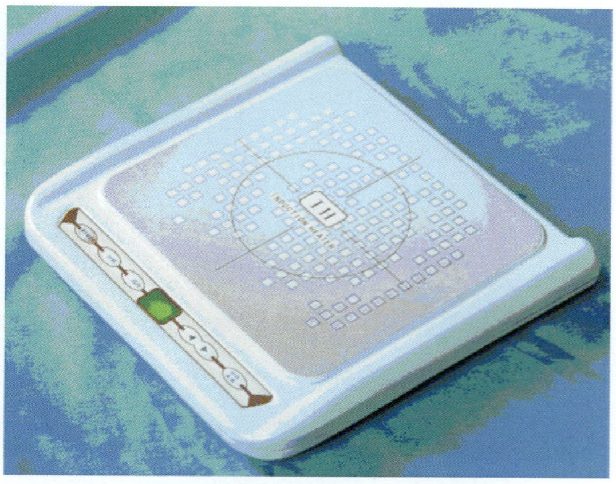

彩图33　塑料制作的模型之一

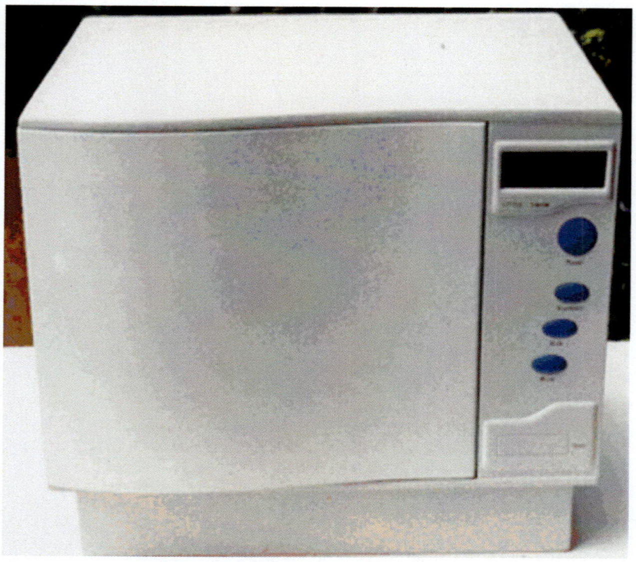

彩图34　塑料制作的模型之二

彩图35　塑料制作的模型之三

彩图36　摄像机的油泥模型

普通高等教育工业设计专业系列教材

第3版

工业产品造型设计

主　编　陈震邦
参　编　杨钟亮　沙　强　陈　健　杨冬梅　张　锡
主　审　陈同纲

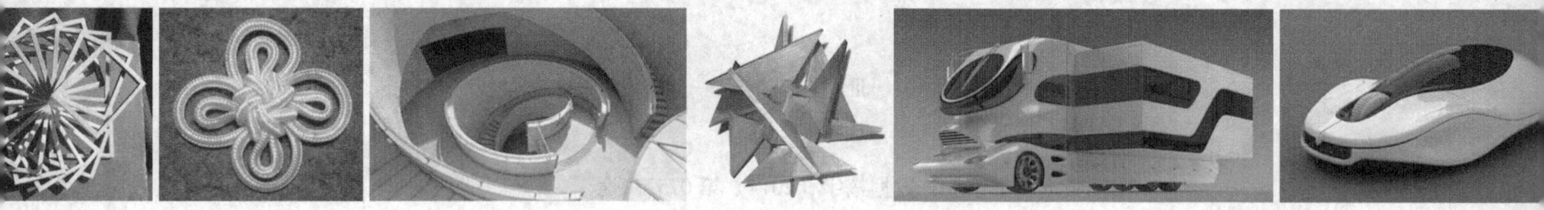

机械工业出版社
CHINA MACHINE PRESS

本书主要介绍工业产品造型设计的基础理论和方法，探求人-机-环境相互协调的设计思想。主要包括工业产品造型设计的任务与原则，产品形态设计，产品造型的美学法则，产品色彩设计的基本理论，标志设计的基本原理，与工业产品造型设计有关的人机工程学知识，产品造型设计的表现技法和主要程序，以及产品造型的质量评价。

本书可作为工学、理学、文学、经济和管理类相关专业本科生使用的教材，同时也可供有关工程技术人员和管理人员参考。

图书在版编目（CIP）数据

工业产品造型设计/陈震邦主编．—3版．—北京：机械工业出版社，2014.6（2026.1重印）

普通高等教育工业设计专业系列教材

ISBN 978-7-111-45767-1

Ⅰ.①工…　Ⅱ.①陈…　Ⅲ.①工业产品—造型设计—高等学校—教材　Ⅳ.①TB472

中国版本图书馆CIP数据核字（2014）第025250号

机械工业出版社（北京市百万庄大街22号　邮政编码100037）

策划编辑：冯春生　责任编辑：冯春生　陈建平　任正一

版式设计：霍永明　责任校对：潘　蕊

封面设计：张　静　责任印制：单爱军

中煤（北京）印务有限公司印刷

2026年1月第3版·第10次印刷

210mm×285mm·15.25印张·4插页·395千字

标准书号：ISBN 978-7-111-45767-1

定价：49.00元

电话服务　　网络服务

客服电话：010-88361066　　机　工　官　网：www.cmpbook.com

010-88379833　　机　工　官　博：weibo.com/cmp1952

010-68326294　　金　　书　　网：www.golden-book.com

封底无防伪标均为盗版　　机工教育服务网：www.cmpedu.com

PREFACE

第3版前言

目前，我国传统制造业正处于转型升级的阶段，发展文化创意产业可以促进产业创新和结构优化，是推动产业转型的重要途径之一。产品造型设计正是文化创意产业重要的一部分，产品通过造型设计可提升其文化附加值，从而满足人们精神需求，有利于提升生活品质。优秀的产品创意设计，不仅可以更好地发挥产品功能，而且会潜移默化地影响人们的思想观念、价值判断和道德情操。

创意产业的发展除了要重视创新创意的专业人才培养，也要注意造型设计知识的普及与推广。产品造型设计工作除专业设计人员之外，还涉及企业管理、工程技术、营销等各部门的人员，他们对设计工作的理解与帮助，往往起着十分重要的作用。我国目前产品设计水平不仅受到工业发展阶段的影响，也受到社会创新环境、教育资源和人才培养方式的影响。在大学里，向非工业设计专业学生介绍产品造型设计的基本知识，有利于拓宽他们的知识面，开阔眼界，提高审美意识，改善社会创新创意环境。对文科学生而言，学习造型设计可以培养解决实际问题的能力；对理工科学生而言，学习造型设计可以获取创新的灵感。

本书第2版自2009年出版以来，由于国民经济突飞猛进，推动了工业设计学科不断发展，在理论、应用和人才培养方面取得显著成果，作为教材须及时对内容进行充实和更新。

本次修订仍力求反映工业产品造型设计方面的新理念、新成果，主要修订内容如下：

1）将原第二章第六节造型设计的时代性调至第一章，原第二章第四节形的视错觉及其在设计中的应用调至第三章，同时对第二章的内容重新作了梳理，以便集中、系统地介绍产品形态设计的理论与知识。

2）将第八章第二节改为介绍产品从造型设计到产品的实现过程，使这章能集中篇幅介绍与产品造型设计程序有关的内容。

3）其他各章节，对某些内容根据学科发展，推陈出新，作了适当修改和调整。

本书由江苏大学陈震邦教授任主编，负责全书修订统稿。参加编写的有江苏大学沙强（第一章、第三章第七节），东华大学杨钟亮（第二章），扬州大学陈健（第三章第一~六、八、九节、第五章），陈震邦（第四章、第八章第二节），北京信息科技大学杨冬梅（第六章），南京理工大学张锡（第七章、第八章第一、三节）。全书由南京理工大学陈同纲教授主审。

由于编者水平有限，时间又比较仓促，书中难免存在缺点和不足之处，敬请读者不吝指正。

编　者

PREFACE

第2版前言

本书自2004年出版以来，承蒙许多高等学校教师、学生和其他读者的厚爱，已多次印刷发行。随着科学技术高速发展，近年工业设计学科领域不断拓展，研究的视野也在深入。作为教材应与时俱进，从工业产品造型设计的理念、内容、方法与技术等方面对其进行适时修订，以及时反映有关的科技新成果，提高本书质量，使之日臻完善。

本次修订仍力求论述严谨、文字精练、层次分明，重视基础与应用，重视学生能力的培养，综合素质的拓宽，广泛联系实际，教学适用性强，注意与学科发展相适应。本次修订的主要内容如下：

1）第一章增加插图，使论述更加形象生动。增加产品造型设计新理念的介绍，增加电子数码产品造型与功能关系的论述。

2）第三章部分图例用新产品图片替换，相应文字说明也作更新。

3）第四章增加产品色彩设计实例解析。

4）第五章增加商标在产品品牌战略中的作用论述。部分标志图例用新标志替换，相应文字说明也作更新。

5）第六章增加人机界面设计概念的论述。

6）第七章增加计算机绘图内容的介绍。

为保持教材建设的连续性，本书第2版仍由原编写人员承担。本书由江苏大学陈震邦教授任主编，负责全书修订统稿，参加编写的有江苏大学沙强（第一章、第二章），扬州大学陈健（第三章、第五章），陈震邦（第四章），北京信息科技大学杨冬梅（第六章），南京理工大学张锡（第七章、第八章）。全书由南京理工大学陈同纲教授主审。

由于编者水平有限，时间又较仓促，书中难免存在缺点和不足之处，敬请读者不吝指正。

编　者

PREFACE

第1版前言

随着现代化进程的发展，全国正向小康社会努力迈进，我们处在科技信息时代。工业产品造型设计是通过艺术与技术的紧密结合，在产品开发中求得人-机-环境的和谐与协调，使其既有优良的内在品质，又有优美的外观质量。产品造型的作用在于增加其市场竞争力和提高人们的生活质量，现在已越来越受到各方面的重视。处在全球经济一体化的环境之中，企业界开始认识到造型设计在产品开发中的地位与作用，并逐步将它融入到新产品开发实践中。

对设计对象作出审美判断，需要把工程技术与文化、环境、美学、市场等设计因素结合起来，协调产品和人与环境的关系，这涉及美学、生理学、心理学、社会学、经济学等诸多领域，还涉及人们的需求与爱好，以及在各种情况下作出的价值判断，这不可能仅靠一二门课程就能够得到解决的。目前，国内很多高等院校都设置了工业设计专业，为社会培养了大量的设计人才，有力地促进了工业产品造型设计工作。由于造型设计工作渗入到产品开发的全过程，除了专业人员投入外，仍需依赖其他工程技术人员的配合才能共同完成。因此，在高等院校加强对理工科院校非工业设计专业的学生普及工业设计知识是十分必要的。通过介绍造型设计与各学科的关系，造型设计的基础理论和技法，造型设计的一般过程和程序，以视觉语言表达为基础的设计艺术内容，对培养高等工程技术人员，全面提高素质教育，具有一定的现实意义。尤其是在当今知识经济迅猛发展，科技信息瞬息万变的形势下，对改革人才培养模式，调整知识结构，拓宽专业知识面，大力加强学生想象力、创新能力和表现力的培养方面起着很大的作用。同时对提高大学生的艺术与文化素质，培养有一定审美能力和设计创新能力的综合性人才具有重要意义。

《工业产品造型设计》是一本供工学、理学、文学、经济和管理类相关专业使用的教材。本书较系统地介绍工业产品造型设计的任务和原则，形态设计的基本理论和方法，色彩学理论，与产品造型设计有关的人机工程学知识，造型设计表现技法和程序，让学生全面了解技术与艺术、设计与审美文化的相互关系，拓宽学生视野，改善知识结构，培养学生的创新能力，使他们能与本专业的知识有机地结合起来。通过理论学习和初步的技法训练，使学生对工业产品造型设计的具体运作过程有一定了解和兴趣，可以从事一些初步的造型设计工作，学会正确评估产品的造型质量。

本书共八章，由江苏大学陈震邦教授任主编，参加编写的有江苏大学沙强（第一章、第二章），扬州大学陈健（第三章、第五章），陈震邦（第四章），北京机械学院杨冬梅（第六章），南京理工大学张锡（第七章、第八章）。全书由南京理工大学杨敢新教授主审。

由于编者水平有限，时间又较仓促，书中难免存在缺点和不足之处，敬请读者不吝指正。

编　者

PREFACE

目　录

Industrial Design

第一章 概论

第一节 概 述

一、造型设计与造物设计

造型设计活动自古以来就与造物设计活动密不可分。造物设计活动包括建造建筑、工具、用具、交通工具、玩具等设计活动。在某种意义上，造物设计活动是人类征服自然、改造自然的必然结果。通过造物设计活动，人类延伸、增长了自身的能力。造物设计活动离不开材料、机构、结构、制作技术，利用材料、机构与结构，物具有了某种增强或扩展人类自身能力的功能。在赋予材料与机构、结构某种功能的同时，物质材料必然以某种造型呈现在人们的面前。万里长城，是我国古代劳动人民智慧和才华的丰碑，是中华民族精神的象征，建造长城是为了防御当时外族的侵略，但由于长城多建在跌宕起伏的山峦之间，绵延万里，形成了一幅奇异壮观的美景；居家生活使用的锅、碗、瓢、盆，以及刀、铲、勺、筷子等用具，农业生产使用的犁、耙、锹、锨等工具在各具功能的同时，也各具形态。人类就是在这种长期的造物设计活动中发展并完善着自身。

在漫长的社会历史发展过程中，人类的造型设计活动与造物设计活动曾经历了融合、分离、再融合的发展过程。

在生产力水平低下的手工艺时代，由于集设计、生产、销售于一体，功能设计者本身就是造型设计者，同时也是生产者、销售者，设计者直接与消费者接触，自己生产产品，因而生产出的产品具有丰富的个性和特征，产生了众多的优秀作品。但产品的消费面，往往局限在某些区域或特定的人物范畴。这个时期，造型设计活动与造物设计活动是密切地联系在一起的。

造型设计活动与造物设计活动的首次分离，是由于作为艺术活动的造型设计活动被贵族化，一些优秀的手工艺者被帝王或教皇所垄断。所以在历史上曾出现了帝王或教皇们生活用品的极度豪华奢侈，而平民百姓的生活用品却粗制简陋的两极化现象。

造型设计活动在工业革命以后迅猛发展。工业革命以后两百多年的历史，诞生的各种人造物品几乎超过了人类几千年的文明发展史中人造物的总和。机器大工业的出现，使人类的造物活动从繁重的手工劳动中解脱出来，产品的生产由手工劳动演变为机械化生产。产品的标准化、大批量生产、消费市场的形成，使得社会生产力水平得到了极大的提高。但由于物质产品的匮乏，市场求大于供，生产者主导着市场，设计者设计什么产品，生产者就生产什么产品，市场上就销售什么产品，设计者与生产者和消费者之间的若干问题被掩盖了。人们追求机器工业的效率，无暇顾及机械生产的产品与手工生产的产品具有的不同的特点。尽管设计的物品有造型，但这种造型，由于新技术的不成熟，使得造型设计活动与造物设计活动还未达到融合的地步。

随着社会的发展，科学技术的不断进步，生产力水平的不断提高，物质产品的极大丰富，市场供大于求，市场竞争日趋激烈。产品市场的全球化发展趋势，使得产品生产者在满足消费者的物质功能需求的同时，还必须关注产品是否满足消费者的精神需求，因此造型设计已成为一种必然的竞争手段。造型设计与造物设计再次融合，但这种融合是在分工协作下的融合，造型设计呈现的特点也不再是个别的，而是在关注大众消费的共性基础上进行的。造型设计中考虑是以物理功能为中心，着重内部结构与外部形式之间的默契与沟通。造型设计除了继续关注产品的形态设计外，同时引入了人机工程、系统工程、价值工程、符号学、品牌形象、消费心理、市场学、绿色设计、可持续发展等科学因素和文化、营销观念，从而使市场上的产品观念发生了根本性的改变。

二、现代的产品观念

对产品的传统理解是指具有一定效用的物质实体性的产品。也就是说，某一产品的存在，必须以产品的功能作为产品存在的前提条件。这种理解是基于产品的实用性（与适用性不同）和物质性基础上的。而现代的产品观念则是指为满足人们需求而设计生产的具有一定用途的物质产品和非物质形态的服务的总和。因此，产品应当包括以下三方面的内容：

（1）实体　产品提供给消费者的效用和利益。

（2）形式　产品质量、品种、造型、规格、款式、商标、包装等。

（3）延伸　产品的附加部分，如维修、咨询服务、分期付款、交货方式等。

现代的产品观念实质上是从消费者的需要出发，而非单纯从工程技术实现的角度来理解产品。现代产品的观念把“人”放在第一位，而非把“物”放在第一位；现代产品观念结合了市场营销的观念，从环境、竞争、利益、社会发展平衡等多个角度诠释产品——功能的载体这一现象。

产品设计的动机就是为了满足人们的物质与精神享受的各种需求。美国著名心理学家马斯洛的需求层次论有助于读者对现代产品观念的理解：人的需求是有层次的。人的需求层次共分七层：生理的需求、安全的需求、归属的需求、尊严的需求、认知的需求、审美的需求、自我实现的需求。

从上面的七个需求层次来看，物质需求是人类的基本需求。但随着社会的发展与进步，在物质需求得到基本满足以后，人类的需求将从物质层面需求逐渐向更高层次的精神需求转化。现代产品观念中的形式和延伸，部分地体现了这种转化。

比如，最初照相技术的应用，是由于感光材料与快门机械技术的发展，使得人像能够快速地拍摄下来，某种意义上，它取代了画像艺术，使人能够在不具备画像技术的前提下，同样也可以取得逼真的画像。但最初的相机涉及光圈、速度等技术参数，对相机的使用需要操作者具备一定的技术水平。随着电子技术的发展，一些控制技术的应用，出现了全自动的所谓的“傻瓜相机”，任何人只要对准拍摄物，按下快门即可拍摄。随着计算机的应用和发展，以及信息存储技术的发展，新一代的“数码相机”出现，使得摄影技术发生了革命性的变化。物质功能仅仅是消费者的一方面需求，精神方面的需求在不断发生变化。一些高档“数码相机”的外观，更接近传统的“手动”形态，体现出摄影爱好者的“高操作技术”心态（彩图 1、彩图 2）。

高新技术在促进着新产品的出现，同时也在促进着新的情感诞生。造型设计能够体现时代的思想，能够体现人类的生活方式和审美意识与情趣的演变，同时也能够反映社会科学技术的发展水平。用现代的生产技术手段，经济高效地生产出符合人性化的、满足人类社会不断发展变化的情感需要的产品，是时代对设计业与制造业的要求。

三、工业设计与工业产品造型设计

工业设计（Industrial Design，ID）是一门以工业化大批量生产为前提条件的，涉及艺术与科学两大范畴的新兴边缘学科。

工业设计的概念源于 18 世纪 60 年代的工业革命。1851 年，在英国伦敦海德公园举办的第一届世界工业博览会上，较全面地展示了当时欧洲和美国的工业发展成就（图 1-1、图 1-2），同时也暴露了工业设计中的各种问题，成为引发工业设计问题争论的导火索。其中最有深远影响的批评来自拉斯金及其追随者。拉斯金（John Ruskin，1819—1900）是英国的一位作家和批评家，他将展览作品的粗制滥造归罪于机械化批量生产，主张回归到中世纪的社会和手工劳动。拉斯金的理论成为后来的工艺美术运动的重要理论基础。

图 1-1 第一届世界工业博览会（水晶宫）外景

工业设计真正在理论上和实践上的突破，来自于 1907 年成立的德意志制造联盟。这是一个积极推进工业设计的舆论集团，由一群热心设计教育与宣传的艺术家、建筑师、设计师、企业家和政治家组成。联盟从发展技术、经济、艺术和文化意义的高度，对机器工业持肯定和支持的态度，并提出了与工业时代相适应的设计美学标准。

1919 年 4 月在德国魏玛成立的包豪斯设计学校，汇集了当时现代艺术各个流派的不少代表人物，促进了现代主义的融汇、发展，奠定了现代工业设计教学体系的基础。

20 世纪的产品造型设计强调“形式追随功能”的法则，在社会物质条件相对缺乏的

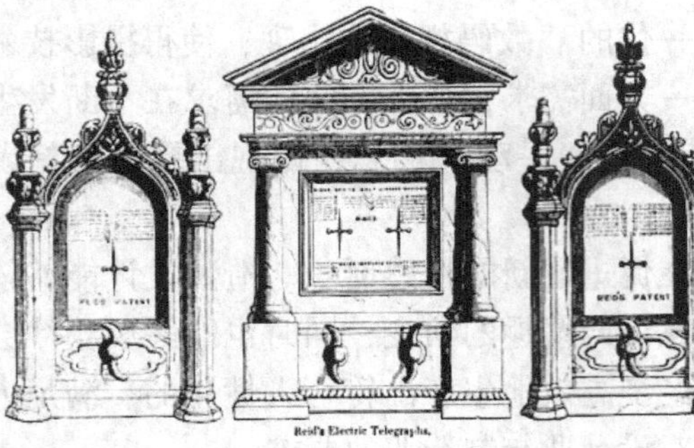

a）

b）

c）

d）

图 1-2　第一届世界工业博览会展出的产品

a）电报机　b）蒸汽汽车　c）时钟　d）马车

年代，机械技术又在工业产品中占有相当大的比重，这一设计原则是符合社会发展的规律。但到了 21 世纪，蓬勃发展的工业和物质文明将社会推进到丰裕时代，人们消费水平大大提高，并开始追求有个性和品位的产品，对产品附加值有了更多的要求。而且随着科技的发展，现代微电子技术脱颖而出，迅猛发展，已渗透到人们生活的每个角落，很多产品的造型设计出现了“需求决定形式”的要求。因此，当分析产品造型设计时，必须从其历史发展的角度来看，注意造型设计与时代变迁之间的关系，梳理出一条明晰的发展脉络，使人们能从宏观上认识设计。用历史发展的眼光辩证地看待产品设计，“以史为鉴”在任何时候都是需要的。

目前工业设计广泛采用的定义是国际工业设计协会联合会（ICSID）在 1980 年的巴黎年会上为工业设计下的修正定义：“就批量生产的工业产品而言，凭借训练、技术知识、经验及视觉感受而赋予材料、结构、形态、色彩、表面加工及装饰以新的品质和资格，叫做工业设计”。根据当时的具体情况，工业设计师应在上述工业产品全部或在其中几个方面进行工作。而且，当需要工业设计师对包装、宣传展示、市场开发等问题加以解决并付出自己的技术知识和经验以及视觉评价能力时，也属于工业设计的范畴。

广义地理解工业设计，应该包括产品造型以及围绕产品的包装、广告、商品展示等二维的和三维的视觉传达设计方面的内容。更深层次上来说，广义的工业设计，是企业的市场产品开发、市场实现的重要手段之一，它已经成为联系技术与应用、企业与消费者、现实与未来的重要桥梁。

狭义地理解工业设计即为工业产品造型设计，也就是围绕产品的材料、构造、形态、色彩、表面加工及装饰而赋予特定产品以新的品质。本书讨论的主要是狭义的工业设计即工业产品造型设计。

作为一种新的产品设计观念和方法论，工业产品造型设计探讨如何应用各种先进技术，达到产品的科学与艺术的高度统一，在现代工业产品的开发和更新换代中，寻求实现“人－机－环境”的和谐、统一。具体地说，它研究如何应用造型美学法则，处理特定条件下各种产品结构和功能、造型、材料，产品与人、环境、市场等的关系，开发出在视觉上具有时代美感的现代工业产品，以满足社会生产和人们物质文明、精神文明的需要。

因此，工业产品造型设计是一门横跨工程技术、人机工程、价值工程、形态美学、消费心理等学科的综合性学科。

第二节 工业产品造型设计的任务与发展

一、工业产品造型设计的任务

工业产品造型设计的任务，总的来说，就是对批量生产的工业产品，赋予材料、结构、形态、色彩、表面加工及装饰以新的品质和资格。工业产品造型设计主张产品技术的先进性和科学性，主张在应用先进的科学技术和生产方式的前提下，发展视觉审美情趣，主张依靠技术发展和市场的需求变化作为产品形态发展的推动力。

消费者的多元化需要向工业产品造型设计提出了更高的要求。随着社会的发展，技术的进步，社会生活的日益丰富和生活情趣的多元化，要求企业能够不断地为生产者和消费者提供更多的可供选择的产品，不仅在功能和性能上满足用户的需要，而且在产品形态、色彩和表面肌理、人机操作界面等要素上满足用户不断发展变化的情感需要。因此，工业产品造型设计的任务具有精神和物质双重功能。

产品全球化的竞争迫使企业越来越重视工业产品造型设计。从现代企业经营的角度看，合作化、协作化生产，使得现代产品的生产已经不再是传统生产方式下的那种“大而全”的形式，不同品牌的产品可能用的是同一家动力设备，一个品牌产品的企业生产者甚至可能仅仅是一个装配性的企业。产品的差异在于企业的产品对消费者需要的满足程度，消费者并不十分关心产品实现功能、性能的具体方式。比如，购买洗衣机（图 1-3），消费者关心的是它不损伤衣物，而且能有效地把衣物洗干净，便于操作，外观新颖、美观大方，与环境相协调。因此，把不同的功能组件，组合为满足消费者需要的具有一定功能的产品，成为产品开发的

图 1-3 西门子滚筒式洗衣机

一大任务。而产品品牌形象在其中越来越成为沟通企业与消费者的重要桥梁，工业产品造型设计肩负着塑造企业产品品牌形象的重任。深圳某公司的 BeneHeart D6 型除颤监护仪（彩图 3）的简洁造型、主体的黑白灰色调以及按键的色彩设计，塑造了该公司产品的品牌形象。

工业产品造型设计不是简单的机器或用具的美化，而是在充分考虑产品的功能、技术性能、制造工艺、环境等因素的基础上，使功能、工艺结构、操作特性、人－机关系、尺度比例、环境、制造成本、使用者心理相协调的一门技术，将生产与消费的各个环节的因素统一表现在产品上，是将技术、消费者心理与视觉艺术有机结合起来的一门边缘性学科。工业产品造型设计不是在工程设计的基础上做些表面文章，而是应该贯穿产品设计的整个过程，包括产品战略、市场调查、产品计划、设计开发、技术设计、生产、流通等各个阶段。同时要重视与设计、技术、营销等其他部门的沟通。

人们看到汽车，对这辆车的第一印象，肯定是它的外观造型，它给人的视觉冲击力确实非常重要。但这还远远不够，因为经过一段时间，外形的吸引力会逐渐减少，甚至消失。所以，强烈的情感必须建立在上述各因素的结合之上。除了汽车的外观之外，它的内部是复杂的，各部件是精美的，内饰又亲切宜人，只有这样，才能长时间保持车与人之间的“磁场”。当消费者站在一辆车前面时，不仅面对它的外观，还面对它复杂的内部，只有内外的结合，才能产生真正持久美好的感觉。对于一个设计师来说，他要设计的不仅是汽车造型，还要考虑到汽车内部结构和细微之处。以跑车为例，不管是设计前脸，还是其他部分，在绘制设计图时都要十分小心。设计师需要丰富的知识，不然很可能设计的汽车不能使用。设计美感来自对产品高品质的追求，设计是造型与技术、品味与功能的结合，应使美感与功能和谐融合。

工业产品造型设计，在一定程度上反映了一个国家的繁荣和物质文明水平以及文化艺术的成就，同时，也反映着一个国家的工业技术水平。工业产品造型设计在不同种类的产品中的作用不尽相同，但在市场上有时它的作用却是决定性的，影响着消费者的购买选择，从而在某种程度上决定了产品在市场上的竞争力。产品造型作为一种艺术形式，由于有技术发展、消费需求的不断变化以及市场竞争作为其发展的推动力，将呈现出引导人类文化发展的一种态势，对于美化环境、陶冶审美情趣、提高人类的文化素养有着非常积极的意义。

二、工业产品造型设计的发展

随着时代进步和社会经济的发展，产品造型设计的范畴和研究的视野在不断地拓宽，设计界也在思考，面对新的形势，如何选择未来的生产方式和生活方式，由此产生出许多新的设计理念。

（一）绿色设计

全球工业化发展至今，给人类带来了巨大的物质财富，创造了辉煌的物质文明，也给自然界和人类社会带来了严重的后果，以致生态环境的恶化已威胁到自身的存在。自然资源消耗日趋庞大，导致资源明显短缺，能源危机迫在眉睫。人类在面临经济、社会、环境三大问题的情况下，对自身的生产、生活行为进行了反思，从而提出了可持续性发展的观念。它有两个最基本的要点：一是强调人类享有追求健康而富有生产成果的生活权利，但这应该是坚持与自然和谐方式的统一，而不应采取耗竭资源、破坏生态环境和污染的方式来追求这种发展权利的实现；二是强调当代人在创造和追求今世发展与消费的时候，应当承认并努力做到使自己的机会与后代人的机会相平等。可持续发展理念的基本内涵是要合理解决社会、经济、生态环境和资源利用之间的矛盾，兼顾和平衡各方面的利益，实现系统优化的目的。在产品设计领域，绿色设计成为了可持续发展理论具体化的新思潮与新方法。

所谓绿色设计就是在保护生态环境的前提下，产品设计既要满足人的需求，又要注重生态环境的保护与可持续发展，既实现社会价值，又保护自然价值，促进人与自然的和谐发展。在工业化时代，产品设计只考虑满足人的需求，现在还需要考虑产品从生产、使用到废弃的整个生命周期中，使原材料消耗尽量少而不影响寿命，应使其在制造过程中消耗能源要尽量少而不影响其效率，把对环境的影响降到最小。设计者直接参与产品诞生的全过程，所以在解决生态环境问题时起着决定性的作用。如以人为中心价值标准来衡量产品设计，会侧重其美观和功能性，现在从以人为中心转向与自然共存之后，设计价值衡量的标准不仅要注意对象的功效性，也要从整体上考虑设计对象与环境之间的关系。随着人们逐渐认识到环境要素在设计过程中的重要性，在产品造型设计时就要考虑到产品的节能、降耗、减污、材料的选择、加工工艺、运输、营销、使用、维修、废弃和回收整个领域，要合理协调产品开发过程中的经济问题和环境问题之间的关系。

产品造型设计中的设计要素十分广泛，其中材料的选择是解决环境问题的关键。应用广泛的塑料具有成型工艺成熟、生产效率高、成本低的优点，但很难降解，设计时必须考虑塑料零件回收、重复利用的可能性。很多塑料零件为了美观，往往进行涂漆、镀金、印刷、转印等表面处理工艺，这将会使其在回收加工中，由于涂膜粒子的混入而影响再生塑料的流动性和表面质量。因此提倡尽量利用材料本身的色泽和质感，或对模具表面进行特殊处理，以增加塑料表面的表现力。地球上不可再生资源日益减少，设计中应尽量考虑采用天然可再生的环保材料，如用竹材制作刀、叉、筷、盆等餐具，用纸浆制造电视机外壳，用木屑板制作家具等。很多家用电器和玻璃器皿在运输过程中为避免振动和碰撞，在包装盒内用泡沫塑料来衬垫，其实改用纸浆制品来替代也能达到很好的效果。图 1-4 所示为一个收音机和应急灯组合，它是一个多功能产品，正面是收音机，侧面上方有个聚光灯，并且有一个巧妙的摇柄设计，提供手摇发电。一个应急产品需要体积小、结构紧凑，若手柄太短，则用起来会很吃力。因而设计中加长了手柄，并做成折叠可镶嵌的方式来解决，这样便达到了使用方便又不需要额外能源的目的。

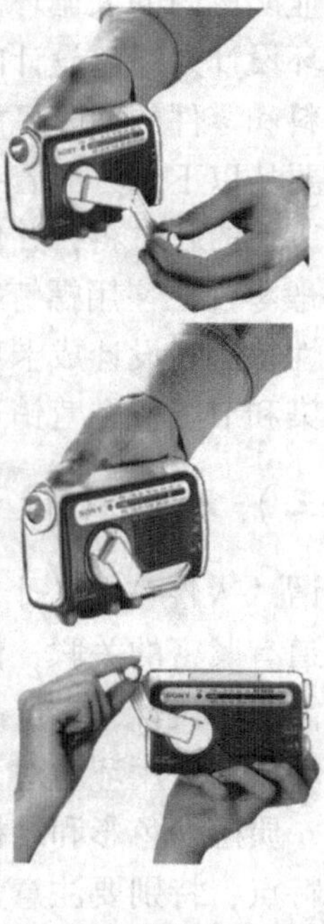

图 1-4　收音机和应急灯组合

（二）循环经济与绿色制造

20 世纪的工业是资源消耗型工业，产品的生命周期是“原料—制造—使用、维修—失效废弃”的单向过程。工业将资源转变成产品，它在生产与使用过程中产生大量的废弃物，成为环境主要的污染源。地球上的资源逐渐耗尽，环境日趋恶化，给人类生存带来严重威胁，针对社会经济应如何发展的问题，于是提出了“循环经济”理论。其核心内涵是提出产品的生命周期应是“设计开发—原料和新材料—制造—使用、维修—回收再利用”的可持续发展的循环过程，产品制造的全过程以保护环境为前提，这就产生了“绿色制造”理论。

循环经济的本质是一种生态经济，它要求把经济活动组织成“资源—产品—再生资源”的反馈式流程，它以资源的高效利用和循环利用为核心，以减量化、再利用、资源化为原则，以低消耗、低排放、高效率为基本特征。绿色制造的原则是综合考虑环境影响和资源效率，使产品在整个生命周期中对环境的负面影响最小，资源效率最高，并使企业经济效益与社会效益协调优化。它是一种充分考虑资源与环境两大问题的一种制造模式，而绿色制造又与绿色设计是紧密相连的。

循环经济的发展模式，就企业内部的小循环而言，应组织企业内部各加工环节之间物料的循环，延长生产链，减少生产过程中物料和能源的使用量，尽量减少废弃物和有毒物质的排放，最大限度地利用再生资源，企业应主动回收卖出后的废弃产品，如空调、计算机、汽车等由生产企业负责回收。对于一个行业或一类产品（如家电业、自行车业等）建立一个回收再利用机构，专门组织回收处理本行业的废弃物，然后进行拆解、分类和循环再生利用。在工业园区内，通过物质集成和信息集成，形成产业间的代谢和共生耦合关系，使一家企业的废水、废气、废渣、余热或副产品成为另一家企业的原料和能源，形成生态工业园区内的大循环。

循环设计是绿色设计的方法之一，又称回收设计，即在产品造型设计时，充分考虑产品原材料和零件的回收可能性，以达到资源和能源的充分利用而使污染最小。为达到此目的，主要从以下几方面着手：在设计零件的材料选择中杜绝采用有辐射和污染的原料，采用环保节能的新材料，并优先采用回收的零部件；造型结构采用易拆解、可分解回收的设计（一般零件往往用螺钉紧固，使用后螺钉易锈蚀，不易拧开。分解设计中就提倡利用材料的弹性特点，设计成卡口连接，使装配和拆卸十分方便）；零部件在生产加工过程中应减少污染和节能；在营销运输时采用绿色包装，努力回收包装，以便再利用。

（三）人性化设计

所谓“人性”是一个哲学概念，现代汉语的诠释为：人所具有的正常感情和品行。人性与人道有紧密的关联，体现出对人生理和精神上的一种关怀。“人性化设计”是一种关注人性需求的设计，在产品造型设计中，首先要考虑人的因素，如人机关系、产品使用者的需求动机、使用环境对人的影响等。人性化设计要求产品与人有良好的互动关系，产品在造型、质感、色彩和结构尺寸方面要符合环境和社会需求，能符合不同人群使用时生理与心理特点，特别要注意为儿童、老人和残障者作体贴入微和优先的考虑。人性化设计的中心思想是使产品设计符合人性的需求，尊重使用者的人格和生理与心理需要，使人们生活得更加方便、舒适与体面。它有助于提高产品的经济价值和社会价值，并有助于提高和完善人的人性和人格，促进社会和谐发展。

人性化设计的根本原则是技术应该适应人，而不是人适应技术。在产品造型设计时，产品的形式应适合人的生理与心理特征。可见，人性化设计是以人机工程学的发展为前提和基础的。它强调产品设计首先应考虑高度舒适的功能性，人们将会更加重视产品的人性化方面的评价；更要求设计者对使用者、产品和它的使用过程有深刻细致的了解，这样才能做好设计。

产品造型人性化设计案例甚多，如随着计算机的普及，由 IT 技术以外的设计因素所造成的问题和烦扰也由隐性变得明显，使用者手部、手腕、背部的积累性损伤所造成的疾病日益增加和严重。人们逐渐认识到，要真正享受计算机给人们带来的乐趣，就必须对其设计提出更高的要求，要具有亲切、富有人情味、安全、方便、关爱人的健康、对人体贴关怀等人性化设计思想。人们都很喜欢笔记本电脑，其实它最不符合人机工程学的设计。一般笔记本电脑键盘尺寸过小，操作者不得不收缩肩膀，上臂呈夹紧状向前伸出，时间长了，很容易形成肩膀和上臂处的静态肌肉疲劳，使人身心疲惫，工作效率降低，甚至产生畏惧心理。如要频繁操作笔记本电脑，最好选择外设键盘和鼠标。房车是集户外旅行与休闲为一体的车型，它好像一个移动的家。房车内部设计就具有吃、住、洗的功能，一般包括卧室、厨房、卫浴三部分，在室内有限的空间内，要按功能全、节省空间、使用舒适、视觉感好的人性化要求设计，以达到改善房车居住的生活环境与舒适性，并显示车主人个性化的特征，表达其情感和心愿的目的，让房车内部充满温馨氛围，满足人们休闲娱乐的需求。

（四）情感化设计

人的情感活动是人精神生活的主要方面，人们对一个产品的体验，是通过视觉、听觉、触觉、嗅觉等获得的，这都会对人的情感活动产生影响。不同的产品给人的体验与想象空间也不同，产品可以利用多种情感因素来提升自身的价值。更有人提出“形式服从情感”的设计理念，认为消费者购买的不仅是产品，也购买了包含赏心悦目的形式中的价值、经验和自我意识。产品在情感层面的设计就是遵循人的情感活动规律，把握消费者的情感内容和表现方式，用符合情感体验的产品设计来求得消费者心理的共鸣，产生喜欢和愉悦的心情，唤起人们对新生活方式的追求。

审美的感官体验可以加强产品与人的情感纽带，产品外观部件的形式、尺寸、比例、材质、色彩等都会在使用者心中产生不同的感受、刺激、愉快或压抑，影响人的情绪，产生冷暖感、兴奋感、平静感、轻重感、大小感、轻松或疲劳感等，进而影响产品功能的发挥和使用积极性。美感着眼于人的感官体验，许多产品的造型设计只强调视觉感受，其实它还应包括听觉、触觉等人体多方面的感官体验，通过产品来刺激尽可能多的感觉器官，能够建立一种使用者与产品之间积极互动的情感联系，产生美感。

一旦设计赋予产品情感，使产品成为情感的依托和回忆的载体时，产品就有了生命和情感，或者说产品已经人格化。比如操作照相机的过程就是一种与产品情感互动的心理体验过程（图1-5）。打开镜头盖，转动显示屏，找准角度，聚焦图像，按下快门，这一系列

图 1-5 富士数码相机

动作都让照相者充分感受到操作产品的愉悦和快感，体验到拍照的乐趣。传统的照相机的黑色皮革质感给人带来高雅的专业感，高精度的金属质感给人带来触摸感，金属拉丝表面给人视觉美感，皮革机身用手触摸有舒适感，按动快门时的手感都给人带来感官上的体验。又如设计师为手机设计的挂绳孔（图 1-6），也充满了情感特征，它给人以安全感和运动感，让人忍不住给手机挂一条与其一样时尚的链子，让它实实在在地成为时尚挂件。往往产品的一些细节设计，就能满足消费者对某种活动或感觉的爱好，表达着他们丰富的情感内容。

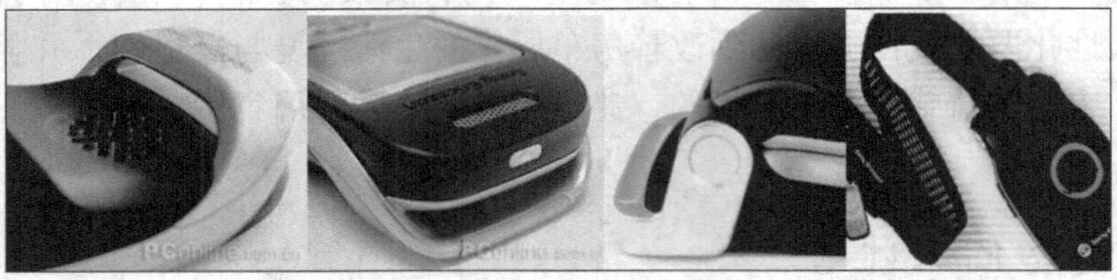

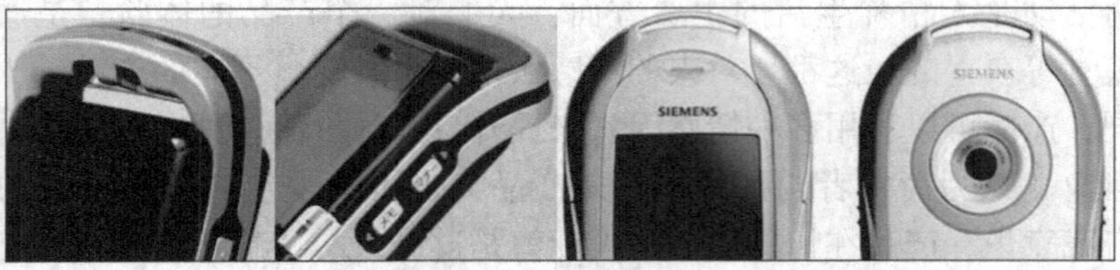

图 1-6　索爱、西门子手机的挂绳孔

第三节　工业产品造型设计的要素

一、工业产品造型设计的三个基本要素及相互关系

工业产品作为一个客观存在，都包含着物质功能、物质技术条件和产品造型艺术三个基本要素。

物质功能就是产品的用途和使用价值，是产品赖以生存的根本所在。物质功能对产品的结构和造型起着主导的决定性的作用。

物质技术条件，是工业产品得以成为现实的物质基础，它包括材料和制造技术手段，并随着科学技术和工艺水平的不断发展而提高和完善。

工业产品的造型艺术，是利用产品物质技术条件，对产品的物质功能进行特定的艺术表现。工业产品造型的艺术性是为了增强企业产品的市场竞争力，提升产品的品牌形象，满足人们对产品的视觉愉悦要求。产品的精神功能由产品的艺术造型予以体现。

产品的三要素同时存在于一件产品中，它们之间有着相互依存、相互制约和相互渗透的关系。物质功能要依赖于物质技术条件的保证才能得以实现。而物质技术条件不但要按照物质功能所确定的方向才能发挥，而且它还要受到它本身的合理性和产品的经济性的制约，为产品功能和造型艺术服务。产品功能和物质技术条件往往是在具体的产品中完全融合为一体的。而艺术造型，尽管存在着少量的、以装饰为目的的内容，但在实质上，往往受物质功能的制约。因为物质功能直接决定了产品的基本构造，而产品的基本构造既给造型的艺术性提供了发挥的可能性，同时也对造型的变化进行了一定的约束。至于物质技术条件，则更是与产品造型形式美休戚相关：材料本身的质感、加工工艺水平的高低都直接地影响造型的形式美。因此，尽管造型艺术性受到物质功能和物质技术条件的制约，设计者仍然可以在同样功能和同等的物质技术水平的条件下，以不同的结构方式或造型手段，创造出变化多样的产品外观式样。如果功能结构对造型产生过分的不利影响，则结构也有必要因造型的需要而在不影响功能的前提下作合理的改变，所以，功能和形式美感必须紧密地结合在一起。在任何一件工业产品上，既要体现出时代的科学成果，又要体现出强烈的时代美感。以科学的物质功能编织成艺术美的外貌，又以现代的艺术形象凝聚科学美的个性，这是产品造型活动的最终目的。

作为设计师，必须深刻理解三者之间的关系，否则，畸重畸轻都会影响产品的整体效能的发挥。目前，国内的一些工业产品在国际和国内市场上缺乏竞争力，并非是产品不具备这三个基本要素，而是因为产品失去了科学技术的先进性、时代的艺术感染力和资源的经济性。

二、工业产品的物质功能、使用功能与精神功能

任何工业产品的用途决定它的物质功能，而产品能否有效、准确地工作，还决定它的使用功能，同时它还具有可供人欣赏，使人心情愉悦的精神功能。

产品的物质功能是指其完成特定工作的能力，它是产品存在的主要目的，也是造型设计的基础。如汽车是运输工具；手机是传递信息的工具；机床可加工各种零件；座椅可供人以坐姿工作或休息等。产品的物质功能通过技术设计来保证，由加工制造来实现。产品物质功能的指标是各种技术性能参数，如汽车的质量、速度、载重、乘员人数等，它直接显示出产品的内在质量，产品的造型必须使外观形态与工作性能相适应。

产品的物质功能只有通过人的使用才能体现出来，而产品功能的发挥不单取决于自身的技术性能，还取决于使用时操纵者是否能与产品协调、正确、省力、高效地进行工作，这就是产品的使用功能。比如产品的显示屏居于人适当的视野范围之内，能让操纵者清晰、准确地看清数据和图像；各种按键、旋钮、手柄位于操纵者易于触及的活动范围之内，使他们能方便、及时和省力地操作；用于书写记录的台面高度能适应人的书写状态，使书写舒适方便。使用功能具体说明了产品对于人的生理适应程度，它应具有易用性、安全可靠性和舒适性。它对产品物质功能的发挥影响很大，某些物质功能先进的产品，如飞机、核电设备，往往因其使用功能设计的缺陷，而影响到它的工作效率，甚至诱发重大事故。

产品的精神功能通过造型设计予以体现。产品的外观形态、比例、色彩、材质、装饰等都会在人们心理产生特定感受，如明朗、柔和、愉快、稳定、振奋、自然、高雅、新奇，或沉闷、压抑、困惑。这些感受就是产品造型所产生的精神功能，它不仅能满足人们审美的需求，同时也有利于人、机和环境系统效率的改善。对于某些产品，如汽车、手机和日用轻工业品等，它们所具有的精神功能更占有十分重要的分量。汽车作为一种商品，它不仅是交通工具，车身造型的时尚与档次，车内装饰的舒适新颖等还代表了用户的身份、地位、经济实力和文化观念。

这种感受还是浅层次精神方面的满足，高层次的表现为对消费者身份、地位、个性、审美价值观、社会和文化归属性的体现和满足。这就是产品形象所代表的时代特征和显示出的某种意义，需要消费者在使用体验产品时，结合自身的经验和背景，从内心感受到。

三、工业产品造型设计的特征

由于工业产品造型设计与其他艺术设计都具有一定的精神功能，因而使得工业产品造型设计与其他艺术有着一定的内在联系。这种联系发生在工业产品造型设计所从属的技术美学与其他艺术所从属的艺术美学之间的共同点上。但是，由于工业产品造型设计具有强烈的科技性、经营性，因而使它具有一系列的自身的特征。

产品造型能使人产生一定的心理感受。产品造型不像艺术门类中的绘画、雕塑和文艺作品那样，通过刻画典型事件和人的生活现象反映现实，它无法重现生活。但是，它却可以通过以不同的物质材料和工艺手段所构成的点、线、面、体、空间、色彩等要素，构成对比、节奏、韵律等形式美，以及由此形式所体现出的某种并不具体的但却实际存在的朦胧的情思，表现出产品本身的特定内容。

产品造型具有物质产品和艺术作品的双重特征。作为物质产品，它具有一定的使用价值，即物质功能。这种物质功能往往是由产品的实用性和科学性予以保证的。说它又是艺术作品，是因为产品造型具有一定的艺术感染力，使人产生如愉悦、兴奋、舒适、安宁等感觉，满足了人们的审美需要，表现出精神功能的特征。但是产品的物质功能与精神功能是紧密地联系在一起的，产品一旦失去物质功能，产品的精神功能也随之丧失。这一点是工业产品的造型设计与其他艺术作品的不同之处。因此工业造型设计既不同于工程技术设计，又区别于艺术创作。

产品造型具有"时尚"的特征，即产品造型具有较强的时代感。由于产品造型不具备一般艺术作品那种独立持久的、"无价"的艺术价值，因而在物质生活水平和文化水平日益提高的现代社会中，许多产品并未失去物质功能，但却由于"样式落后"、"不时髦"而失去欣赏价值，遭到淘汰。

产品造型的创作活动，需要通过多专业、多工种甚至多学科的共同协作，同时受功能、物质和经济等条件的制约。所以，产品造型不是单纯的艺术创作，而是功能技术和艺术创作完美结合的结果。它在具备实用性、科学性的同时，具备艺术性。所以，工业产品造型设计不同于一般艺术，具有科学的实用性，才真正体现了产品的物质功能；具有艺术化的实用性，才能体现出产品的精神功能；某一时代的科学水平与该时代人们的审美观念结合在一起，就反映了产品的时代性。

四、工业产品的内容与形式

与任何形态一样，一件工业产品，包括内容与形式两个方面。

工业产品的内容，就是产品所具有的物质功能和使用功能。产品的形态、色彩、材质等造型要素所共同构成的产品造型，就是产品的表现形式。形式在人们的心理中产生的不同感受，就是产品造型的精神功能。

工业产品造型设计中，产品形式与内容的关系，与一切人为形态的创造原则一样：形式服从内容，形式为内容服务。

产品的物质功能是产品造型的目的。不注意创造产品的物质功能，产品造型设计就失去了任何意义。因此，产品造型中的精神功能的创造，必须服从产品的物质功能，有助于人们对产品物质功能的理解。任何违背"功能决定形式，形式为功能服务"的造型设计思想，都有可能导致造型的纯形式主义或纯功能主义。

“功能决定形式”，即是说，产品造型应首先保证产品物质功能最大限度的、顺利的发挥。任何影响和阻碍产品物质功能的发挥，片面追求造型的形式美，是纯形式主义的表现。如机床的形态设计，应首先保证和提高机床的内在质量，不能为了追求形态设计的比例美、线型美而降低机床的加工精度及其他技术指标。机床的色彩设计，应首先考虑操作者能产生安宁、思想集中的工作情绪与足够的视觉分辨能力，以保证工件的加工精度、加工速度和安全操作，不能单纯地追求色彩的新、奇、美，影响和破坏操作者良好的工作情绪。汽车车身的设计，应首先保证安全、快速、舒适，而不能为了形式美使形态设计违背空气动力学的要求（图 1-7）。灯具的设计，应充分考虑照明的最佳效果，不能为了追求造型的美感，在灯罩的照明方向上设计不透明的图案，这样会减小光通量，影响灯具的照明度。

图 1-7 舒适的轿车内部空间

“功能决定形式”，并不意味着取消形式的作用，使这个原则走向另一个极端：纯功能主义。

但是，多年来，不少企业就是在“功能好，一切都好”的设计思想的指导下进行产品设计的，这不仅否认了形式对功能的促进作用，也否定了人们对产品形式的审美需求，最终也削弱了产品物质功能的发挥。

产品造型形式对物质功能的影响是显而易见的。各种设备造型的尺度比例、色调、材质、线型等，如能使操作者产生良好的工作情绪，操作方便、舒适，那么，就能降低工作中的差错率与人在体力、精神上的疲劳程度，因而提高了工作效率。对于家具、器皿等日用品来说，造型甚至还可以决定这些产品的物质功能。

“形式为功能服务”，不仅说明了形式既不是产品无足轻重的外套，只能消极地适应功能提出的要求，也不是可以凌驾于功能之上，让功能服从形式。而且它还表明：形式能与功能取得和谐协调的关系，能使使用者加深对产品功能的理解、增加对产品的信赖感，并能使使用者在工作的同时得到美的享受。

但是，形式与功能的这些内在的、深刻的联系，并不是都能被产品造型设计人员所理解。有一些产品的造型设计，暴露出设计者对上述问题理解的不足。如自行车的造型设计，没有去努力表达自行车运动的快速感和乘骑的轻便感，而把设计重点放在自行车的外观装饰上；冰箱设计没有去努力表现冰箱对食品的保鲜、冷冻效果，而把设计的重点放在冰箱的制冷程度的宣传上（须知过低的温度并不利于食品的保鲜）。这些例子都说明：只承认造型的形式美对人的精神愉悦作用是不够的，还必须重视造型形式对产品功能的正确阐述作用。

“功能决定形式，形式为功能服务”这一原则并不意味着：凡功能相同的产品，都要具备相同的形式。相反，它要求：在某一段时间内，即使功能不变，同类产品的造型也应该随着时间的推移而产生新的变化，以适应人们不断发展的审美需要；就是处于同一时期内相同功能的产品，同样也可以具有不同的造型，以适应不同对象的审美需要。任何一种工业产品，不存在既定的造型模式。因此，不能让习惯思维约束产品的造型形式，只有破除各种习惯概念，才能创造出多种新颖的、具有强烈时代感的产品。

对于机械类产品，要易于拆解、机构可显露、运作过程可见，造型形象主要由物理功能起决定作用，因而“功能决定形式”的造型原则就较贴切。现在随着高科技的发展，涌现出一大批以微电子技术为基础的数字化产品，它们没有机械技术的限制，功能的执行不再是传统的可感知的工程部件，而是由电子作无形的运作，产品的功能元件被高度集成为芯片或电子元件，所有的操作都被集中于一个虚拟的界面中。造成产品外观造型与功能失去了密切的相关性，丧失了视觉上的特点，而归于单一的长方体中。它们无法解释和表达内部功能及使用状态，显现一种“黑箱”模式。对使用者而言，产品的操作变得神秘、复杂而枯燥。对设计师而言，按照形式追随功能的设计理念进行设计也变得缺乏依据。在这种情况下，使用者的需求开始决定产品的形式。

人们开始寻求通过使用者的认知行为和物体形象的自明性，创造和确定产品的造型，以实现人机间的沟通和交流，希望用产品的造型形式来表达功能。产品对于使用者来说是一种工具，设计者塑造的每个产品形象都应使其表现出本性和用途，这时产品语义的暗示就变得重要起来。这要求通过设计，使产品的外部形式能够诠释和表达其内部功能及使用情况，通过视觉和产品形式的暗示进行意义的传达，以此实现人机之间信息的沟通，使产品人性化。

设计者应通过对数字化产品造型形象的塑造，使它能“自己表明”自身的功能和使用方法。为达到这一目的，可以运用人们认知活动中的习惯性反应来确定产品的形式。比如用外形、材料、肌理和色彩来传达意义，创造出可以理解的并富有魅力的产品。这样，产品的造型便不仅仅是一种样式，它可以传达意义，具有沟通功能。许多产品语义的考虑是相当细节性、暗示性和隐喻性的，都可以给使用者带来额外的便利、乐趣和信赖。比如手机和计算机的键盘、显示屏，它们的功能和造型已被大多数人熟悉；遥控器电池盒盖板凭其楔口或箭头的指向，也很容易被人理解和操作（图1-8）。

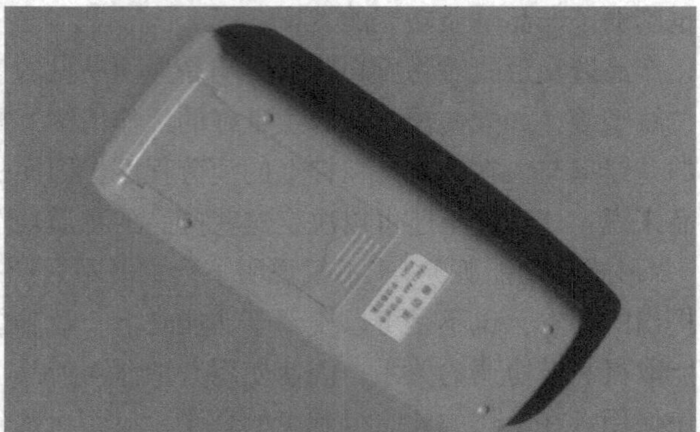

图 1-8　遥控器的电池盒盖板

设计者对产品造型的设计与消费者对产品造型的认知过程，是建立在对造型要素的意义和情感概念的理解一致性上的。当造型出现过多的人们认知定势所无法理解的符号时，那么这种新的造型将无法被大家所理解和接受。反之，当一个产品的造型全由人们理解的符号元素构成，那么人们就会因为太熟悉，产生审美疲劳而失去兴趣。因此，产品造型设计必须尽可能地使造型形态所传达的信息，建立在独创性和可理解性的最优化基础之上。

五、工业产品造型设计在现代社会中的地位

社会与科学技术的发展，体现为人们物质文明和精神文明的进步。科学技术与艺术结合而产生的工业造型设计，将给人们活动所需要的现代工业产品，具备更为广泛、更为深刻的科学性和更高的艺术性提供可能。它将随着社会文明的不断提高，逐渐渗透到人类活动的每一个角落。

首先，现代社会的人们，更追求人与环境的协调关系，在生活和工作中追求更高的效率。人使用产品，就构成了“人－机”系统。无论是工作还是生活，人们总希望整个系统能达到最高的效率。但系统的总效率与产品的效率、人的操作效率及人机间配合的效率有关。

产品的效率，取决于产品物质功能的设计，即取决于产品的工程技术设计。

人的操作效率主要取决于人们操作的熟练程度和工作情绪。熟练程度可以通过训练的方法得到提高，但提高的程度是有限的，因为它受到人生理条件的限制。工作情绪完全受操作者的精神状态所支配。精神饱满、振作、心情舒畅、精力集中，操作效率就高；反之，效率就低。因此，人的精神状态是提高效率的一个重要方面。

人的精神效率，主要受环境的影响。产品作为操作空间环境中的一个主要组成部分，其造型的形式直接影响人的精神，如愉悦或忧郁，精力的集中或分散，有条理或杂乱等。这些不同的精神状态自然影响对操作效率起重要作用的工作情绪。

人机间的配合效率，取决于产品使用功能的设计。人与产品之间配合关系的协调程度越高，说明产品的使用功能越强。产品造型要保证产品具有最大程度的宜人性。因此，必须重视人的生理结构特征的分析和研究。产品中，凡是与人的操作（包括视觉观察和四肢动作）发生关系的每一部分，都要在充分考虑人生理特点的基础上进行科学的设计。

上述的三个效率，除了产品自身的效率由工程技术设计予以保证外，其余两个效率都与产品的造型设计密切相关。

由于产品的造型设计对于人机系统的总效率影响很大，因而产品造型所决定的产品使用功能和精神功能也就成了现代工业产品质量的重要组成部分。

把产品造型设计产生的使用功能与精神功能纳入现代工业产品的质量概念，使我们从以前的“产品的质量取决于产品的物质功能”这一传统观念中解放出来，可以更全面地理解产品质量的含义。其次，现代社会更注重能源与材料的经济利用。工业造型设计这门新兴学科，将给产品设计提供经济地利用能源与材料的最佳造型方案。

由于生产与生活发展所引起的能源和材料的短缺已成为世界性的问题，科学技术高度发展的现代社会，必然要寻求生产和生活中能源和材料充分利用的最科学的方法和产品。而抛弃了工业化建设时期工程技术和美术工艺形成的“双重式”的产品设计方式，综合功能、结构、材料、工艺、美学、人机工程学、经济、市场等学科的知识，全面地考虑产品的物质功能、使用功能和精神功能的现代产品的设计理论之一——产品的工业造型设计可以使人们大大地节约产品制造所需要的能源和材料。

手工业时期，产品依靠手工业艺匠们的双手进行生产，技艺集于一人之身，从选材到制作都显示艺匠双手的运用和手工工具的改进。而当产业革命兴起后，手工业艺匠产生了

分解：一部分工人、艺匠对产品的结构、功能、材料应用、加工工艺等科学知识的占有，并在生产发展过程中，不断补充新的技术，在逐渐形成的工程技术体系中成为工程师；而另一部分人则偏向于产品的外观装饰，成为后来的美术工艺师。这是工业化生产的必然结果。从此，美术工艺家以自己的艺术才能担当了产品的装饰工作，工程师则以自己的工程技术知识，担当了产品内在功能、结构的设计。这就是工程技术与美术工艺所形成的对同一产品的“双重式”设计。由于美术工艺家和工程师都从自身的角度考虑产品的设计，因而在资源、能源、生产力方面造成了重叠的浪费。我国的工业产品的设计，长时期以来，基本上是沿袭这一种设计方式。

科学、艺术的发展，导致产生了工业设计这一门崭新的学科，才使得产品的设计进入现代设计阶段。产品的小型化、多功能、简化不必要的产品装饰、用低档轻盈的材料代替贵重的金属材料、绿色设计、可持续发展等，不仅体现出现代工业设计珍惜资源的重要特点，而且也反映了科学和技术的进步。最后，现代社会更注重产品使用者的利益和对产品的审美要求，以及产品对社会发展的可持续的影响。

在现代社会中，人们对审美提出了更高的要求。这种要求不仅体现在艺术作品的欣赏上，也体现在构成环境的工业产品的审美上。工业造型设计把使用者在审美上的需求，尽可能反映在产品的设计上，使产品不仅具有使用价值的物质功能，而且还具备可供欣赏的审美价值。

工业造型设计，在一定程度上反映了一个国家在科学技术、文化艺术上的成就。它不仅可以决定一个产品的质量等级和市场地位，同时也是一个涉及民族素质的大问题。

第四节　工业产品造型设计的原则

“实用”、“经济”、“美观”是工业产品造型设计的基本原则。

一、实用性原则

“实用”，即产品必须具备使用功能，这是产品造型设计的目的，具备先进和完善的各种功能，并能够保证产品物质功能得到最大限度的发挥。一般地说，不同功能的产品，其结构造型设计也不可能一样。产品用途决定产品的物质功能，产品物质功能决定产品的形态。因此，产品的形态设计必须服从于产品的物质功能。产品的功能设计应该体现功能的科学性和先进性、操作的合理性和使用的可靠性等。具体包括如下几个方面。

（一）适当的功能范围

现在家电产品的功能越来越多，控制键和菜单名系也越来越长，产品的操作变得复杂、神秘且枯燥。消费者常常因找不到或看不明白使用手册而感到困惑和茫然。面对一系列五花八门的控制器和显示器，他们没办法理解和弄清楚操作规程，只能记住其中几个常用的操作方法，以求达到基本的使用目的，这样一来原来的设计意图就丧失了。如今的手机发展到与计算机、网络融为一体，除了通信功能外，还具有摄影、上网、遥控等多种功能。人们面对复杂多变的菜单符号而晕头转向。实际上他们只要求最基本的通信功能，其他不常用的附加功能不必太多，这样用起来反而简单、方便且效率高，故障少，性能可靠。

有的设计人员和消费者盲目崇拜复杂的产品，特别是对高科技外观的崇拜，又受到虚荣心、地位身份意识、炫耀意识的诱惑，悄然滋长功能主义的倾向，都有可能使他们犯这类错误。总想增加产品的功能，以提高使用价值，结果导致功能过于复杂，使人无法弄明白到底该如何操作。这样的产品无法带给人们情感上的沟通和享受，相反使人成为技术和产品的奴隶。简洁的产品功能，方便使用者快速操作与有效管理，不给人带来操作上的复杂性或信息资料管理上的繁琐，所以产品功能数量的设置应以适度为主要目标。

现代工业产品的发展方向是向多功能、综合化发展。但功能范围的过大往往会带来结构上的复杂、设计上的困难、实际利用效率低、成本高等问题，因此，产品的功能应根据需要来确定。比如数码相机，由于每个人的使用目的不同，选用的规格、大小、价位也就不同。与笔记本电脑配合使用的数码相机，为了便于携带，往往选用体量较小的机器；需要用作印刷的图片，一般选用像素较高的机器。同样，个人电脑的配置也是如此。仅仅用于做一些文字处理工作，配置较低的电脑就可以使用了，但如果要做一些图形图像处理工作，那就需要配置性能较高的电脑。从目前大多数配备电脑的消费者配置的电脑情况来看，电脑里的许多功能并没有得到充分的利用。

（二）优良的工作性能

工作性能，通常指产品的力学性能、物理性能、电气性能、化学性能以及体现它的准确、稳定、牢固、耐久、高速、安全等各个方面所能达到的程度。由于它们直接体现了产品的内部质量，因此为人们所重视。产品的造型必须使外观与其工作性能相协调，使其外观给人以精致的感觉。

产品的用途主要是它具有一定的使用功能，如果丧失了使用功能，它就失去了依存的基础。消费者选购汽车时，首先会欣赏其美观的外形，舒适悦目的车内装饰。但紧接着就会关心它的价格和性能：发动机排量、油耗、车速等。由此可以看出，产品的工作性能直接决定着设计品质，无论多么优秀的设计或构想，如果没有与之相适应的技术性能将其表现出来，就只能是空谈。

（三）科学的使用功能

产品的功能只有通过人的使用才能体现出来。随着科学技术的发展，高速、精密、准确、可靠的操作要求，给操作者造成了前所未有的精神和体力负担，这就要求设计师必须考虑产品形态对人的生理、心理的影响。因此，科学的使用功能，应该包括人－机高度协调的人机操作系统，使操作者舒适、安全、省力、高效地使用产品。产品的几何尺度必须符合人体的各部分生理特点，才能获得人机系统的最佳效果。

二、经济性原则

经济性原则是指产品造型的生产成本低、价格便宜，有利于批量生产，有利于降低材料消耗和节约能源、提高效率，有利于产品的包装、运输、仓储、销售、维修等方面。

产品设计中的经济性原则，首先是要注意产品功能设计的经济性，合理的功能设计能给消费者带来更高的使用价值，即具有更高的性价比。要避免过分设计，确保产品功能设计的经济性；其次是注意产品造型设计的经济性，采用简洁大方的设计，降低加工难度，有利于降低成本，提高产品质量；同时要提高造型结构设计的经济性，产品零部件的结构工艺性影响着加工制造的难易程度与质量，这就决定了产品生产成本的高低。因此在造型结构设计时，应在满足造型要求的前提下，尽量采用直接而易成形的结构，努力把生产成本在设计时就降到尽可能低的水平。造型中注意选材的经济性也很重要，设计中可供使用的材料种类繁多，不同材料的成形加工工艺不同，连接装配方式和装饰方法也各异，最终必然影响生产成本，也会影响产品的质量。因此在设计中，应在不降低产品质量的前提下，尽量选用价格低的材料，采用合理的加工工艺，降低材料消耗。如电动汽车采用碳纤维复合材料制作车身覆盖件，减轻了整车质量，就可降低行驶能耗，提高续驶里程，改善了车辆性能，降低了使用成本，体现出造型设计的经济性。

经济与实用是有机地联系在一起的。实用不经济，不具有市场竞争力；经济不实用，同样也不能很好地发挥产品的物质功能，也就不能充分发挥产品的整体效能。

三、美观性原则

什么是美？古今中外，学派众多，众说纷纭，莫衷一是，至今还是一个尚无定论的问题。美是人类创造物质文明的过程中的产物，人们从理论上加以概括、提炼，形成了一定的审美标准，它反过来作用于实践，对创造物质文明起着指导作用。

工业产品造型设计的美观性原则是指产品的造型美，是产品造型的精神功能所在。美观是经济实用的补充。只有经济实用，而不美观，就不是完美的造型。产品的造型美是产品整体的综合美，主要包括产品的形式美、结构美、工艺美、材质美，以及产品体现出来的强烈的时代感和浓郁的民族风格等。

造型美与形式美不同。形式美指的是形式，而造型美不仅包括形式美，而且把形式美的感觉因素、心理因素建立在功能、构造、材料及其加工、生产技术等物质基础上。因此，造型美学法则是包括形式美学法则在内，综合各种美感因素的美学原则，也是适应现代工业和科学技术的美学原则。人们常常把工业产品造型设计片面地理解为装潢设计，是由于混淆了对这两个概念的理解。

美是一个综合、流动、相对的概念，因此产品的造型美也就没有统一、绝对的标准。

（1）形式美　形式美是造型美的重要组成部分，是产品视觉形态美的外在属性。论及产品造型，人们首先会产生美观宜人的概念，一般来说，人们认为美观的产品更好用，因此它更容易被接受，而且使用几率也更高。对好用而不美观的产品，接受度往往不高，也就谈不上是否实用了。形式美观的产品在使用上能起到促进作用，它更有助于正面态度的形成，从而激发消费者对产品的喜爱、信任和耐心，这些都是促成产品被长期使用，使设计整体取得成功的关键。大型游轮（彩图4）可搭乘2千多名游客，航行于世界各地。其内部结构复杂，各种设施完备，体量庞大。但它的外观造型却显得简洁，特别是船头倾斜的曲线，给人强烈的动感和速度感。

（2）材质美　材料是产品造型的物质基础。各种材料都具有不同的外观特征、质地感与手感，体现出不同材料的材质美，并给人不同的心理感受，这是构成产品美感的重要组成内容。如彩图5中的冲击电钻，其深色塑料机体外壳与闪亮的金属材质，体现了产品精致的形象。

光泽是金属自身特有的属性，人们常用“流光溢彩”、“光芒四射”来形容其辉煌富丽的视觉效果，在设计中巧妙运用金属光泽色，可产生强烈的视觉冲击力。光洁的金属表面会随光环境的不同产生变幻无常的光泽效果，从而产生流动变化的动感美。

塑料在产品设计中突出表现其材质的可塑性，且形态圆润流畅，细节刻画深入，一些优美的轮廓曲线在塑料成型工艺中都能得到实现。塑料的另一重要方面是塑料模具表面可用不同的处理工艺，形成不同质感的纹理，在触觉和视觉上给人以丰富的感受。塑料的成形特性给设计师创造复杂造型的美感提供了较大的创作空间和自由度。

木材作为天然绿色资源，取材方便，易加工成形，质地富有韧性；特别是它的天然色泽，悦目亲切，纹理美观，在家具和室内装饰中被大量运用。

造型设计就是要将各种材料的质地美整合起来，加以恰如其分地运用，相互衬托，使各自的美感得到充分的表现。

（3）时代性　审美情趣随着时代的发展在不断地变化，造型设计师需要不断地从本质上和形式上感受时代的变迁，运用形态、色彩、材质表现人们内心的期盼。彩图6中运动型跑车的造型体现了对速度感、高科技感以及产品对人的亲和力等多方面的追求。图1-9为不同时期轿车造型的变化，可以看到产品造型鲜明的时代性，反映出不同时期的科学技术水平。

（4）社会性　现在社会是多元化的，不同性别、年龄、职业、地域、民族等方面的人，审美观念是不尽相同的。因此，必须区分各种人群的需求和爱好。人们美感的体验，源于产品形态对观赏者的刺激作用。为了使设计者与消费者之间，建立起相互沟通的审美情感，使大家对同一形象信息有大致相同的情感概念，产生情感上的共鸣。因此，产品造型应是多元化的。必须增加产品造型的品种，以满足各种消费人群的审美选择。需在产品色彩、款式、装饰等方面通过市场调研，收集大量生动的表现语言，以反映社会上丰富复杂的情感内容。再经过设计者创造性的变化与整合，通过设计表现出来。

产品造型美学的外显就是所谓的产品样式（Style），它因对象而诠释不同，对唯美论者，代表无限永恒的高贵；对流行意识敏锐者，代表一个时代的象征与趋势；对一般消费者，代表各种产品的差异性。产品款式影响的层面是消费群体，也代表某一区域或阶层的社会人群，就抽象的感性而言，属于社会文化的一部分。对具有影响力的国家文化，则反映在该国企业展示出的产品样式上，当然，地域色彩浓厚的产品更具有代表性。

（5）民族风格　世界上各个国家、地区、民族，由于独特的地理环境、气候条件，造就了各民族传统生活习惯与信仰的不同，形成了各自的经济、政治、文化、宗教，以及性格、情趣，思维方式，这就产生了与其相应的艺术表现形式和格调，即民族风格。工业品的造型风格是指产品设计中所表现出的艺术特色和创造个性，它体现在产品的各要素之中，不外乎利用形态、色彩、材质、制造工艺等手段彰显产品设计风格。产品设计风格是对产品形式的抽象和概括，当产品及产品群构成一定审美倾向或审美特性时，它们便升华为一种风格。在产品造型风格上，不同的国家有着不同的特点，也就成为该民族设计身份的象征，其设计的产品就被打上各自文化的烙印，具有强烈的可识别性。

美国是一个多民族的移民国家，幅员辽阔，经济实力雄厚，特别在20世纪下半叶，产品造型讲究豪华、张扬。如汽车设计得宽大、车身硕长。进入21世纪，美国经济呈现颓势，同时受节能、环保、绿色设计思潮的影响，造型风格逐渐转向亲近自然，重视实用与安全，汽车设计向中型车发展。

德意志是一个严谨而理性的民族。在设计风格上表现为实用、精确、牢固。在产品开发导向的理念下，追求实用功能为主，配以合理的造型。既不重复大众熟悉的形式，也不会刻意求新。以不张扬的简洁方式与内敛风格呈现，注重产品的细节，设计精益求精，注重耐用，体现出对使用者的尊重。例如大众甲壳虫汽车是一款享誉世界、个性化突出的车型，以其简洁的设计，朴实的风格，模仿自然的造型，受到人们普遍的欢迎，它已经融入德国人的精神和文化之中，成为一种历史的符号和精神遗产。

日本是个岛国，国土面积小，自然资源匮乏，需要依赖国外进口。因此着力开发消耗

1903年福特A型车

1915 年福特T型箱型汽车

1931年 阿尔法 罗密欧

1933年甲壳虫汽车

1949年福特V8型船型车

1963年雪铁龙DS19 鱼型车

1970年 雪铁龙SM,契型车

1990年丰田（Previa）子弹头商务车

图 1-9　汽车造型的时代变迁

原材料少，技术含量高的产品。其造型特点是精致、小巧和简洁。小型化是日本商品的一个特征。所谓小型化，不仅只是技术上将其体积变小，而且是要在商品中加入凝缩感这一美学概念。产品以实用、高科技、优质为驱动力，对美的艺术产品接受度高，表现意识强烈。日本汽车均为低油耗的中、小型车。精巧、简洁的日本电子产品已行销世界各地，成为新的国际式样。

意大利为艺术文化古国，特有的地理环境造就了它的海洋文化，培育了开放的民族性，结合北部发达的工业和南部浪漫人文的感性，发展出的设计文化，产生了许多思想独特的设计师。他们重视合理的技术及嬉戏式的行销设计，精细的手工技巧配合高科技的材料，加工出的产品显现独特的产品审美观。

中国历史上造物文化风格的处理手段，归纳起来主要包括虚与实的结合，巧与拙的结合，雅与俗的结合，以及浓与淡的结合等。已成为“世界工厂”的中国所生产的产品，不仅满足国内的需求，也出口到世界各地。起源于中国这一文化地域的商品，要在设计中反映该背景下的文化，建立起自己现代工业产品的造型风格，只是时间问题。历来国际性设计，仅集中表现欧、美、日等国家的设计，随着中国设计的崭新登场，世界将会进一步被华丽多姿的设计文化所覆盖。

总之，“实用”、“经济”、“美观”三者是密切相关的，但又有主次之分。实用是首位的，美观处于从属地位，经济是前两者的约束条件。在提高产品的实用功能时，不能忘记产品的经济效果和社会效果。只有将三者有机地结合起来，使三者得到高度的协调一致，才能反映出产品的整体美。

第五节　造型设计的时代性

每个工业产品在外观造型上都或多或少体现出该产品的时代特征，即为产品的时代性。它客观地反映某一时期、某个地区的科学技术发展水平与人们审美观表现的特点，它具有较强的时间性、先进的科技性和美感要求。进入 21 世纪，人们的思想感情、生活方式和习惯产生了飞跃的变化，生活节奏、工作节奏也由缓慢逐渐加快。人们迫切要求各种造型艺术摆脱重复、繁琐的沉闷格调，而向往简练明快、赏心悦目的清新情韵，艺术构思从具象日益趋向抽象；构图、色彩、块面、线条的节奏更富于音乐性；以简单的但又具有严谨比例与尺度的几何体来表现具体而又简单的物象；用夸大的色彩表现客观世界中微妙的色彩关系，用可见的具体形象表现抽象的、深奥的科学内容……这些，都反映了人类思维进一步向纵深和广阔发展，也构成了现代人的审美情趣，因而也成为现代工业产品造型的时代特征。

具有强烈时代感的工业产品，应该在功能上体现出该时代最新的科技水平，在造型上体现出现代工业的生产方式、新型的材料及先进的工艺水平，同时还应体现出符合该时代人们审美观念的形态和色彩等。

科学技术的进步，新材料、新工艺的不断出现，人们审美观念的变化，都促使工业产品不断改变着自己的造型。这种改变，在现代社会的生产和生活中是非常必要的。产品造型的这种时代特征，在现代社会中直接决定着它在市场中的竞争能力。反映这个时代先进的科学技术，符合人们审美要求的产品造型，因其“款式新颖”而可能受到社会的热烈欢迎，使产品具有极强的生命力；落后于这个时代的科技水平，背离人们的审美要求的产品，就有可能因其“款式陈旧”而引不起人们的购买欲望，甚至引起人们的反感，使产品失去生命力。随着社会的发展，人们的物质生活和精神生活水平的不断提高，产品的时代性对产品生命力的影响将越来越大。

探索产品造型的时代性，其目的是从理论上寻求工业产品造型发展变化的规律，给产品设计计划、决策提供科学的依据，有效地指导生产。

一、影响工业产品造型演变的因素

（一）产品物质功能的转化

随着时代的进步，人民生活水平的提高，原有产品的物质功能可能产生转化。这种功能的转化会影响产品的造型形式，因此，造型形式应随着功能的转化而产生变化。这一种情况多发生在与人们日常生活联系比较密切的工业产品中。

手表形式的变化是一个典型的例子。以前的手表，以计时为功能，围绕着这一功能所展开的手表造型设计要求：形态不能太大，也不能太小；刻度划分准确，指针大小、长短符合判断迅速、准确的要求……但是在现代，随着电子电路的大规模集成化，使得一部分手表的计时功能已转化为礼品化的装饰功能，手表的造型趋向小巧玲珑，表壳制作与面饰工艺更为精细，时间刻度简化或数字化，符合了人们追求单纯、新颖、精密的审美观念。

（二）科学技术的发展

科学技术是工业生产的先导，工业产品只有在科学技术给它提供新材料、新工艺、新技术的前提下，才能得到发展，才能产生产品的新功能与新造型。因此科学技术的发展，是产品造型变化的主要原因。

如金属切削机床由过去的带传动发展成今天的齿轮传动，使得机床造型由先前庞大、零乱、敞露、复杂演变成现在的紧凑、概括、封闭的造型。至于自动和半自动机床、数控机床、加工中心机床，更是显示出与老式车床截然不同的崭新的机床形态。

集成电路技术的发展，使得芯片的信息储存容量越来越大，从而使计算机、手机等电子产品造型越发变得轻而薄。

汽车造型的演变，典型地说明了科学技术对造型的影响。19 世纪初，内燃机的发明，产生了第一辆汽车。但是这辆汽车，除了动力用机器来代替马之外，车厢的造型与马车车厢相差无几。后来，科学技术的发展，给汽车造型的变化提供了理论依据与物质条件：流线型的车型更符合了空气动力学的要求，焊接、冲压技术的进步则给流线型的车形提供了可能。大面积的曲面玻璃的出现，及其他新工艺、新技术的采用，使得现代汽车更为简洁、明快、优美、潇洒，视野更加开阔。

新工艺、新材料的发展与应用，给工业产品的新造型提供了物质条件，使产品体现出新颖的质感和触感效果，显示出新型、精美的外观质量，从而体现出具有强烈时代感觉的现代工业的科学美。

铝材表面的化学处理，可使铝材表面呈现与油漆表面不同的质感，产生丰富的色彩，增加了造型的表现力。当发明蒸汽弯曲木材新工艺后，今天轻盈的曲面坐椅比以前的框式椅子更具有简洁的时代感。这几年来，新工艺发展很快，如塑料加工方面有塑料喷涂、塑料烫印、塑料镀铬、塑料表面精密网式印刷等，在高档铭牌方面有铝材基体精饰、纹丝处理、砂面处理、氧化印刷等。这些新工艺给工业产品的新型设计创造了有利的技术条件。

新材料的问世，对产品的造型能起很大的变革作用。这种造型的变革能打破人们对产品造型的传统概念。如塑料的出现，使许多产品的曲面造型成为可能；而硬质发泡树脂的出现使得人们如今的坐椅产生完全崭新的形状，这种造型是其他材料所无法实现的。

新功能对产品的结构提出新的要求，而新结构自然也产生新造型，如折叠自行车、折叠伞、组合家具等。

（三）审美观念的变化

科学技术、文化艺术、生活水平及文化艺术修养的不断发展与提高，人们的审美观念也在不断地变化与发展。

人们的审美观念作为一种意识和观念既受周围环境的影响，又受自身生理、心理规律的支配。审美观念的变化是一个比较复杂的问题。

1）科学技术的发展在给产品提供新的更高的物质功能和结构、加工工艺等物质条件的同时，也影响着人们的审美观念。

近年来，航天技术的突破和宏观、微观物质结构被不断揭示，激起人们对大至宇宙小至电子、质子的物质世界的想往和追求，于是人们产生了轻巧、空灵、简练的审美要求。为了显现产品物质功能的需要，越来越多采用透明塑料开窗，在局部制成镂空透明形式以追求空灵；仪器上以小曲率圆弧连接大曲率圆弧而构成“理智曲线”，追求产品线型的简洁和内涵的丰富等。

2）社会状态影响着人们的审美需求。如战争年代或战后恢复阶段，人们追求和平、安定的社会环境，当时工业产品多呈现柔和感较强的弧线形。而现代社会，则由于人口剧增、交通拥挤、生活节奏加快、生活空间相对减小及各种视觉、听觉的刺激加重等原因，人们追求造型小型轻巧，色彩淡雅、含蓄，构图秩序、条理、明朗、清秀的产品。

3）生理感受的失调与平衡。产品造型属于视觉艺术，人的视觉除具有其他特征外，还具有失调和寻求新的平衡的生理机能。

人体各器官之间以及器官自身各部分之间，都保持一定的平衡协调关系。如果失去平衡，就产生失调，继而引起生理上的“不快”，这时就需要取得生理上的平衡。人的这种生理机能，在形的视觉、色彩的视觉及明暗视觉等过程中都会产生。

当产品的形态、色彩、肌理长期处于某一模式的状态下，人们就对产品产生陈旧、单调、乏味的感觉，生理上就开始失调。此时，就必须寻求新的“形、色、质”来达到平衡。这种生理机能表现为：失调——平衡——新的失调——新的平衡。如人们长期以来使用曲线型的产品，则希望具有平直、挺括的造型；长期观察灰暗的色彩，则喜欢鲜明、艳丽、对比强烈的色彩；长期接触繁琐、复杂的造型，则喜欢单纯、简洁的造型。

新的平衡状态要具有新的内容，而不是旧平衡状态时内容的简单重复。因此，产品造型中，“形、色、质”等基本要素构成生理上新平衡的形式与内容，不应是以前平衡状态下，形式与内容的再次模拟和简单重复，而应具备更新的形式与更丰富的内涵。形态的繁简，线型的曲直，色彩的阴暗、冷暖、直露与含蓄，都遵循着螺旋式的发展规律而变化的。

生理上的这种机能特征，促使人们不断追求“新、奇、美”的形态。对于新颖、奇特、美观的产品造型，人们总是首先对它们产生购买的动机，进而产生购买的行动。在物质生活和文化修养不断提高的现代社会中，人们的这种特点表现得更为强烈。充实、改善产品的物质功能与使用功能，在造型上不断地推陈出新，是产品吸引消费者的最主要因素。

4）其他造型艺术发展的影响。产品造型的演变受到周围环境的影响，特别是“姊妹”艺术的影响。现代建筑造型，抽象派的绘画、雕塑都使得现代产品的造型趋向单纯、简洁、明快、抽象，适合了现代人们思维的特点。

产品造型的时代性，是人们随着科学技术的进步和生产力水平的发展，以及审美价值观念的变化而导致的不同时代审美形式上的差异，具体表现在与科学技术水平相对应的产品的造型风格、比例、材料质感以及价值观念上。比如，随着互联网、云计算、物联网、人机交互等技术的发展，打破了传统的有线电话只能接听、发话的功能，发展为具有大量信息存储、无线网络、GPS 定位等功能的产品，苹果公司的 iPhone、iPad 系列更成为掀起消费热潮，具有巨大经济拉动效应的时代性产品（图 1-10）。

图 1-10　手机 iPhone5

二、产品造型形式的现代感

设计构思所表达出来的产品形式和人们心理的感应，是现代设计应该重视的一个问题。只有得到心理响应的设计，才能使设计的物质功能和使用功能更为深化，使精神和物质紧密地结合在一起。因此，研究现代人的形式心理，使产品具有强烈现代感，对于现代工业产品的造型设计来说是有很大意义的。

形式现代感的特征，表现在如下几个方面。

（一）简洁

人们在感知立体形态时，对简洁的形态总有很强的注意力，在产品造型设计中，形态的简洁性始终是设计师要遵循的重要原则。简洁不等于简单，简单的形态只能给人单调乏味的感觉，而简洁是单纯的体现，简洁中往往蕴含着丰富的内涵。一件复杂的产品也能给人以简洁的感觉，如一辆汽车，它由复杂的底盘、发动机和车身构成，外观上有车门、车窗、把手、车灯、进气口等部件，由于其造型设计的各种元素有机统一，看起来仍十分简洁。

设计的样式在表现上有简朴与繁丽之分。简朴中透见其纯真，繁丽中洋溢着华美。但两者都不能过分，否则便流于简陋和繁杂。繁与简这两种设计样式，所体现出来的朴素大方的美和富丽华贵的美，成为人们在造型艺术中追求的目标。作为直接为科研、生产和生活服务的工业产品，在繁与简的设计形式上不是单纯的鉴赏和风格问题。由于工业产品本身所具有的特征，使得造型设计向着质朴、简洁、大方、明快的方向发展，这是时代发展的潮流（图 1-11）。

图 1-11　雷诺 Captur 概念车

简洁形态的特点是构成形态的要素少，形态结构单纯，形象明确。人们在认识和创造形态的过程中，是用简单的构造认识并创造形态的，这就是简洁原理。

比较正方形与三角形，如果就边与顶点的数目而言，似乎三角形是最简单的，但实际上，正方形比三角形更简洁：正方形的四边相等，四内角也相等，且这四条边的方向仅为垂直与水平方向，把它与三条边长度不等、方向不同及三内角角度不等的三角形比较，正方形的形态结构显然更为简洁。

两个不同形态，组合的形式不同，也体现出不同程度的简洁感。图 1-12 所示为圆与正方形这两个不同形态的五种组合形式。图 1-12a 中圆的圆心与正方形对角线交点重合，且正方形四边与圆相切；图 1-12b 中圆的圆心与正方形的一顶点重合；图 1-12c、d、e 中圆与正方形是任意的组合。比较这五种组合形式，我们很快就会得出结论：图 1-12a 比图 1-12b 简洁，而图 1-12b 比图 1-12c、d、e 简洁。

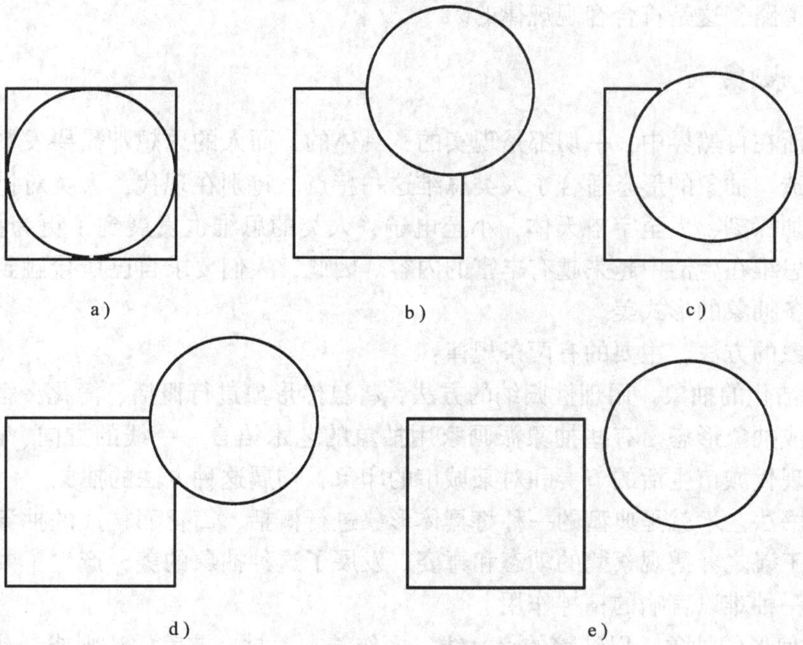

图 1-12　图形复杂度的比较

平行线比两相交直线简洁，因为两平行线间的距离是处处相等；直角相交比其他角相交简洁。

产品造型设计追求简洁是基于下列几点原因：

1）简洁是人们视觉生理的追求。人们观察任何对象，总是以最简单的方式认识它。

2）简洁的形态最醒目、最易被识别，因而最便于长久记忆。

当人们观察一个较复杂的形态时，人的视觉就难以把形态归纳为一个简洁的形，而往往通过形态分解的方法认识和理解形态，并且按最单纯的形态来分解。这种认识形态的视觉习惯说明了简洁的形最引人注目，最能被视觉所认识，因而也便于人们的理解和记忆。

3）简洁的形态，被人们作为审美对象时，能达到明快、丰富、抽象的艺术效果。

4）简洁的形态适合了现代工业生产的特点（如制模、脱模、抛光、喷漆、电镀、热处理等），便于大规模、高质量地进行生产，因而形态的创造也最经济。

由此可见，简洁原理是从知觉生理、心理、审美、生产等方面对形态创造提出的要求，而不是出于主观的臆想。

工业产品的形态大多由几个不同的基本几何体相组合。为了使产品的形态具备简洁的特征，组成产品形态的基本几何体（也称不同质单元）的类型不能过多，一般以三种为限。

实现简洁的手段可分为减弱、加强和归纳三种。

减弱形态的非特征部分，加强形态的特征部分，会使形态趋向统一，个性更加突出。

这种减弱与加强的处理可得到次要陪衬主要、一般服从重点的艺术效果，使形态不仅具有简洁的特征，而且还富有生动的个性。

归纳概括，也是立体造型受制作技术的限制对造型物提出的要求。归纳就是把造型物上能统一的因素加以统一的处理，省略能省略的东西，以突出重点和加强整体效果。

由于社会的发展、技术的进步及人们生活节奏的加快，人们的心理和生理要求平时接触到的一切形体要设计得简洁，以求得精神上的平衡。

现代人们的这种审美观，促使产品造型摆脱千百年来宫廷艺术的束缚和影响，而走上健康的发展道路，这是符合客观规律的。

（二）抽象

人类生活在自然界中，一切都是现实的、具体的。而人的思想却需要发展，即通过思维进行再创造。抽象的形态适合了人类思维这一特点。特别在现代，人类对世界的了解更加丰富、更加深刻，大至宇宙天体，小至电子，人类的思维也发展到了更为抽象的地步，美学的抽象思维在生活中越来越有丰富的内容。因此，人们要求自己所接触到的形式要脱离具体而具备抽象的形式美。

关于抽象的方法，主要的有两条规律：

（1）简洁化的抽象　用理性归纳的方法，将自然形象进行概括、简化，舍弃一切具体的东西而构成抽象形态。有些抽象派画家用抽象的艺术语言——线的方向、疏密、长短、粗细来表现现代城市生活的节奏和对某城市的印象，均属这种方法的抽象。

我国的书法艺术就是典型的一种将具体形象进行概括、简化而构成的抽象形态。公孙大娘舞剑、王羲之养鹅观察鹅的动态和舞姿，发展了这种抽象的美，产生了中国书法艺术上所特有的一种难以言喻的精神作用。

（2）几何形的抽象　以纯粹的点、线、面作基本素材，按美的法则或者是严格的数学逻辑构成的非具象形态的几何抽象。

绝大部分的工业产品形态属于几何形的抽象。

现代几何形的造型同原始时代的几何抽象观念不同。现代机械化生产条件、新型材料质感，严密的、有规律的造型和构成形式，都使现代产品的造型与原始时代的形态有着根本的区别。

（三）功能、形态与材质的融合

人们的心理，总希望得到真、善、美，总希望体现出各种形体的本身美感。这种美，不取决于材质本身的高级与贵重，而在于恰如其分的运用。即使是在泥土、木材、石块等这样普通的材料中，也能找到造型的美感要素。这种不需要附加的装饰，以本身的形式和质感来达到形式美的目的，与人们的心灵产生了共鸣，得到了统一的美感。

因此，今日的工业产品，不再是依靠产品表面的精心修饰、装点和刻意雕琢的手工艺品的形象吸引人，而以创新的功能和落落大方的形式美感染人。如现代感极强的数码相机，它小巧的机身和不锈钢触觉美，激发了消费者对它的喜爱。其电子器件提供了全新的图像处理功能，并为机械部件提供控制的精确性，反过来机械部件也为电子器件提供了耐久的性能。它那富丽的细节设计和别致的款式设计深深拨动了人们的情感心弦，成为公认的优秀设计产品。不仅影响了相机市场，也影响了人们评判完美材质和满意的标准。继而也为其他电子产品，如手机、计算机等，开创了一个重要的时代风格，使得它和手表、珠宝一样迅速成为时尚潮流的象征。

（四）秩序和条理

无论是自然形态还是人为形态，都具有秩序，秩序就是规律。自然形态的秩序，显示出自然物生长的规律性，人为形态的秩序，表示出人对规律性的追求。

日常生活中，秩序的作用是很明显的：声音没有秩序构不成音乐和语言，文字因秩序的不同可表达不同的思想……但是，秩序并不等于美，而美必须以秩序为前提。

图 1-13　公交候车亭

出于现代生活的繁华、紧张，精神上难免有烦乱之感，因此对于各种形式，要求秩序和条理、整洁、明朗、清秀来平衡心理。图 1-13 所示的公交候车亭是公交乘客汇聚候车的场所，地点可能在闹市区，也可能在偏僻的郊区，因此公交候车亭的造型设计除了需要提供乘客必要的乘车信息外，还需要与当地的文化、周边建筑环境相协调，尤其是闹市区，造型不易过于繁杂，需要闹中取静，因此造型的秩序和条理显得尤为重要。

（五）扩大空间和缩短时间

由于科技的高度发展，现代的人类发现自己生活的空间似有拥挤之感，遂要求一切形式要具有空灵的结构，使有限的形式空间在心理上产生扩张的感觉。如在客厅、卧室，利用开门窗、阳台、采光、隔架来扩大形式的空间感，使心里感到宽敞。

图 1-14 所示的客厅通过开窗，增加室内空间通透感。同样的原理，在汽车的顶棚上开出天窗，可以加大车内的空间感。

为了高效而要求缩短空间两点间的运行时间，这就提出了运动空间必须向流线型压缩的问题，因而产生了流线型与块面结合的现代形式感。

空间的运用与生理的条件反应有着密切的关系。视觉的集中，视像的范围，瞳孔的扩大，眼球的运动，视觉的舒展与疲劳，都会在心理上产生好恶的影响。在信息大爆炸的今天，消费者不可能花费太多的时间阅读广告信息，因此广告设计者必须用短短的数秒时间抓住消费者的注意，引发消费者的兴趣，才会有更好的广告效果（图 1-15）。如我们可以看到一些现代装潢、广告的设计，其空间处理有时扩大到百分之九十，而文字和商标压缩在百分之十的地方。人们的心理使得百分之十的内容看得很清楚，相反，当文字图形占空间百分之九十时，人们倒不怎么注意它了。

图 1-14　开窗的客厅

图 1-15　奔驰汽车的广告

Industrial Design

第二章 产品形态设计

产品形态既能给使用者美的视觉感受，同时也是产品信息的载体，反映出不同时代人类对于物质世界的改造能力和价值观念。蒸汽机时代、流水线生产时代、电子与自动化时代以及信息化时代，产品形态所反映的和能够反映的内容是有所差异的。尽管同一时代的产品形态表现多样化，但仍然可以从产品的外在形态，分辨出那个时代的产品特征。产品形态是通过哪些要素构成了丰富多彩的外在表现的？本章将介绍产品形态构成的基本要素，以及产品形态构成的一般原理和方法。了解这些原理和方法，将有助于设计师创造出新颖、实用的产品形态。

第一节 形态分类及其情感表现

一、形态的分类

任何物体都有形态，人们通过感官感受各种物体，从而认识物体，形态是认识物体的传媒。形态是物质存在的方式，也是物体表现的方式，是认识事物的手段和方法。“形”是指客观物象，是客观、具体、理性的物质存在，涉及物体的尺寸、比例等；“态”是视、知觉进行了积极的整合、组织或构建后，对“形”的感知的主观意识的把握，是赋有内涵、生命力和灵魂的过程。“形态”即物体外形与神态的结合，两者相辅相成，不可分割，是事物内在本质的外在表现形式，包括形状与情态两个方面。它具有以下三部分内容：形态必须反映事物的本质，事物的内容决定它的形式；物质形态的表现形式随其内在本质而呈现应用的形状；形态呈现出来的形状使人产生心理感受。

由于人们创造一个形态都出于一定的功能目的与审美目的，因而，任何一个人为形态都具有一定的审美意义。构成形态的要素点、线、面、体、肌理都具有各自的意义，由这些要素组合而成的形态也必然能表达出一定的意义（立体构成中称之为“意境”）。因此，人为形态也称之为感情形态。但并不是说，一个形态的创造，只要能表达出任何一种意义的就是成功地完成了形态的设计。只有当形态所具备的意义与形态的物质功能及人的审美需求相一致时，形态的设计才是成功的。

产品形态是传递产品信息的第一要素，它能使产品内在的材质、组织、结构等本质因素上升为外在表象因素，并通过视觉而使人产生一种生理和心理感受过程。产品形态也可以理解为产品外观的表情因素。设计师利用特定的“造型语言”进行产品形态设计，向外界传达自己的设计思想与理念。

形态的创造大致可分三个基本类型。

（一）自然模拟——模仿的自然形态

造型形态以自然形态为素材，称自然模拟。自然形态包括生物形态和非生物形态，生物形态又分植物形态和动物形态。人类模仿自然形态的行为，表明了人对自然形态的信赖。

在过去相当长的历史年代中，工业造型设计认为，最美的形态应是直接来自于自然，因而把设计的主要工作放在装饰形态上。产生这种模仿自然的动机是出于人们对自然形态的美感的追求和固定这种美的形态的愿望。

随着自然科学的发展，特别是19世纪科学技术的进步，人类认识自然范畴的日益扩展，人类的视线已能触及宏观与微观的世界。因而，工业造型设计就不再局限于自然的模仿。但是，这种自然主义的造型方法，一直到今天仍在延续，如图2-1所示。

图2-1 德国设计师 Valentin Loellmann设计的自然主义桌椅“fall/winter2012”

（二）象征表现——概括自然形态

这是一种把来自于自然中的素材进行提炼，通过夸张、减弱、归纳手法，使造型形态脱离自然形态，但又保持该形态的主要特征的造型。它通过变形而产生很不严格的相似，使这种产品在主观感受基础上的造型具备联想和暗示的特点。

在象征表现上，平面视觉传达设计中的符号标志（图2-2），在现代社会中占有的比例越来越高。

（三）构成造型——抽象形态

这是一种不直接反映自然形态、而反映自然现象的规律和本质的造型。构成造型，是人类对空间形态的不满足而依靠经验进行创造的理想形态。

自然模拟和象征表现都是以自然形态为依据所进行的形态造型，因此，它们的意义较明显。而抽象形态则通过形态要素点、线、面等的组合，来形成抽象的几何形态，通常具有简洁、明朗与有力的特点，能迅速地传达产品的特征和揭示了产品的物质功能，也适合现代工业生产的快速、批量、保质的特点，如图2-3所示。抽象的几何形态通过具有各种感情的形态要素的组合，而产生一种综合的情感，从而较为抽象地表达出一定的意义。虽然这一种意义有时很难用语言准确地描述，但却由于感情的隐蔽性而使人们产生无穷的联想和思维的再创造。

图2-2 由白玉兰形态概括而成的上海电视台标志

图2-3 iPad的抽象几何形态

绝大部分的工业产品，都是不以自然形态为依据的构成造型。设计师从创造形态的角度出发，把自己的情感通过各种方式注入造型物中，从而使造型物体现出一定的意境。当然，这种情感的注入并不是随意的，而必须使造型物本身可能存在的意境与设计师的注入情感相一致，只有这样，形态的设计才是成功的。

二、形态的情感表现

具象和抽象形象，作为艺术形象，都来源于自然形态并经过提炼得到，所不同的是两者提炼的程度有差异。将自然形态进行归纳与夸张，得到具有艺术美的装饰形象即具象形象。具象形象在提炼过程中既不能丢弃自然形态的“神”，也不能丢弃“形”，因为具象形象首先是通过“形似”而产生形态的审美意义。在经过提炼的具象形象的基础上，把形态的“神态”紧紧地抓住并加以强调，舍弃具象形象的外形，用简洁的形态要素表示出“神态”，这样的形象称之为抽象形象。

具象形象与抽象形象都具有自己的优点，它们永远是并存的，谁也不能代替谁。具象形象和抽象形象的审美讨论，对于产品造型中的装饰设计具有重要的意义。形态可以使人们产生不同的心理感受，这就是审美的过程，也可以认为形态是一种情感符号，是一种交流思想的语言。人们初步接触形态大多是感性表现的认知，即心理活动，通过经验、联想等因素的作用，才对其象征性有进一步认识，产生情感、美感等审美心理活动。

（一）抽象形态的情感表现

1. 抽象形态的构成

由于点、线、面等形态要素都能给人以一定的性格感受，因而，由这些要素构成的抽象形象和具象形象也能表达出一定的意义。关于抽象形态的构成方法，后文还将详细说明。

随着人类历史的不断发展，人类的美感经验日益丰富，人们对于这些形态要素的组合所表达出来的各种意义的感受也日益丰富和复杂。

2. 情感的抽象表现

由于形态要素能传达一定的情感，因此可以用形态要素（点、线、面）进行组合，设计出不同表现形式的抽象形象来表现各种不同的情感。当然表现某种情感的抽象形象并没有绝对标准的形式，但在表达情感时却能体现出某些共性。某些形象可表现触感，如瘙痒、疼痛、冰凉、瘫软、暖和等。图2-4所示即为各种触感的抽象表现。

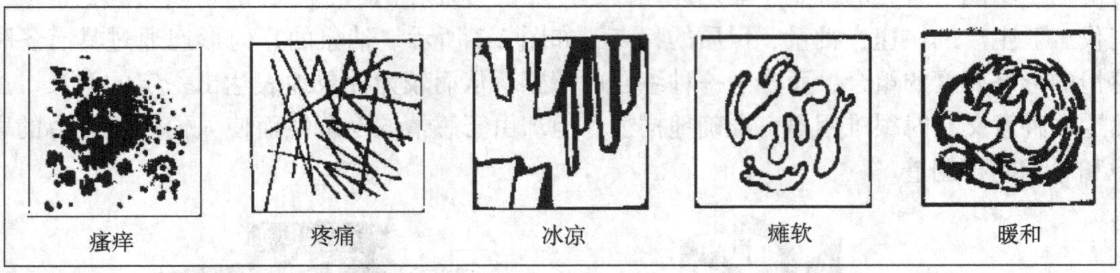

图2-4　触感的抽象表现

喜、怒、哀、乐等情绪的表现，如图2-5所示。从图形中可以看出，“高兴”使用强调众多的动作性曲线；“愤怒”使用强调笔力的锐角形，有如爆炸形；“忧郁”，画面调子低沉，少量的亮部安置在下部，有如黑暗压抑下的光明。

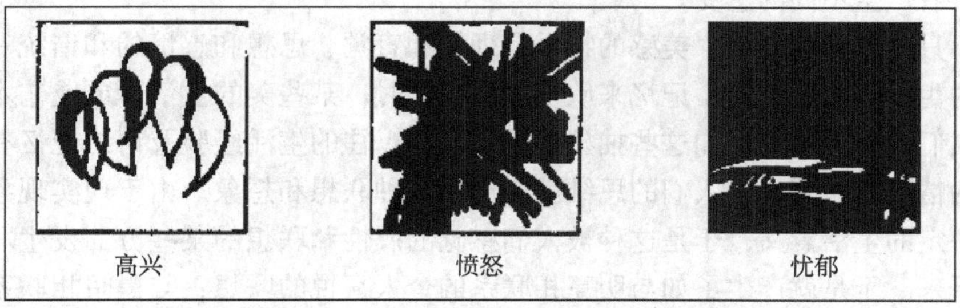

图 2-5 情绪的表现

听觉的表现，如噪声、柔声等。锐角折线表现听觉接受到的刺耳的声波——噪声；而柔软的曲线，自由、舒展，体现出柔声和乐声的特点，如图 2-6 所示。

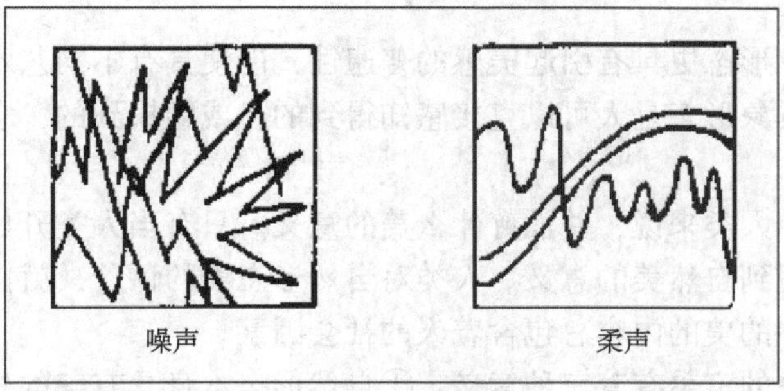

图 2-6 听觉的表现

味觉的表现，如甜、苦、酸、涩、辣等，如图 2-7 所示。

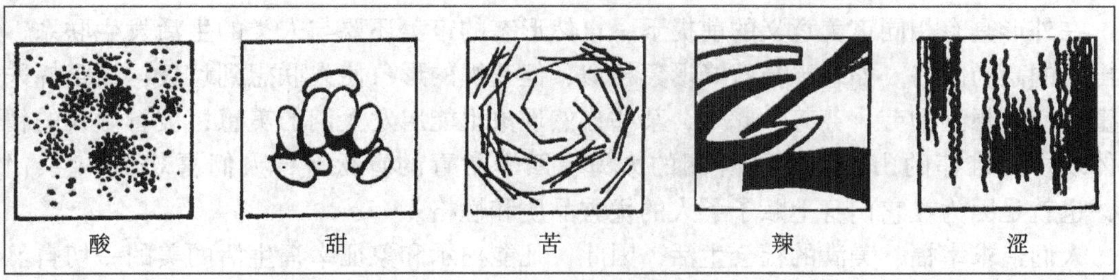

图 2-7 味觉的表现

精神的表现，即美学范畴中各种形态的表现，如崇高、优美、悲壮、滑稽。“崇高”，画面多用垂直线，结构简单，构图明朗；“优美”的基调是曲线的，柔和；“悲壮”的画面调子虽低沉，有如“忧郁”，但却含有崇高的一面，是具有积极意义的“伤感”；“滑稽”图形多呈畸形，构图复杂。

3. 抽象形态的审美性

为什么抽象的形象能表达各种复杂的情感呢？这得从抽象形象的产生谈起。

恩格斯说“形的概念完全是从外部世界得来的、而不是头脑中的由纯粹的思维产生出来的”。我们所谈的抽象形象就是从外部世界提炼创造出来的。使用抽象形象表达情感则是利用了抽象形象具有一定象征意义的特征。它产生在人类长期积累的美感经验的基础上，将一定的情绪、概念、触觉等，以最简单的图案语言表现出来，通过可视的艺术特征使观察者产生一定的感受。

抽象是对具体形象的高度概括与升华，抽象的形象更集中且富有启发性，同一图形可使不同观察者产生不同的感受。

美感不只是单纯的直觉，美感的特质是理性和直觉、思想和感情的和谐统一。当人们带着自己的生活经验、情绪、记忆来欣赏美和艺术时，某些美的生活形象或艺术形象就开始作用于人们的审美感觉。如这些抽象形象与人们以往的生活经验及情绪记忆有着某种联系或类似的情况时，那么，人们的思维就会产生各种联想和想象。由于现实现象的属性对于人具有一定的生活意义，于是这种被人们感觉的属性和联想的某些方面发生联系，并逐渐地固定下来。于是就产生了如与明亮相联系的令人喜悦的联想；与黑暗相联系的令人悲伤的联想；对线条和形体的稳定或运动、沉重和轻快的感觉，以及其他形象的黑暗和光明、生硬和柔和等感觉。虽然抽象形象在客观地表现人们的各种感情时，没有绝对标准的程式，但确实存在着一定的共性。

（二）具象形态的审美性

具象形态比抽象形态更具有引起美感的普遍性，能使具有不同艺术修养的对象更容易激起广泛的美感。具象形态是人可以直接感知得到的，或触摸到的，它又分为自然形态和人为形态。

自然界对于原始人类来说，并没有什么美的意义。只有当人类开始认识自然、征服自然，人们才逐渐意识到自然美的意义。人类对自然形态美的评价，就内容来说是按照人的理想进行的，自然中的美的内容总包含着人的社会因素。

自然界中的物象的审美有着三种意义：①自然形态本身具有美的外形；②自然形态具有可揭示人的崇高品格的形式；③自然形态具有能暗示和象征人类社会生活美的形式。

具有一定装饰意义的造型设计，选用自然形态，则该形态应具有美的外形。如蚯蚓虽是益虫，对生产有益，但外形不美，不能作为形态设计的题材。

在外形具有相同审美意义的前提下，自然形态的审美还要与人类的生活发生联系，揭示出人的高尚品格。如苍蝇与蜜蜂形象相似，但苍蝇的形象使人联想到垃圾，而蜜蜂采花酿蜜，使人想到勤劳、芬芳。此外，某些自然现象也能启发人们的美感，被看做人的精神的体现。如雄伟的山峰、壮丽开阔的大海、四季常青的青松等；人们喜欢梅、兰、竹、菊，也就是因为在它们身上赋予了人的优秀品质和性格。

人们追求幸福、美满的社会生活，因此，凡能揭示和象征幸福生活的美的一切自然形态，也具有审美意义，如牡丹花、白鹤等。

这种自然美的特征，在人的审美活动中充当着条件和前提。正是它们所具有的某种特征触发了人们思想的火花，通过联想，就产生出美的感觉。

人类用一定的材料，加工创造出来各种形态的建筑、物品等属于人为形态。工业产品具有一定的外形特征，像是产品的外观表情，使人产生各种生理和心理反应，从而使产品具有某种神态，因此产品就有了精神方面的意义，即审美的象征功能。从产品形态所传达的信息层面上，可将产品形态的特征分为功能性、审美性和象征性。

产品形态的功能性是指其起着容纳、保护产品的内部机构内容，帮助其实现使用功能；同时也起着与外部环境沟通和协调的作用，实现情感、体验、文化等非物质方面内容传递的功能。形态的功能即产品的使用价值，是其作为有用的物品存在的根本属性。

产品形态的审美性是指产品的造型形象通过不同的美学特征，传递给人的一种特定的心理感受。例如稳重、柔和、圆润、高雅、新奇、活泼、冰冷等感觉。具有审美性的产品可以与消费者的内心情感达到一致与共鸣，使消费者的情感需求得到满足。产品形态还可以影响人的价值观，陶冶人的情操。

第二节　形态要素及其构成特征

把一切形态分解到人的肉眼和感觉所能觉察到的形态限度，这就是形态要素。点、线、面、体、空间、色彩、肌理就是构成一切形态的基本要素，又称为形态要素。

基本形态要素摄取了事物的特征，可以抽象地表达美的感受，更为重要的是基本形态要素的研究超越了具体事物的外形，形成了相对独立于自然形象之外的一种美的形式。用分析、综合、分解、重构、整合的方法，对形态要素进行认识和研究，是产品形态研究的一般方法。

一、点

（一）点的概念

点有概念的点和实际存在的点之分。

概念的点，如形象上的棱角、线的开始和结束、线的相交处。这种几何学上的点，只有位置而没有形状和大小。它在视觉上是有一定作用的，但在构成中，它属于消极的形态。

实际存在的点，是指视觉上的细小的形象。所谓细小的形象，是相对而言的，不是形象本身所规定的，它是以比较对照的手法予以确定的。如在同一画面上，与大的形象相比较，感觉甚小的形象就为点的形象（图 2-8）。或者在空间的对比中它不超越视觉单位中“点”的感觉（图 2-9）。所以，在这里，并没有一定的可度量的尺度，它是感觉中产生的。由于人们的感觉基本上能达到一致，所以观察夜晚的星星、大海中的一舟、天空的飞鸟都能被认为是点。

图 2-8　点的大小对比感觉

图 2-9　飞鸟形成点的感觉

原来具有“点”性质的形，如被放置在小的空间中或在形内加上其他造型要素，就容易表现出“面”的特性（图2-10）。

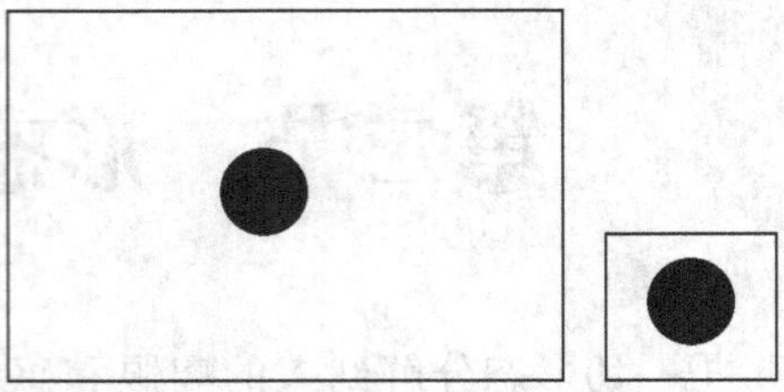

图2-10　同样大小的形在不同空间的点、面感觉

（二）点的形态

概念的点，没有形状和大小的变化，只有位置的变化。但就形态构成而言，点如果没有大小和形状的变化，就无法作视觉表现，因此产品形态中的点是有大小和形状变化的。

点，通常是以圆的形状出现的，它是简单、无棱角、无方向的。它也可以有各种形状，但都不会引起重要的心理效果，如安定、刚强等之类的感觉。点的基本特征与形状关系不大，主要在于大小（图2-11）。

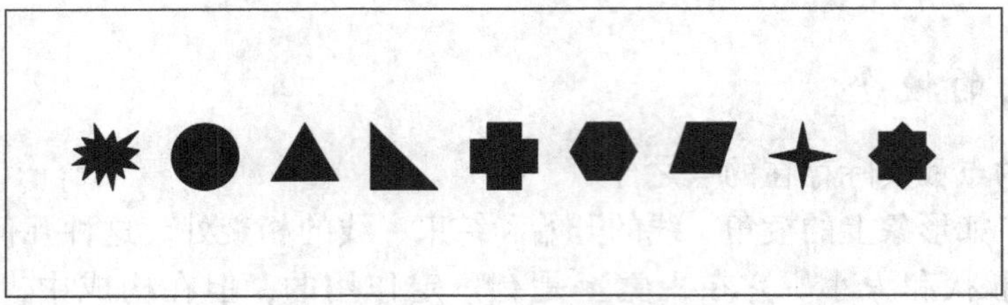

图2-11　点的形状

工业产品上的某些操作元件（如旋钮、开关、按钮）、指示元件（如指示灯）及文字、商标等，一般情况下，可视为点。

（三）点的大小

点的大小是相对而言的，同样大小的点在不同的环境中感觉是不一样的，在大的环境中感觉小，在小的环境中感觉大。通常来说，点的形态越小，点的感觉越强，反之，其感觉越弱，以至于产生面的感觉（图2-10）。

（四）虚点

与实点相反，虚点是由四周的形包围，中间留下的空白，这种现象称为虚点（图2-12）。

（五）点的视觉感受

在平面空间内放置一个点，视线就会被吸引并集中到这一点上，形成视觉中心，从而提高这一点的重要性（图2-13a）。

两个一样大小的点，视线就来回反复于这两点之间，感觉有一条无形的线在联系着（图2-13b）。如两点有大小之分，则人的视线就从大的点移到小的点（图2-13c），这是由于人的视觉首先感受到强烈的刺激。

如果画面上有不在一条直线上的三个点，则会形成三角形的消极的面（图2-13d）。如果有多点，又按一定的形来排列，就会有这个虚形的感觉（图2-13e）。所以点能引导视线，能起到组织形象的作用。

图 2-12　虚点

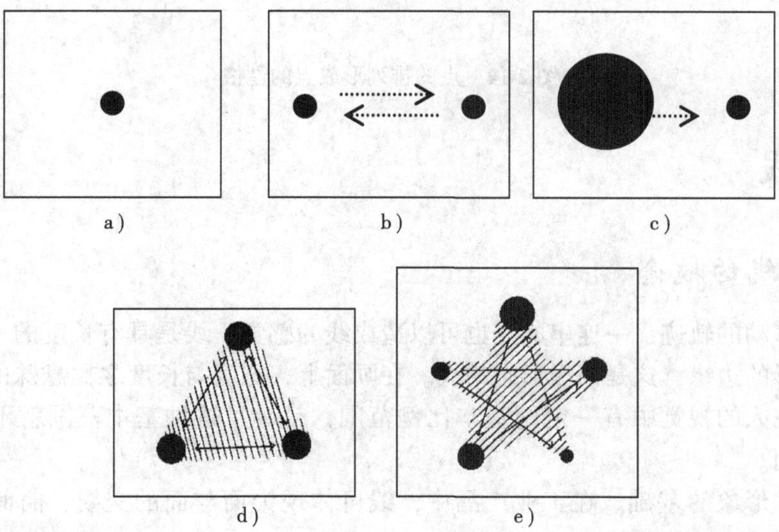

图 2-13　点的视线作用

当三个点按一条直线排列，那么人的视线就会从一个点到另一个点，最终回到中间点上停止，形成视觉停歇点。这样就产生了稳定的感受。同理，奇数点都有稳定的感觉，因为视线往复运动后，最终仍回到中间点上。因此，在设计时，各种感觉的“点”，宜设计为奇数。但点的数量太多则繁琐，且因视觉很难在短时间捕捉到视觉停歇点，所以“点”的设计，每行最多以七个点为宜。

（六）点的排列形成点的性格

点的组合是比较活跃的。点能组织成线，点能组织成形，而各种组织又展现出不同的表情，能使人得到一定的感受。图 2-14 所示的点的各种排列图形就体现了不同的性格。图 2-14a 为由不同大小的点无序排列构成的空间的感觉；图 2-14b 为由有序排列的大小变化的点构成的空间曲面的感觉；图 2-14c、d 为由大小不同的点的有序排列形成的远近感。

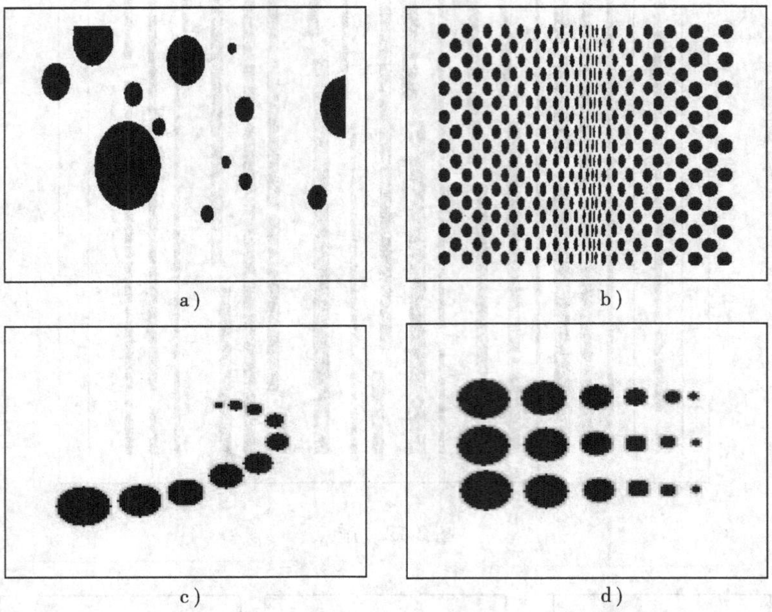

图 2-14 点的排列形成点的性格

二、线

（一）线的概念

线是点移动的轨迹，一连串的点也可以造成线的感觉。线是具有长度的一维要素。概念的线，即形的边缘，这是消极形态的线。在画面上，宽度与长度之比悬殊的称为线。与点一样，它在人的视觉中有一定的基本比例范围，超越了这种基本范围就不形成线的感觉，而成为面。

线是各种形象的基础。在工业产品中，线可体现为面与面的交线、曲面的转向轮廓线，以及装饰线、分割线等。

（二）线的种类

线在画面上可分为直线、曲线。直线是由沿同一个方向移动的点形成的。曲线是由连续地改变方向的移动的点形成的。曲线中有几何曲线和自由曲线。

（三）线的形状

几何学上的线是没有粗细，只有长度与方向。由于要作视觉表现，线必须具备一定的宽度。由于线具有一定的宽度（即使与长度的比值极小），一条线上的不同宽度就造成了线的形状（图 2-15）。

（四）线的方向

直线有垂直线、水平线、各种角度的倾斜线（图 2-16a）。曲线更有趋势、回转、流向等方向性（图 2-16b）。

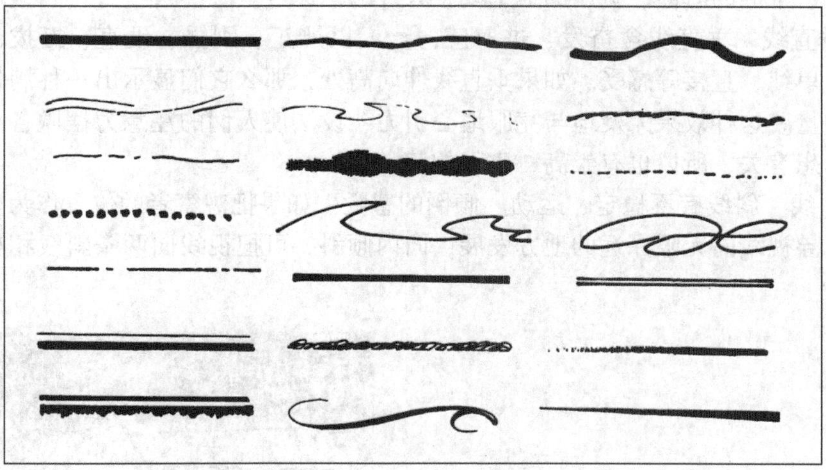

图 2-15　线的形状

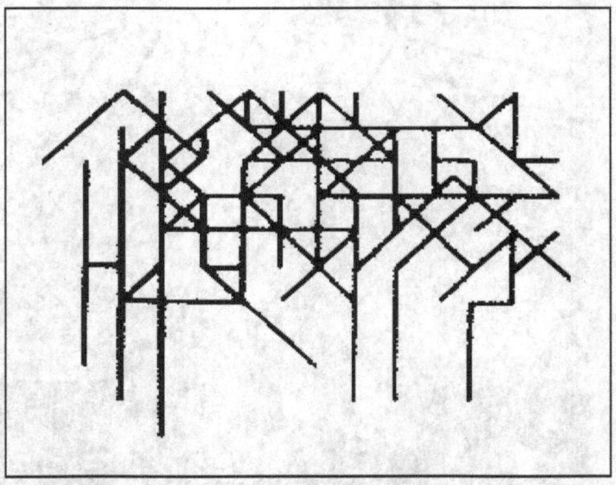

a）

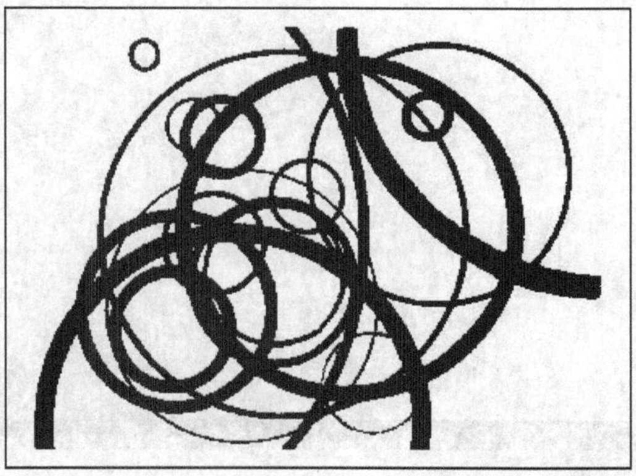

b）

图 2-16　线的方向

（五）线的性格

线的种类、形状及方向等许多特征赋予线以多性格化。线的种种性格是很明显、很活跃的，不仅体现了自身的性格特点，而且还常常影响到整个平面甚至立体形态的性格。

（1）直线　直线能给人以严谨、坚硬、明快、刚直、力量的感觉。粗直线有厚重强壮之感，细直线有敏锐之感（图 2-17）。在造型中，直线的运用，能使人感受到“力”的美感和男性性格特征。

图 2-17　直线的性格

（2）水平线　水平线使人产生安详、宁静、稳定、永久、舒展、松弛感。产生这些感觉是由于水平线符合均衡的原则（图 2-18），如同天平两侧质量相等时秤杆呈水平状一样。同时，它所产生的这些感觉，能使人联想起长长的海岸线、平静的海面、宽广的地平线、大片的草原等。

（3）垂直线　垂直线含奋发、进取感，给人以严正、刚强、硬直、挺拔、高大、向上、雄伟、单纯、直接等感受。如果垂直线伸向高处，那么它们显示出一种满怀热望和超越一切的力量。这种效果无疑地与克服地心引力、设法使人们的注意力摆脱各种束缚、奋力向上的思想有关，所以也有崇高、肃穆的感觉。

（4）斜线　斜线有不稳定、运动、倾倒的感觉。如果把观察者的位置作为坐标，向外倾斜，可引导视线向无限深远的地方发展；向内倾斜，可把视线向两条斜线相交点处引导（图 2-19）。

图 2-18　水平线的性格

图 2-19　斜线的性格

（5）曲线　曲线能给人以运动、温和、幽雅、流畅、丰满、柔软、活泼等感觉。在造型设计中，曲线的使用，能使产品体现出“动感”和“丰满”的美感表现为女性性格特征（图 2-20a）。

水平伸展的起飞线，除了有温和、优美、流畅感之外，也能产生轻快、松弛的感受。这是因为水平伸展的曲线不但有曲线的特性，且具有水平线的松弛、安详感。

曲线可分为几何曲线与自由曲线。几何曲线包括弧线、抛物线、双曲线等。它们给人以理智明快之感和一定弹性的紧张感，犹如弯曲了的钢丝。

抛物线有流动的速度感；双曲线有对称美和流动感；自由曲线柔软流畅，有奔放、丰富之感，具有抒情诗一般的优美。

有规律变化的曲线，如正弦曲线，其波动和方向上的变化，如果没有任何中断，就能够产生出种种富有韵律的沉静效果（图 2-20b）。沙漠、漫漫大海以及滚滚波涛的海面也有这一特点。在大自然中，许多道路和小径，给人以富有韵律的沉静、幽静感。曲径通幽，即由此而来。

上述不同线形之所以给人以不同的性格感受，如对直线、对称规则的形态产生凝重端庄的美感，但又易导致呆滞、单调；对于曲线、非对称形则产生活泼变化的快感，都是因为人在观察这些线与形时，视线本能地在不等的两边作来回运动，从把握物像的视觉印象积累中获得时间知觉和空间知觉形成视觉兴奋阈，导致“兴味无穷”的视知觉快感。

a）

b）

图 2-20　曲线的性格

（六）线的面化

如果把线密集使用，便会形成面，可以创造出奇妙的曲面效果。直线群逐一改变角度，可创造出曲面效果（图 2-21）。利用折线可形成凹凸效果（图 2-22）。

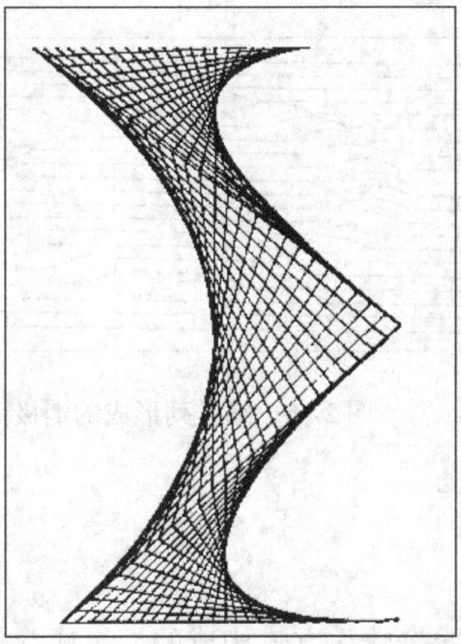

图 2-21　逐一改变角度的直线群造成曲面效果

图 2-22　利用折线形成的凸凹效果

三、面

（一）面的概念

按照几何学的定义，面是线移动的轨迹。面有消极的面和实际存在的面。点、线聚集而成的是消极的面（图 2-23），线移动的轨迹是实际存在的面。实际上，点、线、面之间并没有绝对的界限。点扩大可成为面，线加宽也能成为面。

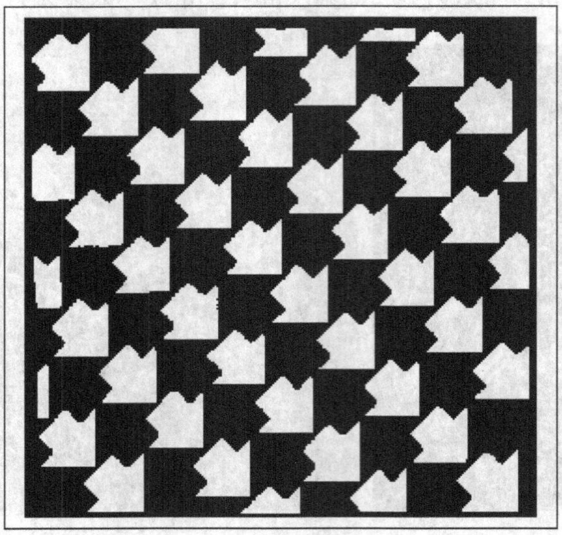

图 2-23　消极的面

（二）面的形成

（1）线移动形成面　直线平行移动形成正方形或矩形面；直线回转移动，形成圆形或扇形面；直线倾斜移动，形成菱形面（图 2-24）。

（2）点、线排列形成消极的面　点、线排列可形成各种形式的消极面（图 2-25）。

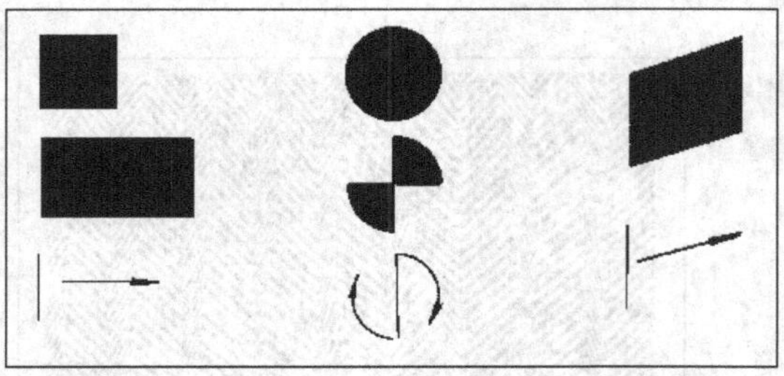

图 2-24　线移动形成面

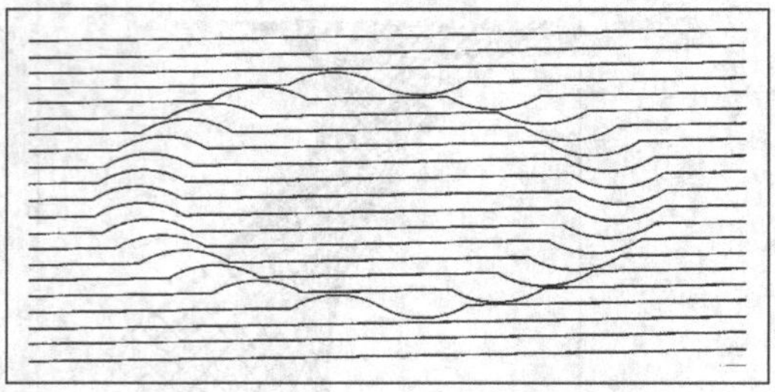

图 2-25　线排列形成的消极面

（三）面的种类

从构成面的形状来划分，可分为：

（1）几何形面　几何形面是由直线或几何曲线按数学方式构成的。组成几何形面的各种要素往往是相同的（如边长、角度、圆周上的点到定点的距离）。几何形面的基本原形是正方形、等边三角形、圆等。由这些正方形、等边三角形、圆形组成的各种直线形、曲线形也是几何形面（图 2-26）。

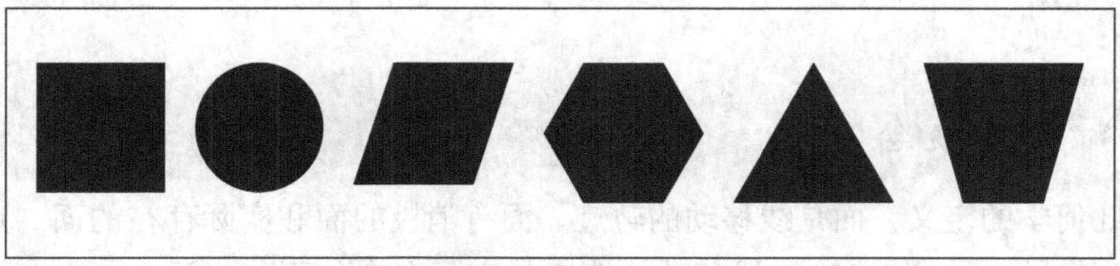

图 2-26　几何形面

（2）自由形面 自由形面是由自由曲线、自由曲线结合直线、直线与直线组合而成的。它包括有机形、偶然形和不规则形等。有机形面，是用自由的弧线构成的形。偶然形面，是用特殊的技法，意外、偶然所得到的形，设计者无法完全正确地控制其形成的最后结果，而且难以完全重复。不规则形面，是用自由弧线及直线随意构成的形（图 2-27）。

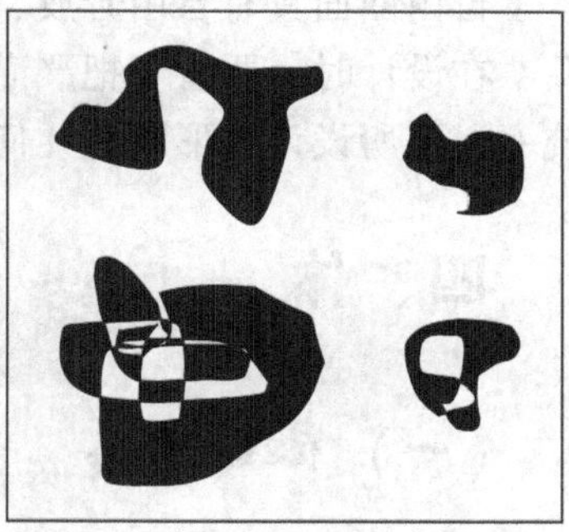

图 2-27 自由形面

从面的空间位置来划分，可分为：水平面、垂直面、倾斜面、曲面。曲面又分为单曲面、双曲面和自由曲面。单曲面是母线沿着一条曲线轨迹平行移动而形成的曲面。双曲面是母线沿着两条曲线轨迹移动而形成的曲面。

（四）面的性格

几何形，总的能给人以单纯、明朗、理性、秩序、端正、简洁的感觉。几何形对视觉的刺激集中，感觉醒目，信号感强。但有时会产生呆板、冷漠、生硬、单调感。

正方形是与圆相对的形体。正方形以直角构成，最能强调水平线和垂直线的性格特征；能给人大方、严肃、单纯、明确、安定、庄严、清冷、静止、规则的感觉。但由于其四边相等，缺乏变化，因此又给人以乏味、单调的感觉。

矩形中，如长边为水平位置，则此矩形给人以稳定之感。当长边为垂直位置时，则给人以挺拔、崇高、庄严之感。

正梯形，具有较强的稳定感，倒梯形则具有轻巧的动感。

圆形，无论在平面或在立面中，总是封闭的、饱满的、肯定的和统一的。给人以活泼、灵活运动和辗转的幻觉感，它还象征着完美、圆满与简洁。

椭圆以及类似的曲线除了有十分安详的感受外，还强调了某些动态。

三角形中的正三角形，给人以稳定、灵敏、锐利、醒目的感觉。这是一种容易被人辨认和记忆的图形。倒三角形则具有不稳定的运动感（图 2-28）。

图 2-28 面的性格

有机形，活泼、大胆，但往往也会引起不端正、杂乱、缺乏严谨的感觉。

水平面有平静、稳定的感觉，有引导人的视线向远处延伸的视觉效果。

垂直面有庄重、安定、严肃、高耸、挺拔、雄伟、刚强的感觉。

倾斜面具有活泼的动感。

几何曲面具有流畅连贯、变化有序、规则流动的感觉。

自由曲面具有自由奔放、轻松欢快、亲切自然的感觉。

在设计时，要善于把严谨的几何形与活泼的自由形结合起来，取长补短，求得变化与统一，使所设计的形既有几何形的明确、简洁，又有自由形的活泼、大胆。

四、体

（一）体的概念

根据几何学的定义，几何体是平面进行运动的轨迹，具有位置、长度、宽度、厚度，但无重量。一个方形平面，沿着垂直于该直线方向进行运动，其轨迹形成正方体或长方体。矩形平面以其一边为轴，进行旋转运动，形成的运动轨迹呈现为圆柱体。一个圆形的平面，以其直径为轴，进行旋转运动，可形成为球体。

平面上的形，就是一个不变的轮廓线。立体形由于视觉方向的不同，没有固定不变的轮廓线，而只有决定于视觉方向的视向线。

体的基本形可分为球、圆锥、圆柱、立方体、正棱柱、正棱锥六种。这些基本形是造型中最基本的“语言”单位。从基本形态中的任何一个形态出发，将它稍加变形，就可从一个基本形态演变到另一个基本形态，从而产生出很多新的形态（图 2-29），这些形态彼此之间都有一定的联系。

图 2-29 基本几何形体的演变

（二）体的性格

和点、线、面一样，体也具有性格，不仅由构成立体的轮廓线的性格决定，还以构成其体量的形态来衡量。

细薄的体量：具有纤柔、轻盈之感。

矮小的体量：就有沉稳、灵活感，给人小巧之感。

厚实的体量：具有敦厚、结实之感。

高大的体量：具有雄伟、庄重感，同时也会使人产生压抑感。

虚拟的体量：由于虚空间是开放的，故没有压抑感，给人通透之感。

（三）体的构成

将形态要素按照一定的原则组成一个立体的过程，称为立体构成。立体构成是使用各种较为单纯的材料，进行形态、机能和构造的研究，探求新造型的理论。由于立体构成的目的在于对形态进行科学的解剖，以便重新组合，创造出新形态，提高造型能力，因而，它可以为设计提供广泛的构思方法和构思方案，为设计师积累大量的形象资料。所以，立体构成是工业设计的基础。

立体构成的主要特征表现为构成的分析性、感觉性和综合性。

1. 分析性

绘画和图案的创作活动，其特点是从自然中收集素材，把对象作为一个整体来进行研究，以具象为模型，通过夸张、变形而成为作品。构成则不模仿对象，而是将一个完整的对象分解为很多造型要素，然后按照一定的原则（自然也加入了作者的主观情感），重新组合成为新的设计。构成在研究一个形态的过程中，把它推到原始的起点，分析构成的元素、原因和方法，这就是构成的认识方法与创作方法。

2. 感觉性

构成是理性与感性的结合，是主观与客观的结合。

构成作为一种视觉形象，它必须把形象与人的感情结合在一起，只有把人的感情、心理因素作为造型原则的一个重要组成部分，才能使构成的形态产生艺术的感染力量。构成的抽象形态，虽不反映具象，但它还是具有一定的内容，与现实生活总有一定的联系。这种内容和联系，反映出一定的节奏，体现出一定的情绪。

构成的分析性含有较强的理性成分，要实现最终的构成方案，需依靠感觉性来决定。

3. 综合性

立体构成作为造型设计的基础学科，与材料、工艺等技术问题有密切的联系。不同的材料和加工工艺，能使那些用相同的构成方法创造的形态具有不同的效果。因此，构成必须结合不同的材料、加工工艺，创造具有特定效果的形态。这就体现了构成的综合性。

五、肌理

由于材料表面的配列、组织构造的不同，使人得到的视觉质感或触觉质感称作肌理。简单地说，肌理指的是物体表面的组织构造或纹理。

视觉质感又称为视觉肌理、二维肌理。这种肌理只能依靠视觉才能感受到。如木纹、纸面绘制、印刷出来的图案及文字等。在平面造型中，主要运用的是视觉肌理，如图 2-30 所示。在立体造型中，则需同时运用视觉肌理和触觉肌理，特别是对于一些大的形态，同时采用视觉肌理和触觉肌理的处理手段，既具有较好的艺术效果，又经济节约。

图 2-30　视觉肌理

触觉质感又称为触觉肌理、三维肌理。它不仅能产生视觉质感，还能通过触觉感受到。如物体表面的凹凸、粗细、软硬等，如图 2-31 所示。这种肌理多表现为立体群的构造。其加工的方法也是多种多样的。如用单一的或复合的材料通过编织、拼合、粘贴、雕刻、腐蚀、皱折、烫印、冲压、敲打、切割、穿孔等方法，即可达到不同的视觉效果。

图 2-31　触觉肌理

触觉肌理也是一种立体造型。产品的立体造型是单个形态的造型，这种个体形态的创造要求比较严格，需仔细推敲。肌理是无数个小立体的形态群造型，它的艺术效果是靠形态的群体取得，而不主要取决于单个形态的特征。因此肌理的形态造型特征是小、多、密，其个性形态的创造要求尽量简单。

肌理与形态、色彩、光线有着密切的关系。肌理的效果主要通过形态、色彩及其光影产生的。肌理的形式多种多样。具有规律性的肌理与自由性的肌理给人以不同的心理感受。有特征的肌理，具有较强的艺术感染力，能给人以视觉上的美感和触觉上的快感。因此，它也是设计中的一个重要的构成要素。

肌理的个体形态虽然简单，但对表达形态的情感也起着一定的作用。个体形态不同，其造型的艺术效果也不同。由于肌理可表达一定的情感，因此，在造型中，创造适度的肌理会加强造型物的个性表达。在造型物整体或局部功能元件的不同表面，设计不同的肌理，可使立体感更强。肌理在造型中，不仅起着形体表面的装饰作用，而且还能表现造型的时代感，表现出新的材料与新的工艺，从而丰富了造型物的整体感情。

现代的造型设计，不仅重视外形的美观也高度重视表面的处理，特别是对肌理的研究和运用，使造型从材料及加工工艺中获得美感。肌理的构成打破了过去认为造型只有通过装饰才能增加美感的传统观念，它能产生一些不可言状的细致的心理感受，能达到图案纹样无法达到的效果。

第三节　形态设计的方法

将形态要素按照一定的原则组成一个相对独立的造型过程称为构成。它是利用各种较单纯的形象，进行形态和构造的研究，探索新的造型方法。其目的在于对形态进行科学的分析，以便重新组合，创造新的形态，提高造型能力，它是产品造型设计的基础。但构成与设计又是有区别的。构成是排除时代性、地区性、社会性、生产性等许多因素的造型活动，造型设计则是包括构成在内，并考虑其他众多要素，使之成为完整、合理、科学的造型物的活动。

构成为设计提供广泛可靠的发展基础。构成的构思不完全依赖于设计师的灵感，而是把灵感和严密的逻辑思维结合在一起，这种冷静的理智与丰富的感情相结合，使得构成具有科学的内容。设计师可以在这些可能存在的所有组合方案中，按照美学、工艺、材料等因素筛选优秀的方案，提供给立体造型设计，从而提高设计的质量。同时，构成方案可为设计师积累大量的形象资料。构成的目的，在于培养造型的感觉能力、想象能力和构成能力。在基础训练阶段创造出来的构成作品可作为形象资料收集起来，为今后的具体设计提供大量的、丰富的素材，为设计提供了方便。

一、点的形态设计

几何学中点的含义，指只有位置而没有长、宽、厚的几何图形。两线相交处，或线段的两端都是点。在点的形态设计中，一般选用圆点、方点和偶然性不规则的点，或具有一定形体的点，例如线的顶端，或者是小的面和体等。在一定的骨架和有体量的空间中突出点的构成关系主要是以材质、色彩、光照、肌理的强烈对比突出点的组合效果。例如，突出点的有序起伏、高低错落、动转回旋等，都是有效的方法，如图 2-32 所示。

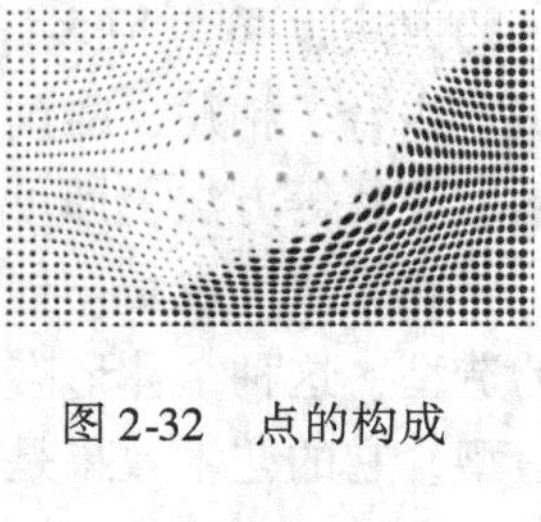

图 2-32　点的构成

二、线的形态设计

线的形态设计主要是应用各种线材在三维空间形成立体形态，线材构成的特点是其本身并不具有空间形体，但它通过线群的集聚，表现出面的效果。再运用各种面加以包围，形成一定的封闭空间，线的构成透过线条间的空隙，可以见到各个不同层次的线群构成，呈现出网络的疏密变化，具有较强的韵律感。主要分为：硬线的形态设计和软线的形态设计。

硬线是具有一定刚性的线材，如铁丝、铜丝。自身支持力好，但柔韧性和可塑性较差，主要有以下几种构成形式。

（一）垒积构造

把单位的线材重叠垒积起来，就是垒积构造。其特点是只依靠自身重量和上下结合面的摩擦因数来保持体形的稳定。作垒积构造要注意形体的实际平衡，还要注意线材的组合形成规律，以求在各个视角的转换之间，产生节奏和韵律感（图 2-33）。

图 2-33 硬线材的垒积构造

（二）桁架构造

桁架也可称网架，是以一定长度线材以铰节构造将其组合成三角形体，以此为基本单位再进行组合（图 2-34）。由于多杠杆受到不同的拉力和压力，相互间产生了支撑关系形成不易弯曲的整体结构，它可以给建筑物和桥梁提供坚固的支撑。

（三）框架构造

框架构造是运用一个或多个独立的框架进行的空间组合，有平面线框和立体线框之分。为了组合的丰富多彩而又不失协调统一，多个线框之间可以采用相同、近似、渐变等方式，进行有规律的自由组合，如图 2-35 所示。

图 2-34 硬线材的桁架构造

图 2-35 硬线材的框架构造

软线有棉线、丝线和线绳等。软线构成的立体形态看似轻巧却有较强的紧张感。软线的形态设计主要有以下几种形式。

（一）线群结构

线群结构是指软线材按照一定的秩序在导线上作排列而形成的线织面构造形式。线织面是空间内含直线的曲面，有锥体面、圆柱体面、螺旋体面等。以基本线织面为基础，加上连接位置差异、运动方向变化等不同，可得到变化无穷的线群结构，也可以创造出奇幻的艺术效果，如图 2-36 所示。

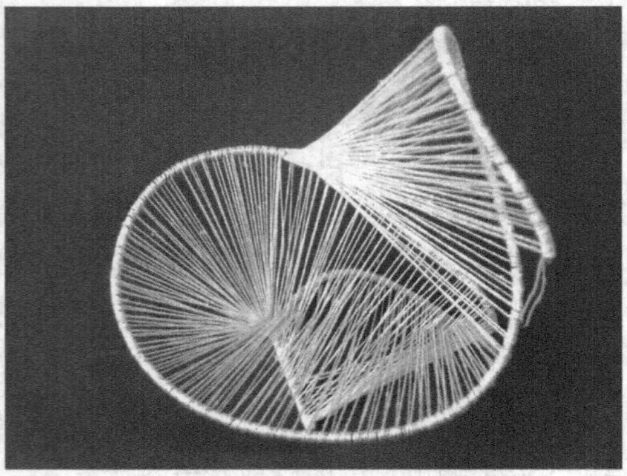

图 2-36　软质线材的构成

（二）编结构成

编结构成的最大特点是不必用硬材做引拉基体。编结术自古就有，原始人利用编结织网，还用编结来计数。千百年来，编结技术广泛应用在生产和生活中，它对提高工作效率、保障安全、美化生活有着极其重要的作用，图 2-37 所示为中国变体吉祥结的编结构成。编结的基本要素是绳体、扣孔及绳尾。基本的编结法有单扣、8 字扣、平结等，其他结法是在这三种结法的基础上变化发展的。

（三）自垂结构

自垂结构是将平面板材剪成一定形状，再以硬性材料作为支撑的构成形式。这类结构由于线形自身重量的原因，在一定的支撑下可以形成自然的下垂，如图 2-38 所示。如果说线群结构和线织面表现的是一种条理和韵律的话，那么，自垂结构表现的则是一种自由和流畅的感觉。

图 2-37　吉祥结的编结构成

图 2-38　软线材的自垂结构

三、面的形态设计

面是抽象概念，在现实生活中的面都是从属于一定物体的表现，是介于线与体之间的形态。面的形态设计主要有以下形式。

（一）层面排列

层面排列指把立体形态连续分割成若干直面、曲面或柱面、锥面等基本形，并将这些基本形经过变化，重新组合以构成新的形态（图 2-39）。

（二）薄壳构造

将面材加工成有机壳形态，称之为薄壳构造，如自然界中的蛋壳、贝壳等，在实际中常被用作大型体育馆、剧场等建筑的屋顶。设计中要注意曲折的次序性，可以创造出丰富的筒形壳体、球体壳体、还可以壳体为基本单位进行组合，如图 2-40 所示。

图 2-39　层面排列构成

图 2-40　面的薄壳构造

（三）带状构造

平面材料经扭转卷曲可形成有连续曲面立体。如常见的刨花，呈现螺面的形态。创造带状构造时要注意把握运动感的节奏、韵律、营造空间趣味性（图 2-41）。

（四）插接构成

插接构成指将若干的面材在边缘处切口，然后相互插接，构成复杂的形体群（图 2-42）。面的形式有几何形、近似形和自由形等。常用插接的方法有断面插接、表面插接和自由形体插接等。插接构成对商品包装有直接应用价值。

图 2-41　面的带状构造

图 2-42　面的插接构成

四、体的形态设计

在自然界中，大部分形体是实心的立体形体，具有充实感。在形态设计中采用较多的几何形体有柱体棱柱、圆柱、锥体、台体、球体和多面体等。此外，在感觉上或生理上给人以舒适感的有机形体也被广泛地应用于工业设计中。在空间形态的设计中，组合和切割是综合应用最为常见的两种方法。

（一）体的组合

一个形体单独出现时，不存在组合关系，而将两个以上的基本形体组合时，形体之间必将出现组合关系。组合是最普遍的造型方式，凡需经过从零件装配成成品的生产过程的产品在造型上一般都离不开组合方法，如图 2-43 所示。

图 2-43　体的组合构成

组合法主要有以下几种形式：

1）并列：指单纯的表面接触结合，没有互为依存的进一步联系。

2）堆叠：指形体按垂直方向一个置于另一个之上，具承受的性质。

3）附加：指比例悬殊的主从形体，具有明确的从体依附于主体的性质。

4）嵌入：指一个形体的一部分嵌入另一个形体的内部，具有交叉的性质。

5）覆盖：指一个折转的面立体或线立体笼罩或围束在另一个形体的外层，具有约束的性质。

6）贯穿：指一个形体从另一个形体的内部穿越而过，具有穿透的性质。

上述所列构成形式都是相对的，在一件产品的形态设计上需要综合运用，在实际造型中需要灵活掌握。需要指出的是，造型上的形体组合与零件在机械装配中真实的组合关系之间存在着较大差别。

（二）体的分割

所谓分割构成是把一个形体分割打散，然后再重新组合，而形成新的形体，如图 2-44 所示。

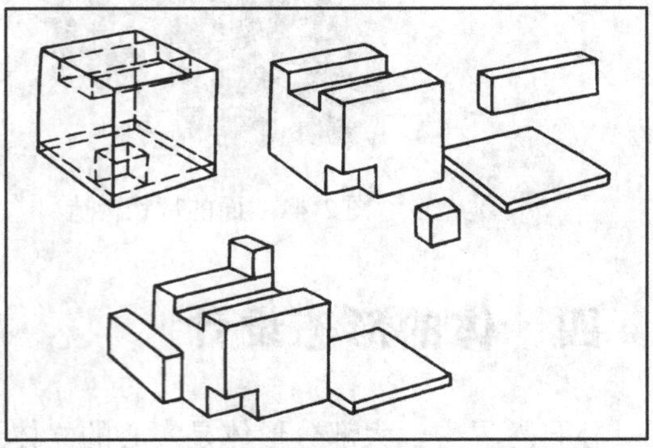

图 2-44　体的分割构成

在分割过程中会出现层次变化、棱角突出或削弱以及相贯线和截交线产生。这些都可以使形体在形象上产生变化且满足功能要求。

分割与组合法是相对而言的。用分割组合的观点看问题，任何形体都可以由基本构成要素组合而成。同样，任何形体也都能以某一基本形体为基础、通过分割而获得。

五、综合形态设计

综合形态设计泛指综合运用多种形式、材料、方法、手段等构成类型进行形态设计。例如，综合线构成，综合线、面构成，线、面、体综合构成，综合空间肌理构成，综合实体和光构成，仿生构成等。从理论上讲，形式、材料、手段、构成方式任何一个维度的改变，都会产生新的立体造型，并具有无限多的可能性。

新科技、新材料、新工艺给形态要素的选择与组合带来更大的自由度与综合性，因此，综合形态设计的过程也变得更有趣味性、实验性和探索性。

第四节　产品形态设计及需要考虑的因素

一、产品形态的设计

一件工业产品的造型，是基于功能的总体布局、电气、结构、金属工艺等与造型设计之间创造性劳动的结合。它需要多工种、各种工艺的共同协作，通过多种造型手法，理想地表达其艺术形象，归结为一个完美的外观造型。因此，影响造型的因素是很多的，只有调动一切造型手段，才能创造出较为完美的产品形象。

（一）体量

产品的物质功能是形成产品体量大小的根本依据。体量分布与组合的结果，将派生出多种形体，形成不同方案，并构成不同的造型。因此，在造型上，体量的分布和组合会直接影响产品的基本形状和风格，是造型设计的关键。

结构对称的产品，多为对称的造型。对称的形状如同对称的平面图形一样，具有端正、庄重、稳固的性格。在进行产品立面设计时要有变化的因素，以求得在整个形体对称结构的前提下，产生变化、丰富、活跃生动的美。

结构不对称的产品，在进行体量的组合时，首先要考虑符合实际均衡的要求，以保证造型的稳定。重心较高、重量较大的产品要求工作、运输、移动时有相对的稳定性。

体量的组合要避免单调和杂乱，大体积的单调组合和小体积多体量的杂乱拼凑都不符合形式美的要求（有关产品造型的美学法则详见第三章）。必须力求用最紧凑的空间、简洁而又有个性的形体来表达产品的功能与结构的特征。

在进行具体的设计时，要注意体量大小的对比，虚实的对比，韵律、主从的安排，使之既有主次、有对比，又不失统一和协调。

近年来，随着人们收入增加和消费心理变化，房车得到了迅速的发展。房车兼具“房”与“车”两大功能，车上的居家设施有：卧具、炉具、冰箱、橱柜、沙发、餐桌椅、盥洗设施、空调、电视、音响等家具和电器，集“衣、食、住、行”于一身。在造型设计中，通常采用扩大车厢的体量来获得更多的居住空间，如图2-45所示。

图2-45　澳大利亚房车公司推出的房车“元素”（EleMMent Palazzo）

（二）形态

构成产品外观的线、面、体等形态要素具有各种不同的形状，如方圆、扁厚、高低、宽窄、粗细、几何形与非几何形等。形态的变化与统一，就是将造型物繁复的变化转化为高度的统一，形成简洁的外观。

获得形态的统一感有两个主要方法：一是将所有次要部分去陪衬某一主要部分；二是同一产品的各组成部分在形状和细部上保持相互协调。

联合收割机是组件较多的农作物收获行走机械，集行走、割、脱、筛、少量仓储功能于一体，暴露部件多且各个功能部件相对独立，因此各个部件的连接处的处理就成为造型的关键。通过强化整体、弱化细节便取得了统一的效果，如图 2-46 所示。

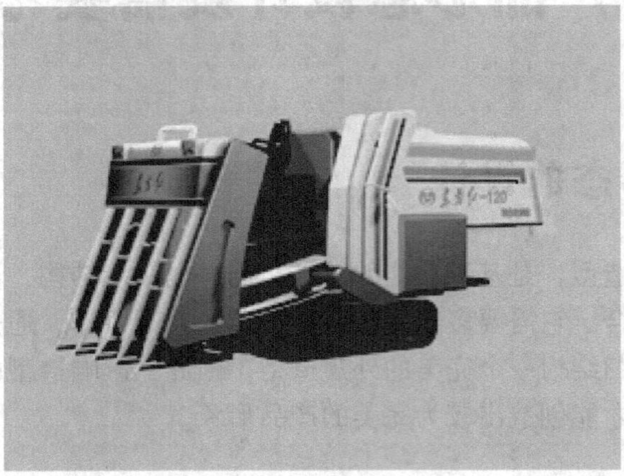

图 2-46　东方红－120 联合收割机

（三）线型

造型物的线型包括视向线和实在线两大类。

视向线指的是造型物的轮廓线，由于观察造型物的视线方向不是固定不变的，因而造型物的轮廓线随着视线方向的变化而不同。因此，用视向线来称呼随着观察角度不同而变化的轮廓线较为合理。

实在线指的是装饰线、分割线、亮线、压条线等。这些都是客观存在的线。

线型是产品造型艺术中一种富有表现力的艺术表现手段。线型设计直接影响造型物的质量及外观的艺术效果。因此，无论是建筑物还是各种工业产品都很重视线型的处理，如图 2-47 所示。

图 2-47　楼梯的线型设计

1. 线型的选择

不同的线型，决定着造型物形态的不同性格，同时体现出造型物的形式美。它还与人的心理反应有着密切的联系。

线型的选择与下列因素有关。

1）线型的选择应与产品的物质功能相适应。如交通工具的线型选择应保证其运行的阻力为最小；机器设备的线型选择必须考虑机体的稳定与操作的方便。因此，交通工具的线型多选用流线型，而机器设备则多选用直线型。

2）线型的选择应考虑各种线型的性格特征，使之与人的心理需求相适应。如以直线为主的几何形给人以静穆、浑厚、庄重、工整、均齐、冷静和严肃的感觉；而自由曲线构成的形体则给人以奔放、活泼、轻快、生动和多变的感觉。不同的产品，由于功能的不同，在人们心目中的性格也有所不同。因此线型的选择就必须与人们的这种心理需求相一致。否则，就削弱了造型物的个性，影响人们对产品的理解。

3）线型的选择要考虑整个产品的形式美。形式美，要求在变化中追求统一，在统一中寻求变化。线型选择既要注意产品整体风格的统一，也要追求整体统一前提下一定因素的变化，使静中有动，动中有静，即曲中有直，直中有曲。

2. 线型的组织

由于任何造型物的线型组织至少是在两个方向上进行（如水平与垂直），因此在组织过程中，必须突出某一方向的线型以产生线型“主调”，使造型物具备鲜明的性格特征。

线型的组织应根据造型物的功能和造型物在人们心目中可能存在的心理形象来组织。也就是说，造型物的线型“主调”不但与造型物的物质功能有关，而且还与造型物的动势有关。所谓动势，指的是造型物存在的一种动的趋势、趋向。动势是造型物具有生命力的体现，对于由基本几何体组成的工业产品，则体现为造型物的典型性格。根据这些因素所确定的线型组织和造型物的线型“主调”，不仅能使造型物的内在功能与外观形态取得统一、协调、整体完整的效果，而且还使造型物具有典型的性格。

如机床的造型，采用水平、垂直两个方向的线型，能使整个造型物呈现方整、稳定、简洁的视觉效果。线型的“主调”是水平线，强调了造型物的稳定感。其线型“主调”与机床中运动部件的水平方向运动相一致，则加强了机床的动势，如图 2-48 所示。汽车采用水平线和斜线的组合，使汽车的外形给人以生动、活泼、安全的感觉。水平方向的线型“主调”，强调了汽车前驱的运动趋势，并使人感受到速度感，如图 2-49 所示。这样的线型组织和线型“主调”的选择，与机床和小汽车的功能及它们在人们心理中的感受是一致的，因而，设计是合理的。

图 2-48　机床造型

图 2-49　兰博基尼概念跑车的造型

在线型组织中，要注意同族曲线的运用。同族的各曲线，由于它们的曲率既有类似，又有变化，因此，运用同族曲线构成的造型物能获得既统一协调又有变化趣味的情调。而运用相同曲率的曲线构成的造型物，因缺乏变化的因素，而显得呆板与单调；运用没有共同因素的曲线进行造型，则造型物由于缺乏统一因素而显得零乱，没有整体感。

图 2-50　两种不同造型风格的汽车

线型在造型中是最富有情感和表现力的基本要素。这不单体现在方向根本不同的线上，也体现在线的直与曲上。有时，甚至只要稍一改变线的曲率或倾斜度，就使人们对产品产生不同的心理感受。图 2-50 所示为两种轿车的造型。由于都是交通工具，所以它们采用了水平方向作为线型的“主调”，强调了造型物的运动感。但是，两者水平方向线型的稍许差别却能使人产生较大差异的心理感受。

3. 装饰线

装饰线的选用必须从产品的整体出发，以加强产品的特征为目的来进行设计。

（1）明线装饰　明线装饰是采用与造型物不同材料、不同色彩的立体装饰条，固定在造型物的外表面上，起着装饰的作用。它在交通工具、设备、仪器、电子等产品中应用很广，如图 2-51 所示。

不但装饰线的质感、色彩影响造型物性格，装饰线的断面形状和尺寸也影响造型物的性格，由于断面形状和尺寸的不同，使装饰线体现出或锐利、挺拔，或柔和、温顺，或粗犷、有力，或精致、纤细等。

装饰条的工艺应该精致、美观，能给造型物增添生气。

（2）暗线装饰　暗线装饰是在造型物上做出凸线或凹槽，形成装饰线。它主要利用凹凸的光影造成亮线和暗线，起着装饰与分割的作用。由于这种线与造型物的色彩一致，因而产生的视觉效果很协调，很素雅，又富有层次感，如图 2-52 所示。同时，这种线还具有省工省料的特点。

图 2-51　电饭煲的明线装饰

图 2-52　iPhone5 手机

暗线装饰还可起着藏拙的作用。它可把加工误差及其他需掩盖的缺陷通过阴影掩藏起来，增加造型物的精密感。

（3）关于流线型　“流线型”是 20 世纪初，为了表现产品的流线特点而使用的词。在现代人们心目中，“流线型”一词有两种含义：一是指自然界中许多事物和人类制造的产品为了适应快速运动的需要所具有的形态；二是指人类在流线型形态影响下所产生的产品形态的美感形式。

作为自然现象的流线型很早就存在了，如鱼、鸟的形象及下滴水珠的形态。人们创造的工业产品，特别是像飞机、火车、汽车等交通工具，为了在空气、水等介质中运动时所受到的阻力最小而设计的科学的形态——流线型，这是流体力学的要求，对于产品物质功能发挥具有不可忽视的重要意义。

产生流线型这种形态审美意义的原因是多方面的。

首先，自然形态和交通工具的造型影响了人们的审美。各种经验使人们把高速运行的交通工具的运动特征与它们所具有的特有外形联系在一起，产生了“只有具备流线型的外形才能达到高速运动”的结论。其次，由于流线型的线的性格给人以运动、活泼、圆浑、柔和与包含一定韵味的感觉，因此，用它来取代当时造成工业品冷漠感的直线型就具有很大的审美意义。在这静态的工业产品上应用流线型，目的是改变产品呆板、冷漠、坚硬的造型效果，产生生动的、活泼的、柔和的韵味。

现代流线型产品，其线条更加简洁洗练，面的转折明确，形态大方，人为装饰大大减少，这些都让位给那些能显示强烈时代感的现代材料和现代工艺的自我表现，同时更符合人体工程学对产品设计提出的要求，在生产上也更进一步地适应生产工艺的要求。图 2-53 所示为加拿大工业设计的旗舰品牌 Vivick 推出的流线型鼠标 F1，其创意来自于流线型的跑车，动感的线条和镜面质感将跑车的冲击力再现出来。

（四）方向与空间

造型设计中，常常采用方向的对比或空间的安排，以丰富产品的外观形象。方向与空间的安排，同样必须建立在对产品功能的正确理解与对材料、结构的确切表达的基础上。

方向是指形体形状的方向，即水平与垂直、陡与缓、同向与反向、敞开与紧闭、动与静等。立体造型物的方向性在高速交通工具设计中尤其重要。这首先是因为立体的形态结构必须符合空气动力学的理论，使物体在高速运行时产生的阻力最小，这就要求形体与前进方向一致且使形体呈流线型。其次是由于生活实践、理论和感觉上的习惯影响，视觉中对于那些形体方向和前进方向相一致的物体，会感到一种自然的前驱感，因而这样的形体结构满足了视觉与心理的需要。而对于那些把形体方向与前进方向在造型中使之处于不统一，甚至矛盾地位的运动物体，人们会自然而然地感到不舒服、不协调，甚至莫明其妙。

高速列车、汽车、游艇等造型设计，不但应在形体造型上注意方向的一致，使之体现出运动的高速感，而且在形体的装饰上也应注意使用线条来加强静态的安定感和运动的速度感。图 2-54 所示为阿斯达特拉（AdastraSuperyacht）超级游艇，它拥有超豪华的船身设计，内部装饰精致。在方向与空间设计方面，该游艇采用三体式结构，形体方向和前进方向明确。主船体修长，在高速航行时可以减少阻力，另外左右两边为辅助船身，确保船身稳定。

图 2-53　F1 概念无线鼠标

图 2-54　阿斯达特拉超级游艇

空间是指产品内部或自身前与后、上与下、近与远、虚与实的处理关系，由于人们的联想产生不同的心理感受，对造型的艺术表现力也起着重要作用。大客车为减少车内空间的闭塞感，增大车窗采光面积，使车内与外部融为一体，拓展了车内空间。又如，为了减少电梯空间的封闭感，四壁采用具有一定反光性的金属板，就有利于增大室内的空间感。但又不宜使用镜面玻璃，那样会让乘客相互面对面，产生拥挤的尴尬心理。而观光电梯采用大玻璃窗，使乘客能观赏室外景色，起到增大电梯空间的效果。

（五）色彩设计

产品的色彩设计，总的要求必须与产品的物质功能、使用场所等各种因素统一起来，在人们的心理中产生统一、协调的感觉。

显现功能是色彩设计的首要任务，如调和使人宁静，对比使人兴奋，太亮使人疲劳，太暗使人沉闷等。医院里的医疗器械要有调和的色彩，给病人造成安静的气氛；急救用的器械需要醒目，急救时便于发现；高速运行的物体要求强烈的对比，使之明显夺目，提醒人们注意安全。

电视机与显示器的外观色彩不能太强烈和太亮，以免在观看时引起对视线的干扰；食品加工用的机械设备，则宜以引起清洁卫生感觉的色彩为主；起重设备的色彩则以深色为宜，以产生起重设备本身的稳固感。

在家用电器中，常以白色象征着冷藏，以红色与绿色象征保鲜的内容。电扇则主要以冷色来表现送凉消暑的作用。

对于一些无法以准确的色彩来意象功能的工业产品（例如以复制、放送音响为功能的录音机，以传递形象和音响为功能的电视机和录像机，代替部分思维活动的计算机）则可用黑、白、灰等含蓄的中性色。黑、白是非彩色，称为极色，具有与任何色彩都能协调的性质，因此具有精与俏的美称，如图 2-3 所示的 iPad 产品。而灰色是黑、白的综合，是典型的归纳色。

产品的色彩设计将在第四章中详细介绍，这里不再赘述。

（六）材质运用

产品造型是由材料、结构、工艺等物质技术条件构成的。在造型处理上，一定要体现构成产品的材料本身所特有的美学因素，体现材料运用的科学性，发挥材料或涂料的处理、光泽、色彩、触感等方面的艺术表现力，求得外观造型中形、色、质的完美统一。

在造型过程中，能否合理地运用材料，充分发挥材料的质地美，不仅是现代工业生产中工艺水平高低的体现，而且也是现代审美观念的反映。人们不必把过多的时间花费在产品的精雕细刻上，以致使产品体现出各种虚假的装饰，而应让材质的特征和产品功能产生恰如其分的统一美和单纯美，如图 2-55 所示。

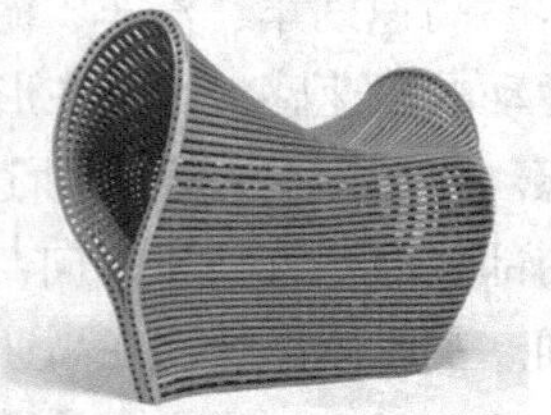

图 2-55 竹材凳子

质感指的是物质表面的质地，即粗糙还是光滑，粗犷还是精细，坚硬还是柔软，交错还是条理，下沉还是漂浮，金属还是非金属等。此外还体现出不同材料的材质特性。如：钢材具有深厚、沉着、朴素、冷静、坚硬、挺拔的材质特征；塑料具有致密、光滑、细腻、温润的材质特征；铝质材料具有华贵、轻快的材质特征；有机玻璃具有清澈、通透、发亮的材质特征；木材具有朴实无华、温暖、轻盈的材质特征。

材料质感的表现往往与色彩运用互相依存。如本来从心理上认为沉闷、阴暗的黑色，如将其表面处理成皮革纹理，则给人以庄重、亲切感。黑丝绒织物由于其质感厚实和强烈的反光，则显得高雅和庄重。大面积高纯度的色彩易产生较强的刺激，但如将其纹理处理成类似呢绒织物的质地感，则给人以清新、高贵的感受。可见材料的质感能呈现出一种特殊的艺术表现力，在处理产品表面质感时，应慎重而大胆。

随着科学与技术的发展，新材料、新工艺的不断产生，为各类材料充分发挥其质地美提供了可能，也给普通材料的高档使用开辟了广阔的天地。普通材料经过各种工艺处理变为高级材料，从而大大节约了许多高档材料，降低了产品的成本，如非木材原料的木材化（纸浆压制成纤维板代替木板），非金属材料的金属化（塑料制品表面镀铬以体现金属质感），非皮革材料的皮革化（用纸浆或塑料制成与皮革的质地和纹理类似的材料）等。

（七）仿生设计

1988 年在德国举行的首届国际仿生设计研讨会可以称得上是仿生设计全面兴起的标

志，该会议在设计界产生了深远的影响。产品形态的仿生设计是运用模仿、变形、抽象等手法，对自然界生物形态的形态结构特征进行提炼和概括，应用于产品形态设计中，赋予产品形态以生物形态所具有的某些特征属性，从而达到造型目的的设计手法。形态仿生设计经历了一个由繁到简，由具象到抽象，由人们对自然形态的精神崇拜到对生物形态的科学分析与运用的历史演变过程。如今，仿生形态已成为产品形态设计中的一种重要设计方法。

根据形态再现生物形态的逼真程度可将产品形态仿生设计分为具象形态仿生设计和抽象形态仿生设计，根据形态仿生目的的不同可以将产品形态仿生设计分为以下几类。

1. 仿生形态的设计

在很多时候，进行形态仿生设计都是为了从大自然中找到一种优美合理的自然形态来进行模仿，大自然中鬼斧神工的无限形态是产品造型设计的源泉，无数设计大师从中获取了设计优秀作品的灵感。仿生物形态的设计包括了仿生物的外观形式、表面肌理、结构、功能以及色彩等。图 2-56 所示为 B&W 公司历时 5 年研发的扬声器，它利用一个大螺旋管和三支圆锥管来消除内部驻波，各驱动单元的振膜都由铝合金制成，能够呈现极其优异的音色，尤其是它鹦鹉螺般的形态设计一经面世即备受注目，曾被誉为“具有划时代意义的音响产品”。

图 2-56　Nautilus（鹦鹉螺）扬声器

2. 仿生意象的设计

仿生物意象的设计是指设计师用高度概括的手法将生物的神态特征提炼出来，转化成造型要素，用于产品形态设计中。意象仿生主要侧重于对形态美感和神韵特征的抽象和提炼，把人们熟知的一些事物的视觉美感和象征意义投射到产品形态中，让用户得到精神的享受和情感的满足。图 2-57 所示为仿豌豆形态的孕妇 MP3 播放器，较好地体现了孕育生命的象征意义。

3. 形意结合的仿生设计

这种形态设计的方法是将生物的形态和意象都作为仿生对象进行综合考虑，在模仿生物形态的同时也注重对其神韵的表达，让产品形态与意象达到高度统一，如图 2-58 所示。形和意的仿生之间并没有严格的区分，意的仿生必然通过形的模仿来实现，而形的仿生也必然伴随着相关意的传达，两者是不可分割的。

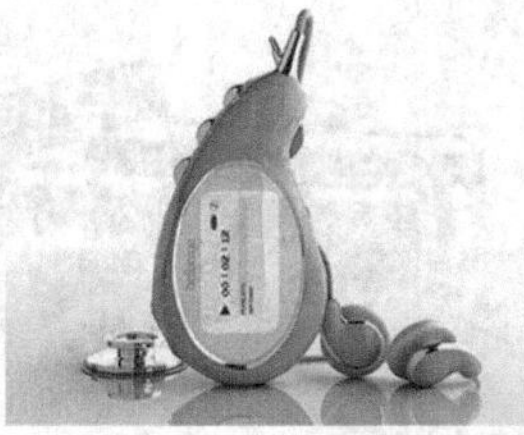

图 2-57　仿生 MP3 播放器

图 2-58　机器人“NAO Next Gen”

二、产品形态设计需考虑的因素

产品形态设计的灵魂在于创新，然而，面对越来越多的新产品问世，人们一定想知道，在这些多变的形态背后，有没有一些客观因素和客观规律，或者说是形态设计的基本原则。随着社会的发展、科学的进步、人类审美取向的改变，设计逐渐渗透到人们生活的各个方面。多年来，众多的研究者致力于探索现代设计的原则，概括和总结出产品设计中的共性问题和规律，使设计遵循科学的方式进行。以下重点介绍产品形态设计中需考虑的因素。

（一）创新因素

21 世纪创新的世纪，创新将在社会生活的各个方面发挥越来越大的作用，创新已成为当今社会生产力解放和发展的重要基础和标志。产品创新是将新产品的构想或生产程序首先作为商业用途，其目的在于增进产品的功能及品质。创新是产品设计的生命线，设计的价值就在于创新，且永无止境（图 2-59）。

图 2-59 “好奇号”火星车

产品形态设计是产品设计的重要组成部分，形态创新自然也就成了产品创新设计的重要组成部分，是产品创新在视觉上的最直观的反映。良好的视觉品质是高品质产品的外在表现，是吸引消费者目光和打动消费者内心的关键，自然也成为提升产品价值和市场竞争力的关键因素。

产品形态可以有多种多样的表现方式，无论选择哪种形式，都必须满足创新原则，这也是其他几个原则的前提。产品形态创新首先要敢于突破传统的限制，注重新技术和新材料的运用，因为技术创新往往能为设计创新带来灵感和空间。其次，要敢于尝试打破常规的表现手法，新的表现形式往往能给人带来新的视觉冲击力，取得意想不到的效果。此外，还需要建立更为开放和自由的设计思维模式，鼓励多角度、多方位地尝试创新。

（二）功能因素

1. 基本功能决定产品的基本形态

从理论上讲，产品设计的核心是功能，人们是为了某种目的而创造了产品。几乎找不到不具备任何功能的产品。所以对工业设计而言，功能是需要首先考虑的因素。

设计史中最有代表性的强调功能的思想是 19 世纪 70 年美国的芝加哥学派所的主要代表人物沙利文（Louis Sullivan）最先提出“形式服从功能”（Form follows function）的口号，即 3F 原则，对产品设计产生了重要影响。包豪斯时期也强调技术与艺术的统一，创立了一种简洁、明快、具有现代审美趋向和时代感的新风格，设计的目的是为“人”而不是为“美化产品”，因此将功能的需要放在首位。图 2-60 所示为包豪斯时期具有代表性的“瓦西里椅子”，因为其功能的完整与适用、形态的简洁，至今还受到使用者的青睐。

图 2-60 瓦西里椅子

2. 合理的功能形态是美的形态

前苏联著名的飞机设计师阿安东诺夫曾说过：在实践中，常常是技术上越完善的东西，在美学上也就越完善。如果一件物品表面很难看，那么这将是一个信号，表明它的内部很可能会有一些技术上的失误和欠缺。人们追寻着各种各样的形态，无非是想获得最优美、最舒适的享受。具有极为实用的功能结构，其形式又使人感到美，才是一种高度的技术美。真正意义上的形态美是形式与内容的高度统一，如图 2-56 的所示的 Nautilus 扬声器。所以，如果抛开简单为追随潮流而设计形态这一目的，与其挖空心思构想形态，不如扎扎实实完善产品自身功能，形态自然表现为最美。如果脱离功能设计形态，有可能产生多余感或无中生有的感觉。

（三）科技因素

科学技术的发展从根本上对现代工业文明起到了巨大的推动作用，现代产品无不是在当今科技发展水平上创造发明出来的，产品形态也随着科技的发展历程、使用材料、结构以及制造技术的变迁，深深地打上了时代的烙印。例如，从第一台个人计算机（图 2-61）到当前流行的平板计算机（图 2-62），在科技上经历了电子管、晶体管及大规模集成电路等不同的发展时期。随着计算机芯片生产速度更快、体积更小、价格更低廉，个人计算机向着更小巧、更人性、更智能、更低价、更普及等方向发展。所有的这些科技的变化，非常明显地影响了个人计算机的整体外观。

图 2-61 IBM5 100

图 2-62 Surface RT 平板计算机

从机械时代、电气时代、电子时代到如今的信息时代，随着科技的每一次飞跃，产品世界都变得更丰富精美。实践证明，当科技越来越先进、工艺越来越成熟时，产品形态的创造就越自由，一切形态都将成为可能。

（四）审美因素

现代工业设计被誉为是技术和艺术的结合，因为科技的进步、生产的发展，使得产品之间的技术差异越来越小，出现同质化的趋势，生产厂家很难在技术上保持长期的领先，为了占领市场，产品审美功能的开发就显得尤为重要。产品在满足功能需求的前提下，形态是否符合消费审美趋势，符合大众的审美规律，已成为能否吸引消费者从而赢得市场的关键。

长期以来，在生产、生活中，人们从观察人类自身和自然中，归纳和概括出了具有普遍意义的美学规律，这些规律就是人们常说的基本形式美法则。概括起来主要有：变化与统一、对称与均衡、对比与调和、比例与分割、节奏与韵律等原则，详见第三章。产品形态的塑造自然也必须受到这些审美经验和规律的影响和约束。形态设计过程中能否合理应用形式美法则，成了是否能塑造出具有美感的产品形态的关键。

（五）信息传达的因素

产品形态除了保证产品的功能最大程度发挥出来以外，还有一个非常重要的任务和目的，那就是向消费者传达各种信息。经过精心设计过的产品其外形应该有“传情达意”的作用。“传情”就是给人以美的享受，打动消费者；“达意”则是指产品能够明确地“告诉”使用者产品自身的特征，与如何正确使用等一系列问题，还可以告诉消费者它带来了怎样的使用乐趣。

现代设计的信息原则就是要求设计师在设计时要考虑产品应当具有的情感成分和如何迅速正确地传送情感。其中，设计的语义信息是研究的重点。人们认识客观世界的过程就是不断积累视觉经验的过程，这种经验一旦形成就很难改变。产品形态作为语义传达或功能表现的手段早就被人们所认识，所以在形态设计时要合理利用这种经验，设计出大众认可并接受的产品。设计者要借助产品的形态，以语义的方式加以形象化。产品要为人理解，必须借助公认的语义符号向人们传达足够的信息，向人们显示它是什么产品，怎样实现它的功能，从而让使用者确定自己的操作行为。图 2-63a 所示为 1983 年尼康推出的机械式胶片相机，图 2-63b 所示为 2012 年尼康推出的数码微单相机。虽然时隔 30 年，但在使用时，相信摄影爱好者不用翻看说明书，也能迅速学会操作。换句话，通过设计，产品的目的和操作方法应当不言自明，不需要附加厚厚的说明书，使用者也能很快掌握其基本功能，这与形态设计是否能准确传达信息有很大关系。

a)　　　　b)

图 2-63　相机形态设计的语义信息

a）尼康 FE2 相机　b）尼康 1V2 相机

（六）环保因素

到目前为止已经威胁人类生存并已被人类认识到的环境问题主要有：全球变暖、臭氧层破坏、酸雨、淡水资源危机、能源短缺、森林资源锐减、土地荒漠化、物种加速灭绝、垃圾成灾、有毒化学品污染等众多方面。在可持续发展概念和绿色设计的呼声中，工业产品逐渐形成了新的形态设计观念。

绿色设计不仅是一种技术层面的考虑，更是一种观念的变革。对工业设计而言，绿色设计的核心是“3R”，即“Reduce、Recycle 和 Reuse”，不仅要尽量减少物质和能源的消耗、减少有害物质的排放，而且要使产品及零部件能够方便地分类回收并再生循环或重新利用。总之，在产品形态设计过程中，要时刻谨记环保的重要性和紧迫性，将其作为一条重要的设计原则加以足够的重视。图 2-64 所示为一款纯电动概念车。

图 2-64　一款纯电动概念车

Industrial Design

第三章 产品造型的美学法则

美学是以研究美、美的存在、美的认识和美的创造为主要内容的一门学科，它研究的范围很广。随着时代的进步和科学技术的不断发展，美学也与其他学科一样，不断扩充自己的研究范围和探索对象，比如研究美与生产实践关系的技术美学，研究美与人类生活关系的生活美学，研究美与艺术关系的艺术美学。

生产实践是人的最基本的活动。人的劳动过程，同时也是创造美的过程，因为人总是按照美的规律来塑造物体的。人的劳动产品也具有美的特征，它包括内容和形式两个方面。形式和内容是矛盾的统一体，它们相互依存，相互作用。产品造型设计，就是一个同时探索造型物内容和形式美的过程，只有当产品形式与产品内容达到和谐统一与协调，产品造型才具有真正审美的意义，才能产生引起人的喜悦情感——美感。

本章从产品造型设计角度，探讨与产品造型有关的形式美和技术美的问题。

形式美与美的形式既有区别，又有联系。它们的区别在于：形式美是许多美的形式的概括反映，是各种美的形式所具有的共同特征，它是一种规律，也是指导人们创造美的形式的法则；而美的形式是具有具体内容的，是某个产品实际存在的、各种形式美因素的具体的组合。形式美体现的内容是间接的、朦胧的；美的形式体现的内容是直接的、肯定的、实际存在的。它们的联系在于：形式美是对大量事物美的形式的总结基础上而得到的，没有大量的、客观存在的美的形式，不可能总结出形式美的规律。比如，“对称与均衡”这一形式美的法则，是人们对存在着的许多具有对称、均衡特征的事物作了归纳、概括而总结出来的。它是许多事物美的形式所表现出来的共同特征之一。因此，人们也以它作为法则来指导创造具有美的形式的新的事物。

形式美法则是人们在长期生活实践特别是在造型设计实践中总结出来的规律。当人们总结了大自然美的规律并加以概括和提炼，形成一定的审美标准后，又反过来指导人们造型设计的实践。所以产品造型设计必须遵循形式美法则，只有这样才能达到产品真正的美。

人们研究形式美的法则，主要是为了提高美的创造能力，培养对形式变化的敏感性，以便创造出更多、更美的产品。下面从六个方面来讨论。

第一节 统一与变化

统一与变化是对立统一规律在艺术上的体现，是造型设计中比较重要的一个法则。

统一是指同一个要素在同一个物体中多次出现，或在同一个物体中不同的要素趋向或安置在某个要素之中，它的作用是使形体有条理，趋于一致，有宁静、安定感。

变化是指在同一物体或环境中，要素与要素之间存在着的差异性，或在同一物体或环境中，相同要素以一种变异的方法使之产生视觉上的差异感，它的作用是使形体有动感，克服呆滞、沉闷感，使形体具有生动活泼的吸引力。

任何艺术作品中，强调突出某一事物本身的特性称为变化，而集中它们的共性使之更加突出即为统一。

统一与变化是造型设计中的一对矛盾，但它又是美学法则中很重要的一个方面，可以说它是处理产品的局部与整体达到统一、协调、生动、活泼的重要手段。在造型设计中，应依照统一为主，变化为辅，在统一中求变化，在变化中求统一的原则。这样在整体的设计中，既保持了整体形态的统一性，又有了适度的变化。否则，只有统一而没有变化，会失去情趣感，易于形成死板、单调，而且统一的美感也不能持久。变化是刺激的源泉，但必须以规律作为限制，否则强调多变，则无主题，视觉效果杂乱无章，陷于疲劳，所以变化必须在统一中产生。

在造型设计中，无论是形体、色彩、装饰都要考虑到统一这个因素，切忌不同形体、不同线型、不同色彩的等量配置，必须有以一个为主，其余为辅的考虑。为主者体现统一性，为辅者起配合作用，体现出统一中的变化效果。整体设计达到统一的办法主要有以下几点。

1. 产品功能与形态、色彩的统一

产品的功能在造型中属于主导地位，它对产品形象起着决定性的作用。现代工业品复杂多变，品种繁多，然而在基本形式上都是功能决定形象，内容决定形式。如家用电器品种可谓五花八门，但它们都是放在家中，为人们所用。为了给使用者以亲和的感觉，让大家乐意去使用，它们的形态很多都以曲线、圆弧造型为主，使用明度较亮的色彩。反之，兵器是战争工具，为了体现其强力，战争的冷酷性和隐蔽性，很多武器都以直线、尖角为造型的主调，用草绿色、灰黄等色以起“隐身”作用。由此可见，在造型中首先要研究产品功能的性质与人们的关系，才能对其形态作出正确的决定。

2. 产品线型风格的统一

线型风格的调和是取得“统一”效果最重要的方面。首先，主体的线型风格应协调，即构成产品大轮廓的几何线型要大体一致。如果主体轮廓以直线为主调，那么主要部分应当以直线构成形体，直线与直线间采用小圆角或折线过渡。如果造型以圆弧、曲线为主调，则主体部位应用曲线构成，次要部位也应采用圆滑的过渡与主体相呼应，从而达到线型风格协调和统一。

图 3-1 所示为一款梅赛德斯-奔驰 E63AMG 型轿车。为了给乘坐者带来温馨的感觉，车身各部分线型都以大弧度曲线为主调，流畅的曲线从前脸一直延续到车尾，行李箱两边的尾灯双曲线形的轮廓也与整车外形相呼应，富有时代气息。整车拥有宽畅的乘坐空间，视觉上也更显现流线动感，并最大限度地降低了风阻。车身的每道弧线部凸现优雅和简约的风格。图 3-2 所示为另一款梅赛德斯-奔驰 G55AMG 型四轮驱动越野车。它既可在平坦的道路上飞驶，又特别善于在颠簸不平的砂石路上和几无路径的荒野上行进。它采用五辐铝合金轮毂和宽轮胎，有效地提升了抓地力和稳定性，具备相当强的越野能力。为体现强悍的越野性，设计师采用直线为主调的风格，车身两侧的线条平直简洁，构成一个个规整的板块，前脸是汽车最引人注目的地方，宽阔的水平格栅栏和长方形的前照灯尽显恢弘气势，充满运动的激情，连车顶篷和翼子板边线都由直线构成，没有精细的修饰，朴实无

华。一款车型能体现一种生活方式，同时彰显其背后蕴涵的独特人文素养，这款越野车明显地代表着一种勇于开拓、不畏险阻的精神，使人感受到狂野、强悍的性格。

图 3-1　梅赛德斯-奔驰 E63AMG 型轿车

图 3-2　梅赛德斯-奔驰 G55AMG 型越野车

造型物在线面转折处，产生各种形式的棱角，又称为“线角”，它往往是构成线型风格重要的表现手段。工业品中有各种各样的罩壳，这些罩壳的线角处理就十分重要。如果罩壳为平面，转角处全为直角，整个形象显得干瘪、收敛和呆板。如果形体转折都采用小圆弧，就可以使罩壳线型基本不变，又显得“软”些。而采用曲面、大圆弧的线角，这就改变了整体造型格调。

3. 色彩的统一

“形”与“色”是造型的两个重要部分，色彩调和是获得造型统一协调的重要方面。工业品的色彩要从它的用途、使用环境和对人的心理作用等方面来考虑，一般不宜用过多的色相，以达到和谐统一的效果，应以一色为主，占产品大部分的面积，而其他色彩面积要小，与主色调对比要弱。

4. 呼应统一

“呼应”是指在不同形体或位置上的零部件运用相同或近似的造型风格，使之产生视觉印象上的联系和互相照应，以得到统一和谐的效果。

图 3-3 所示为 195 柴油机的散热器和燃油箱。它们位于发动机的上部，特别引人注目，是造型的重点。图 3-3a 所示为老式产品，燃油箱与散热器的线型风格比较一致，都是长方形，顶部略有凸起，形成了接近顶部的分割线，轮廓线型都是直线，小圆角。由于这种造型过于呆板，缺少变化和动感，因此，对散热器进行了改进（图 3-3b），将其高度降低，长度加大，上部倾斜凸起更多，使分割线下降。而轮廓线由直线改为曲线、大圆角。这样，就散热器本身而言，造型比原来美观、活泼、动感强。但它与方形、直线、小圆角轮廓的燃油箱相比，线型风格不一致，不能形成统一和谐的感觉，看起来比较别扭。经过进一步改进（图3-3c），将燃油箱的高度与散热器统一起来，油箱的轮廓也同散热器一样，

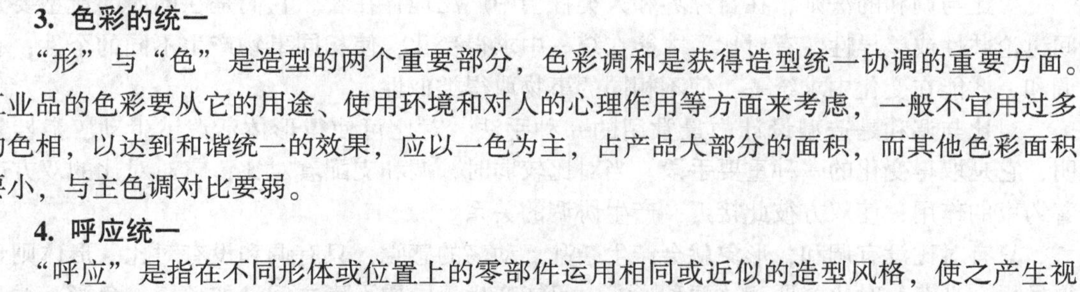

a)　　b)　　c)

图 3-3　195 柴油机散热器和燃油箱造型的呼应

采用曲线、大圆角，同时前部再加上镀铬的照明灯，这样前后呼应，使整机具有协调、完整的统一感。

5. 造型简洁

产品造型简洁是取得统一的有效方法。造型简洁意味着产品外形的各种线型较少，就容易使产品形体显得完整。线型少，就不易发生相互干扰的现象，容易取得统一的效果。

很多产品，由于各种功能部件零件繁多，其外观就显得杂乱无章，十分丑陋。为了在外形上显得造型简洁，最常采用且又有效的方法是给它安装上罩壳，用美观的罩壳将丑陋的部分遮盖起来，外形一下就变得简洁起来。汽车车身覆盖件就是一个典型的例子。DVD视盘机如果没有罩壳，那是多么难看。很多产品的造型设计，罩壳占了很大的比例。

产品造型简洁又和社会生产、科技发展及文化艺术的发展有着紧密的联系。造型简洁的外形有利于规模生产、提高工效、降低成本，为减少工序和节约工时提供了便利条件。

第二节　对比与调和

对比与调和的法则，在自然界和人类社会中广泛地存在着。它们是在同质的造型要素间讨论共性或差异性。有对比，才能在统一中求得变化，使相同事物产生不同的个性；有调和，才能在变化中求统一，使不相同的事物取得类似性。

对比与调和是造型设计中最常用的一种手法。对比可使得形体活泼、生动、个性鲜明，它是取得变化的一种重要手段。当对比较弱时，调和支配着对比，它对对比的双方起着约束的作用，使双方彼此接近，产生协调的关系。

只有对比没有调和，形象就会产生杂乱、动荡的感觉；只有调和没有对比，形体则显得呆板、平淡。对比与调和这两种形式，只能产生于同质因素之间，如色彩与色彩、线型与线型、材质与材质等。

在产品造型设计中，对比与调和主要是指线型（如长短、曲直、粗细等）、形状（如大小、宽窄、凸凹、棱圆等）、色彩（如黑白、浓淡、明暗、冷暖等）、排列（如高低、疏密、虚实等）、材质（如光滑与粗糙、有光与无光等）等方面。

产品造型设计应以调和为主，给人以安全、可靠的心里感觉。在调和的前提下，采用对比的方法，突出那些需要注意的部位，以增加形体的生动、醒目的感觉。

工业产品的造型设计，一般来说，可在以下几个方面构成对比与调和的关系。

1. 线型的对比与调和

线型，是造型中最富有表现力的一种构成要素。线型对比能强调造型形态的主次以及丰富形态情感的作用。

线型的对比主要表现为：曲与直、粗与细、长与短、虚与实等，如图3-4所示的缝纫机造型中。图3-4a所示均以直线形态构成，线型统一调和，但作为家用产品，显得有些冷漠；图3-4b所示的造型在内弯处采用圆弧过渡，但从整体来看仍未改变整机的格调；图3-4c所示的造型将机头上下轮廓线修改为优雅的曲线，使整机一下子“软”化起来，变得较亲切，而两侧的垂直线型又与曲线形成恰如其分的对比效果，造型就更完美了。

线型的调和是指组成产品的轮廓线、结构线、分割线和装饰线等线型应尽量协调。产品若以直线为主，则转折部分只宜采用少量的弧线或小圆角过渡，形成以直线为主，又有直线与曲线对比的调和效果。现代轿车呈楔形的车身造型轮廓是以直线为主的，而在直线

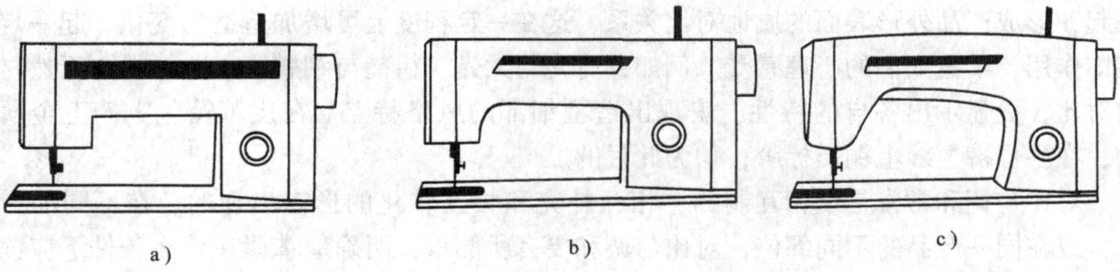

图 3-4 缝纫机线型的对比

相交的转折处采用了曲线过渡，其调和效果较好。同样，产品若以曲线为主，在直线部分则尽量使之自然过渡，形成以曲线为主，又有曲线与直线的对比的调和效果。如图 3-5 所示是三种直线与曲线调和的例子。

2. 形的对比与调和

形的对比主要表现为：形状的对比（如方与圆）和大小的对比。

如图 3-6a 所示，电冰箱中的冷冻箱与冷藏箱的分割，二者不仅产生大与小的对比，而且由于冷冻箱长方形呈水平方向，冷藏箱长方形呈垂直方向，又产生方向对比；如图 3-6b所示，不仅两箱大与小区分不大，而且两个长方形方向一致，因此就没有体现出对比的关系，在视觉上就没有图 3-6a 所示的生动、活泼和舒服。

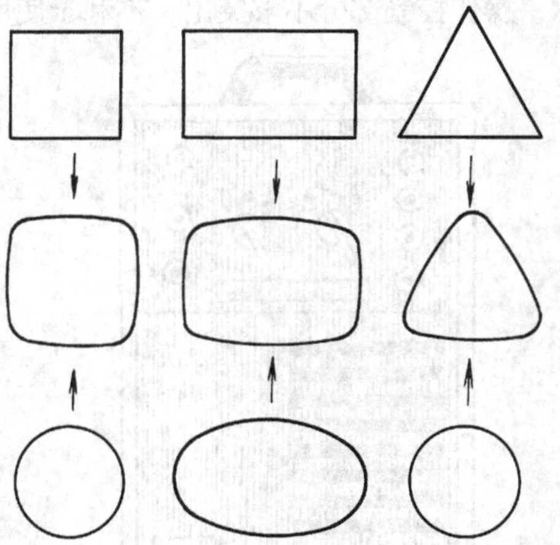

图 3-5 线型的调和

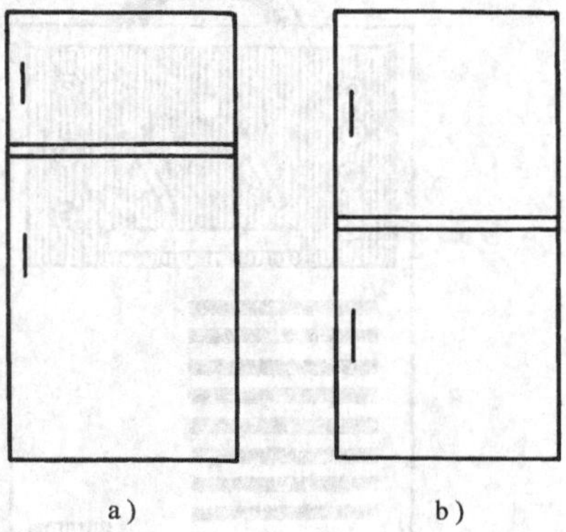

图 3-6 两种冰箱形的对比与调和

3. 色彩的对比与调和

不同的色彩（色相）、明度、纯度都可以形成对比，由此可以产生出冷暖、明暗、进退、扩张与收缩等对比（详见第四章）。

4. 材质的对比与调和

材质的对比主要表现为：天然与人造、有纹理与无纹理、有光泽与无光泽、细腻与粗糙、坚硬与柔软、华丽与朴素、金属与非金属等。

材质的对比，虽然不会改变造型的形态变化，但由于它具有较强的感染力，从而使人们产生丰富的心理感受。产品造型中的材质美往往比色彩美给人以更深刻的印象。如数码相机的机身处理成粗犷的黑色，上部则处理为有光泽的银色，由于机身所占面积较大而统调整体，上部光泽的银色所占面积较小而形成对比的效果，同时机身处理成凸凹点状的质感表面使人在使用时不易滑落。

将不同质地的材料，或同一种材料经过不同的工艺处理形成的不同质感的表层组合在一起，形成产品外形表面的质地对比关系，这在一定程度上可增加造型的变化，起一定的装饰作用，丰富人们的心理感受。例如，有光与无光、粗糙与细腻、人造材料与天然材料的对比，更显示出各自的特性，表现出造型细部的风格特点。在皮革箱包上镶上金属饰物，在牛仔裤上缝上铜质标牌，均为此目的。

对比与调和常常是以相互制约、相互补充和相互转化的形态出现的。在不同的产品上，或在同一产品的不同部位，对比与调和要有所侧重，明确地掌握在什么条件下应该显示和强调哪种关系。以对比为主时，其形式倾向于变化，设计中应注意调和；以调和为主时，统一是基础，设计中应注意变化。因此，我们有时采用对比法造型，有时则采用调和法造型。

例如，盒、柜类仪器仪表及电子产品的造型多半是以横平竖直的直线构成，其形式统一有余，变化不足，给人以单调感。这时，可采用对比法造型，即在不削弱主体格调的前提下，适量配置线型、色彩、质地等对比因素来丰富主调。如图 3-7 所示的电焊机造型就是对比法应用的一例。其面板采用色彩明度的对比，既突出了面板各部分的不同功能，又取得了造型变化的效果。

在机械产品中，较多应用的是调和法造型。调和法造型主要是将在功能、形状、色彩、质地等方面的差异进行有机地协调和统一，给人以安全、可靠的心理感受。图 3-8 所示的电焊机面板与图 3-7 所示不同，面板采用同一色调，取得了调和统一的效果。但由于面板色调过分统一，显得有些呆板，而且面板的功能显示、操作控制部分不够突出，不利于使用。

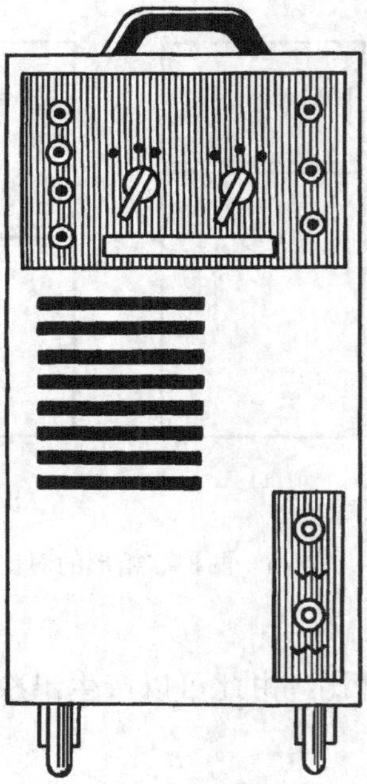

图 3-7 对比法造型的面板

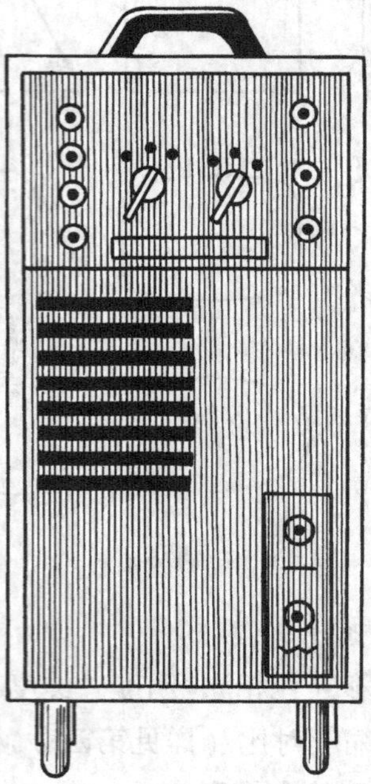

图 3-8 调和法造型的面板

5. 方向的对比与调和

方向的对比主要表现为：水平与垂直、端正与倾斜、高与低等。其中水平与垂直方向的对比是用得比较多的。图 3-9a 所示的长方形面板中一组水平线十分和谐，但又有些单调，如果在一侧增加垂直方向的形态（图 3-9b），则面板一下子活跃起来，如以商标图案作点缀（图 3-9c），则更佳。在产品中一些透气百叶窗的设计往往采用这种方法。

图 3-10 所示为一柴油机—发电机组，整体以水平直线为主调，从侧面看，下部黑色槽钢和水平装饰线配以横向百叶窗，使整机显得坚实稳定。为了增加动感，引起人们的兴

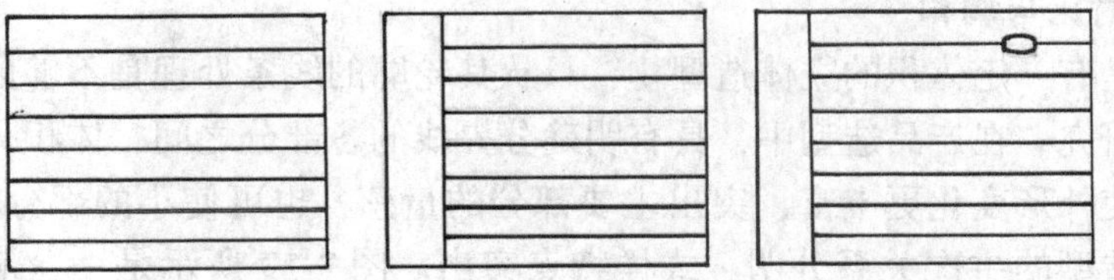

a)　　b)　　c)

图 3-9　方向调和与对比的面板

趣，在前部用黑色倾斜粗线加以强调，形成水平线与倾斜线的方向对比，产生了变化，将视线引向前方，使造型更为生动。

6. 虚实的对比与调和

虚实的对比主要表现为：凸与凹、实与空、疏与密、粗与细等。

虚，指的是产品透明或镂空的部位，给人以通透、轻巧感。实，指的是产品的实体部位，给人以厚实、沉重和封闭感。收录机整体是实，而磁带窗、喇叭孔是虚；电视机整体是实，而显示屏是虚；轿车整体是实，而车窗、车灯为虚。

在产品造型中，实的部分通常为重点表现的主题，虚的部分起衬托作用。虚实构成对比与调和，能使形体的表现更为丰富。

图 3-11 所示的汽车车窗和车灯与车身实体形成的虚实对比，也是很明显的。

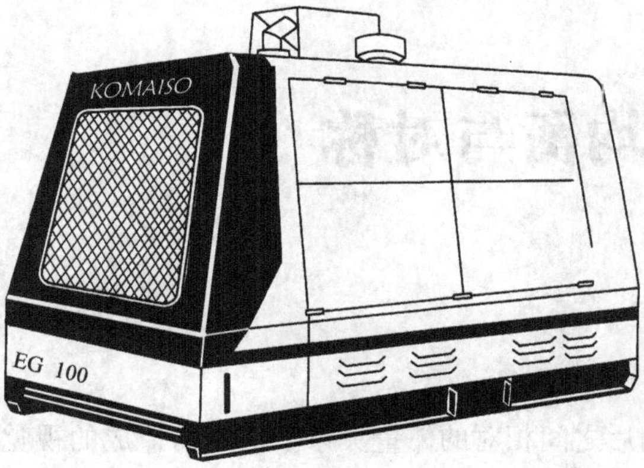

图 3-10　柴油机—发电机组

图 3-11　汽车车身的虚实对比

图 3-12 所示为一微波炉，它的炉门上有一块视屏窗，通过它可以观察食物烹饪情况，在整个产品上视屏窗就为虚，而机体为实。

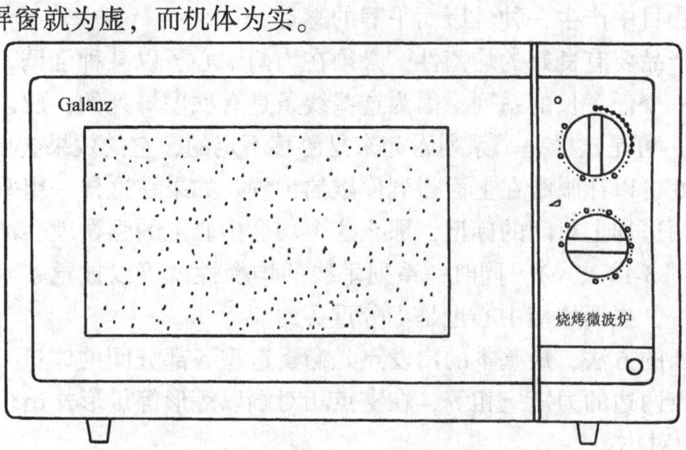

图 3-12　微波炉的虚实对比

7. 体量的对比与调和

工业产品是有一定体积的立体造型物，只从其轮廓的线条处理是不够的，还要从体量的相互关系来研究。在产品造型中，具有明确分界线的各部分之间，体积分量之间形成的体量对比，可使外形变化更丰富，突出主要部分的量感，也可使小的部分显得更为细致、精巧，从而使造型的主次关系分明，式样特点突出。图 3-13 所示是一台液压挖掘机，其机身与挖掘臂，一个壮实，一个细长，也形成明显的体量对比。

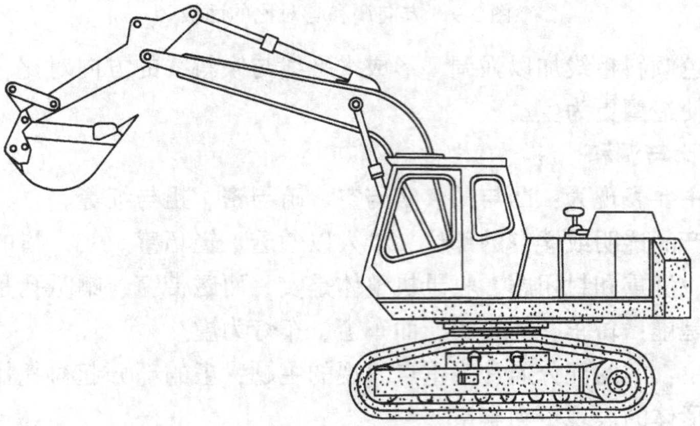

图 3-13　液压挖掘机

第三节　均衡与对称

一、均衡的概念

均衡是指造型物各部分上下、左右、前后之间相对的体量关系。由均衡造成的视觉方面的满足，似乎和眼睛观察整个物体时的动作特点有关。当眼睛从一边向另一边看去，注意力就会向钟摆一样来回游荡。如果左右两半的吸引力相等，最后就会停留在两极中间的一点上。如果把这个均衡中心有力地加以标定，以致使眼睛能满意地在它上面停歇下来，这就在观察者的心目中产生一种健康而平静的感觉。

由此可见，产品要有良好的均衡性，必须在均衡中心予以某种强调。假若用彼此距离相等的垂线布置一个任意长的系列，因为这些线条是有秩序排列的，所以就会出现某种均衡感（图 3-14a）。可是这样一个系列看起来是游移不定的，它的效果会单调乏味，浮动不安，因为没有一处可以让眼睛在上面得到停歇的位置。如果在这样一组垂线的中央加上一个标记，或者在两边加上封闭的标记，那么这个均衡中心上的强调就会产生一种满足和稳定的愉快情绪（图 3-14b、c），同时一系列垂线的均衡性就可以被觉察到。这表明，即使在最简单的构图中，强调均衡中心也是十分重要的。

研究体量均衡的方法，最基本的出发点是衡量造型各部分间的体量平衡。按照力学杠杆平衡原理，支点两边的力矩应相等，在支点相对端以等形等量形式出现的一种平衡状态（图 3-15a），即为对称。

在相对端呈不等形等量或不等形不等量的一种平衡状态（图 3-15b、c），则为均衡。

均衡的造型使形体显得活泼有趣，能破除等形等量的呆板格局。

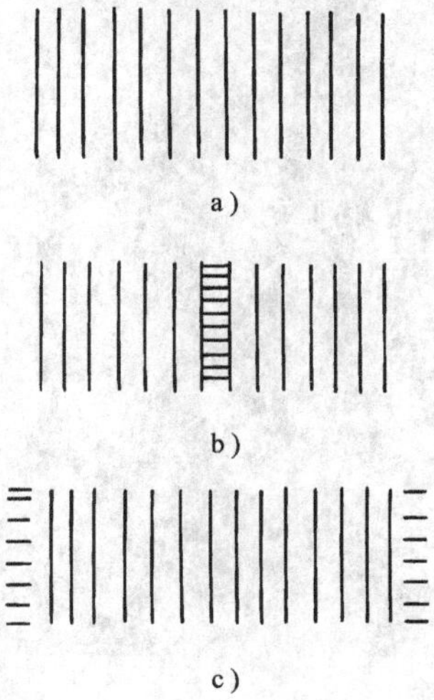

图 3-14　线条排列的均衡感

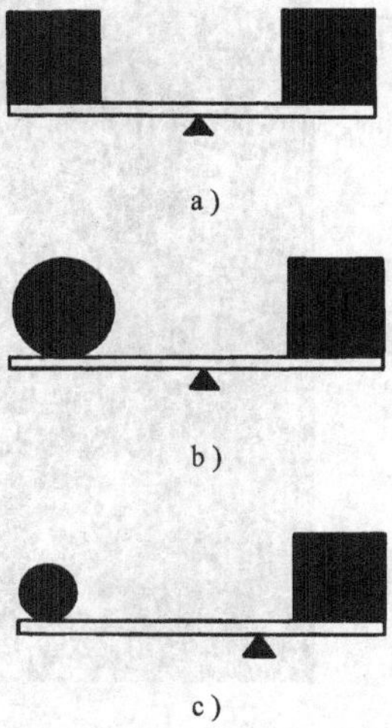

图 3-15　各种平衡形式

二、对称

对称平衡法则，来源于自然物体的属性，是动力和重心两者矛盾统一所产生的形态。对称和平衡这两种不同类型的安定形式，也是保持物体外观量感均衡，达成形式上安定的一种法则。

对称，是自然界和生活中到处可见到的一种形式，如人体和各种动物的正面形象、汽车前视图以及多数建筑物都是遵循对称法则的。对称能取得较好的视觉平衡，形成美的秩序，给人以静态美、条理美。对称的造型给人以庄严、严格、端庄和稳定的感觉。

工业产品的造型设计也大多采用对称的形态。一方面是产品物质功能所要求的，如飞机、汽车、火车、轮船等；另一方面是采用对称形式造型，可给人们增加心理上的安全感，使产品的功能与造型获得感受上的一致，产生协调的美感。图 3-16 所示的轮式拖拉机和汽车就是一例。

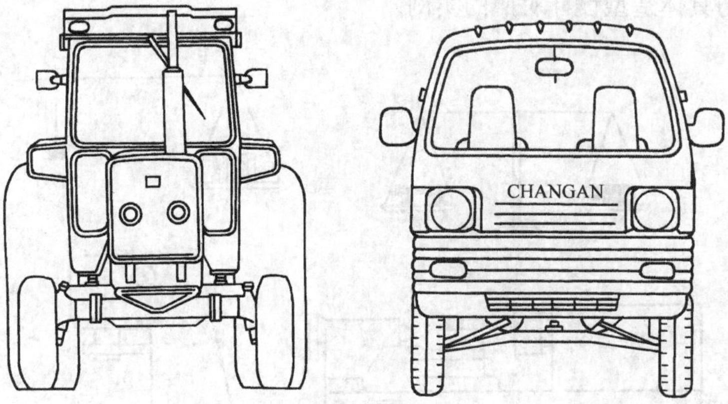

图 3-16　对称的造型

旋转对称指的是相同元素绕着同一中心旋转，尽管其变动频率和角度不同，比如花瓣（图 3-17）和向日葵的花茎都展现出旋转对称。

图 3-17　旋转对称

三、均衡

均衡在视觉上给人以一种内在的、有秩序的动态美，它比对称更富有情趣，具有动中有静，静中寓动，生动感人的艺术效果，是产品设计中广泛采用的造型形式之一。

从外观形式上看，均衡是对于对称的破坏。然而，均衡形式支点的两边体量矩是相等的，因此，实质上它又是对称的保持，并隐含着对称的形式法则。所以有时把均衡称为对称形式的发展，对称是最简单的均衡形式。

产品造型的均衡形式，主要是指产品由各种造型要素构成的量感，通过支点表示出来的秩序和平衡。所谓量感就是指视觉对各种造型要素（如形、色、肌理等）和物理量（如面积、重量等）的综合感觉。如大的形比小的形具有更大的量感；复杂的形比简单的形具有更大的量感；明度低的形比明度高的形具有更大的量感等。

产品造型设计中，采用均衡造型形式，可使产品形态在支点两侧构成各种形式的对比，如大与小、重与轻、浓与淡、疏与密等。在各构件与配件的安排、色彩的组合及其他各要素设计中处理好量感的关系，是获得均衡效果的关键。如图 3-18 所示，是两台机床的体量矩关系与具体造型设计对照的实例。

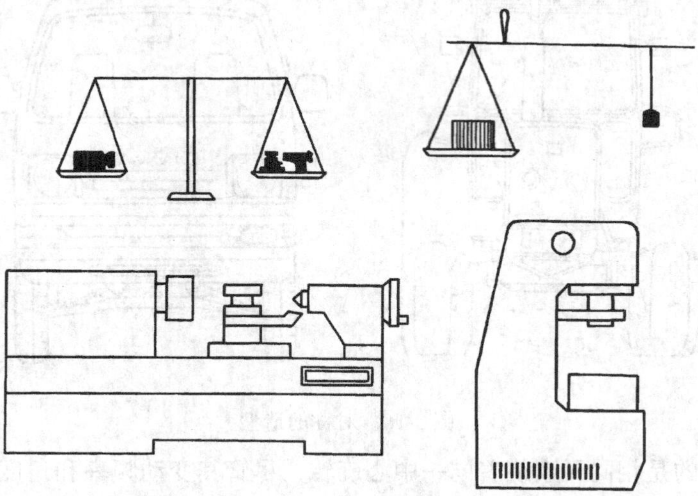

图 3-18　均衡造型

有时为了解决和处理好整体上的均衡问题，往往也从合理地布置操纵件等方面考虑。至于产品上的装饰和色彩的设计以及标牌的位置等，也对产品的整体均衡有着不可忽视的影响。如产品的标牌、标志等，一般都采用了与主色调有较强烈对比的色彩，再加上它那具有艺术魅力的图案，往往形成了观察者的视觉中心，起到了诱导和补偿某些不均衡的因素，从而增强了整体设计的均衡感。

对称与均衡这一形式美学法则，在实际应用中往往是对称和均衡同时考虑。有的产品总体布局可用对称形式，局部采用均衡法则；有的在总体布局上采用均衡法则，局部采用对称形式；也有的产品由于物质功能需要，造型必须对称，但在色彩及装饰设计上采用均衡法则。总之，对称与均衡法则要综合考虑，灵活运用，以增强产品在视觉上庄重、活泼的美感。

第四节　节奏与韵律

节奏是客观事物运动的属性之一，是一种有规律的、周期性变化的运动形式，它反映了自然和现实生活中的某种规律。如：白天与黑夜，一年四季是自然节奏；心脏的跳动，人的呼吸是生理节奏；工作与休息是生活节奏；由强弱、长短、缓急的交替重复所形成的音响运动是音乐节奏等。人们就是生活在一个由各种各样的节奏所构成的和谐统一的世界之中。不论在自然界，还是在生活和艺术作品中，由于节奏与人的生理机制特征和心理感知特征相吻合，从而给人们的视觉、听觉造成了美的律动的感受。

在产品造型设计中，构成元素有规律的重复就形成节奏，有如音乐中的节拍。如图3-19所示的大小不同的点按序重复排列，就有了节奏感。节奏的美感主要是通过点或线条的流动（图3-19），色彩的深浅变化，形体的高低，光影的明暗等因素作有规律的反复、重叠，引起欣赏者的生理感受和心理情感的活动，使之享受到一种节奏的美感。

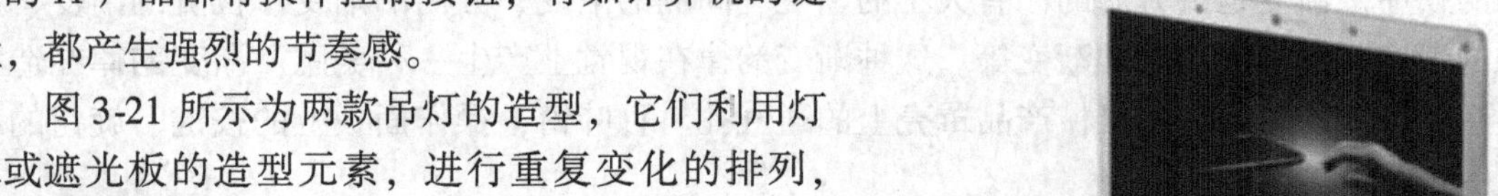

图3-19　点的节奏与韵律

图3-20所示的笔记本电脑，键盘上的按键整齐排列，就产生明显的节奏感。现在大量的IT产品都有操作控制按钮，有如计算机的键盘，都产生强烈的节奏感。

图3-21所示为两款吊灯的造型，它们利用灯罩或遮光板的造型元素，进行重复变化的排列，具有很强的节奏感。

韵律是一种周期性的律动作有组织地变化或有规律的重复，它是在节奏的基础上，赋予情调的作用，使节奏具有强弱起伏、悠扬缓急的情调。可见，节奏中的变化是有组织的，也是有规律的。所以，节奏是韵律的条件，韵律是节奏的深化。

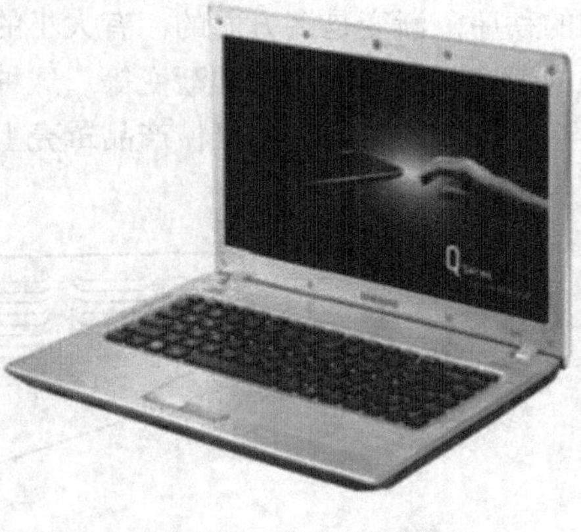

图3-20　笔记本电脑

在现代工业生产中，由于产品的标准化、系

列化和通用化的要求，组合机件在符合基本模数的单元构件上的重复使用，都使得产品具有一种有规律的循环和连续，从而产生节奏和韵律感。

图 3-21　吊灯的节奏感

在产品造型设计中，可通过线、体、色、质感来创造节奏与韵律。韵律的体现一般有以下几种。

1. 连续韵律

造型要素（如体量、线条、色彩、材质等）有条理地排列，称为连续韵律。这是一个要素无变化的重复。

如图 3-22 所示为公共大客车车窗和钢琴键，它们均属于连续韵律。

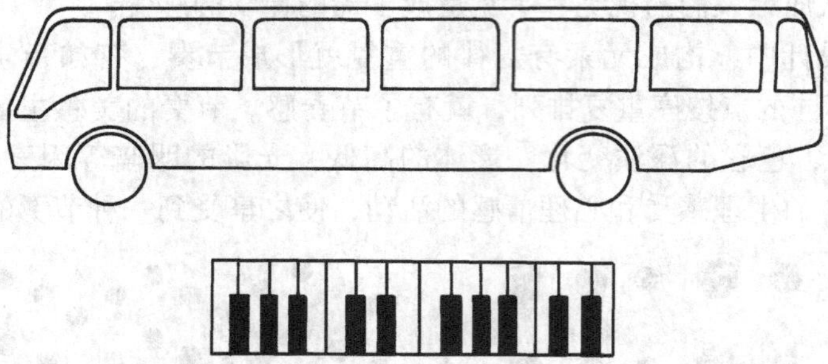

图 3-22　连续韵律

2. 渐变韵律

造型要素按照一定规律作有组织地变化，称为渐变韵律。它呈现一种有阶段性的、调和的秩序。渐变是多方面的，有大小的渐变、间隔的渐变、方向的渐变、位置的渐变、形象的渐变或色彩、明暗的渐变等。这种渐变韵律在视觉上产生一种美感。渐变韵律在造型上运用，简易可行，如机械产品罩壳上的通气孔、百叶窗，操作面板上的按键、旋钮的布置等（图 3-23）。

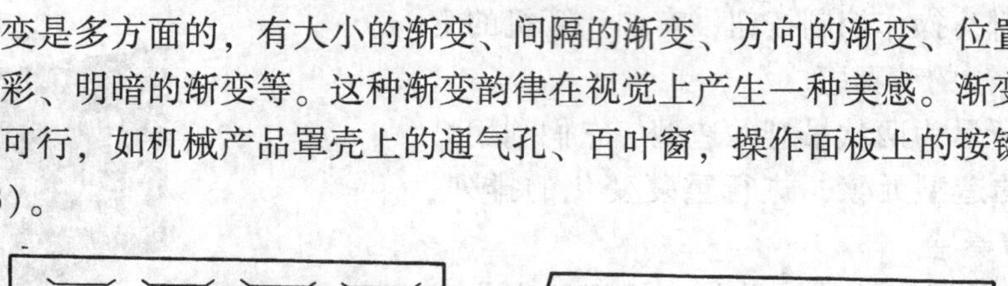

图 3-23　罩壳上的渐变韵律

3. 交错韵律

造型要素按照一定的规律进行交错组合而产生的韵律，称为交错韵律。如图 3-24 所示为色块的交错排列。

交错韵律的特点是造型要素之间对比度大，给人以醒目的作用，在标志设计中是常采用的一种表现手法。

4. 起伏韵律

造型要素使用相似的形式作起伏变化的韵律，称为起伏韵律。这种韵律有如大海的波涛动态感较强，运用得好可获得生动的效果，其中起伏曲线的优美程度十分重要。图 3-25 所示为 20 世纪 40 年代的轿车，其前后翼子板就形成优雅的起伏韵律。

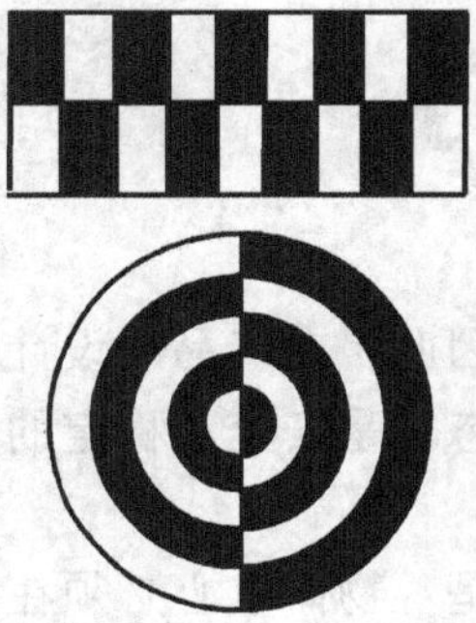

图 3-24 交错韵律

图 3-25 轿车翼子板的起伏韵律

图 3-26 所示为一款概念车造型，车身上部曲线也有明显的韵律感。

图 3-26 概念车的韵律感

图 3-27 所示是一款座椅造型，其选材不但新颖，且面板曲线起伏优美，韵律感强，给人以深刻的印象。

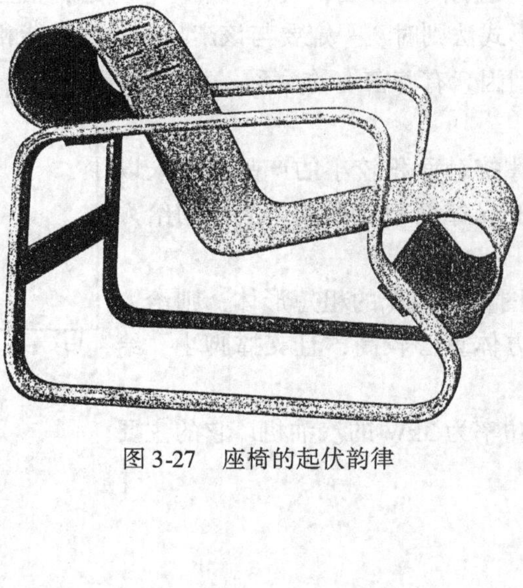

图 3-27 座椅的起伏韵律

上述各种韵律，其共同的特征是重复与变化。没有重复，就没有节奏，也就失去了产生韵律的先决条件；而只有重复，没有规律性的变化，也就不可能产生韵律的美感。

在进行产品造型设计中，运用韵律的法则可使造型物获得统一的美感，而某种造型要素的重复又可使产品各部分产生呼应、协调与和谐。应该充分运用形体的厚薄、大小、高低，材料的光洁度，色彩上的亮度、色相等造型要素，使产品的客观本身体现出各种韵律，加深人们的印象和在心理上对产品产生一种舒适的美感。

在工业产品中，如复印机、电气控制柜、仪器面板、收音机等，其控制旋钮、显示仪表及散热孔等多采用上述各种韵律设计，使之体现出构图完整、规律和变化的节奏感。

第五节　稳定与轻巧

当人们在使用工业产品时，在心理上总是希望有安全感，因此，在产品的设计中，不论功能结构是如何的良好，而首要的问题是要求产品在工作状态时是安全和稳定的，没有危险感。稳定也是一种美的表现。

稳定，是指造型物上下之间的轻重关系。稳定的基本条件是：物体重心必须在物体支撑面以内，且重心越低、越靠近支撑面的中心部位，则其稳定性越大。稳定给人以安全、轻松的感觉，不稳定则给人以危险和紧张的感觉。

在造型设计中，稳定表现有“实际稳定”和“视觉稳定”两个方面。实际稳定是指产品实际质量重心符合稳定条件所达到的稳定；视觉稳定是指以造型物体的外部体量关系来衡量其是否满足视觉上的稳定感。

产品的物质功能是造型设计追求稳定与轻巧感觉的主要依据。稳定与轻巧的造型形式与产品的物质功能的高度统一，是造型设计所追求的形式与内容统一美感的重要内容。

一般情况下，增强造型物稳定感的方法有：降低重心、底面落地、空间减少，多用直线和梯形以及下部采用深暗色彩等。

轻巧，也是指造型物上下之间的大小轻重关系，即在满足“实际稳定”的前提下，用艺术创造的方法，使造型物给人以轻盈、灵巧的美感。在形体创造上一般可采用提高重心、缩小底部支承面积、作内收或架空处理，适当地多用曲线、曲面等。在色彩及装饰设计中，一般可采用提高色彩的明度，利用材质给人以心理联想，或者将标牌及装饰带上置等方法来获得轻巧感。

稳定与轻巧是一个问题的两个方面，设计时应综合考虑，恰当处理。工业产品种类繁多，在运用稳定与轻巧形式法则时，一定要与该产品的物质功能相一致。

稳定与轻巧感同下列因素有着密切的关系。

1. 物体重心

物体重心较高且支撑接触面积较小的产品，给人以轻巧感；而物体重心较低支撑面积较大的产品，则给人以稳定的感觉。

如图3-28所示，右图重心较低的粗短形体，则给人以稳定的感觉；左图长方体重心较高，且支撑脚小，给人轻巧的感觉。

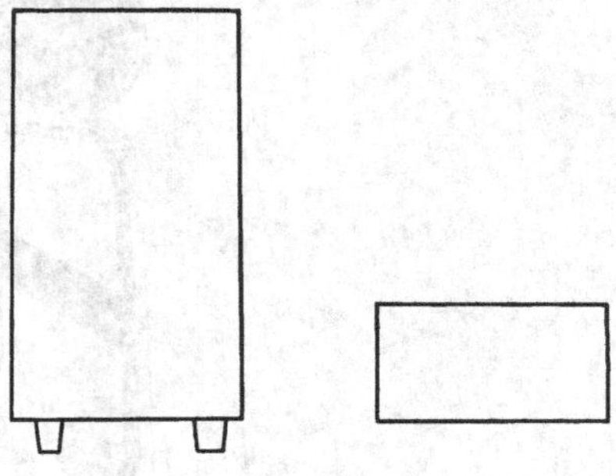

图3-28　物体重心

图3-29所示是一台功率为3kW的汽油机。它的主要

工作部分气缸和气缸头基本上是对称的，但如像图 3-29a 那样，将燃油箱放置在顶部，则重心较高，稳定性变差。为了降低重心，设计时将机体倾斜过来，使燃油箱位置随之降低，如图 3-29b 所示，整机稳定性得到改善，而且缸体倾斜的造型比竖直的造型要活泼生动。

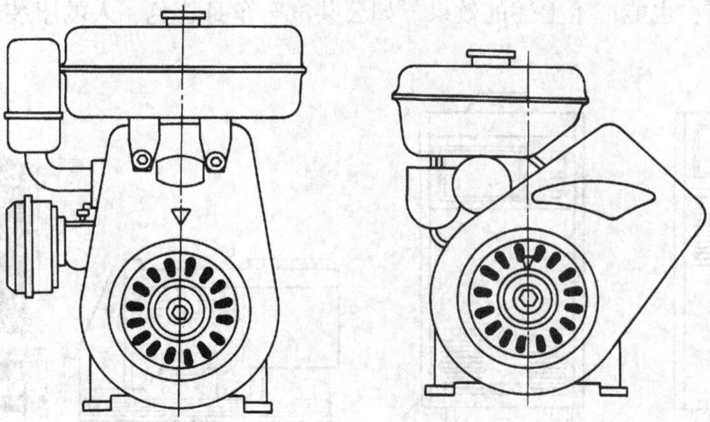

a)　　b)

图 3-29　降低重心的处理

2. 接触面积

接触面积大的形态，具有较强的安全感；而接触面积小的形态则有轻巧感。

综合考虑稳定与轻巧，造型设计的原则是：重心较高的物体，由于本身具有轻巧感，考虑实际和视觉稳定的需要，接地面积就不能太小。如图 3-30a 所示稳定，图 3-30b 所示不稳定。而重心较低的产品，由于本身具备稳定感，接地面积就不宜设计得过大而产生笨重感，应将接地面积适当缩小或架空则有轻巧感，如图 3-30c 所示显得笨重，图 3-30d、e 所示显得轻巧。

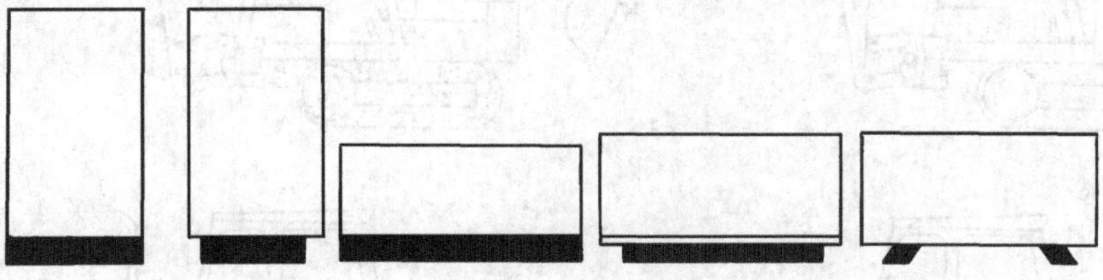

a)　　b)　　c)　　d)　　e)

图 3-30　接触面积

3. 体量关系

尺寸巨大的体量、封闭式体量，特别是由上而下体量逐渐增加的造型形体，具有稳定的感觉；小的体量、开放式体量都可以取得轻巧的效果。图 3-31 所示为此两种造型。

4. 结构形式

产品结构较复杂的部分，线型多变，具有较强的视觉吸引力，视觉重心自然偏向这部分，如图 3-32a 所示就显得轻巧，而图 3-32b 所示则显得稳定。

对称的形式具有较好的稳定感，平衡的形式具有一定的轻巧感。

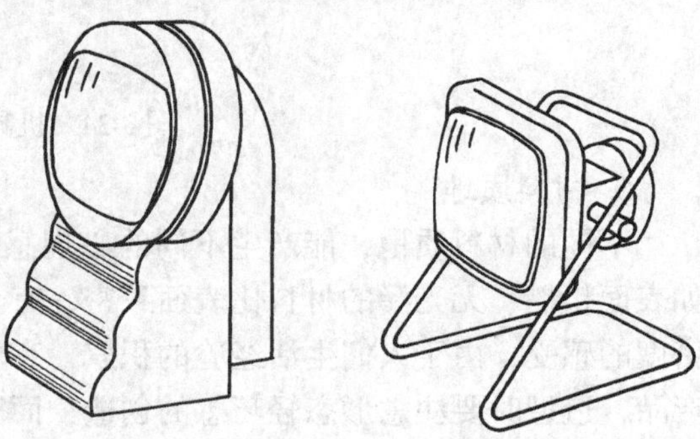

图 3-31　封闭与开放的体量

5. 色彩及分布

明度低的色，量感大。因此，低明度色装饰在产品上部，会增加轻巧感；装饰在下部，会带来稳定感。明度高的色，其效果刚好相反（图3-33）。色彩的其他要素的变化及分布位置的不同，也能产生上述的效果。如公共汽车车身着色、人的服装着色都会有相应的效果。

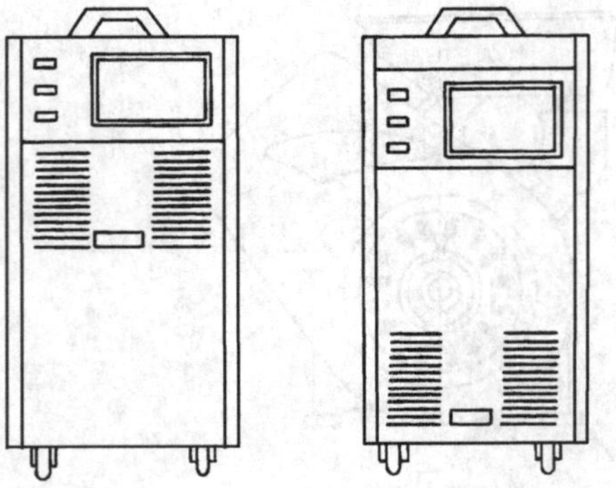

a）　　b）

图3-32　结构形式对视觉重心的影响

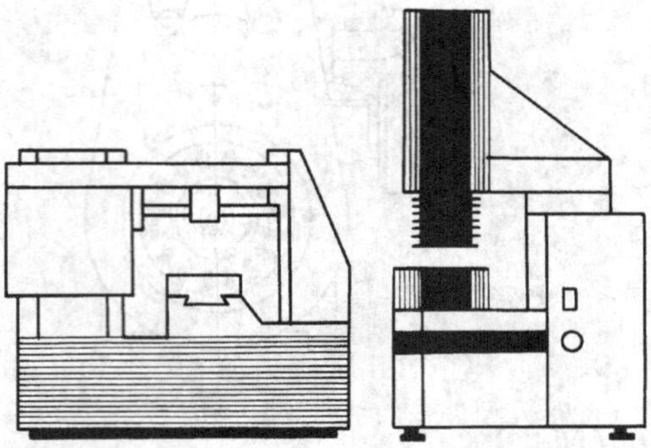

图3-33　色彩的分布

图3-34a 所示的挖掘机和拖拉机上下色彩一致，特别是挖掘机在造型上显得很不稳定。而图3-34b 所示的挖掘机和拖拉机，在下部都涂上了深色的油漆，经过色彩处理，机具的视觉稳定感就有了很大的改善。

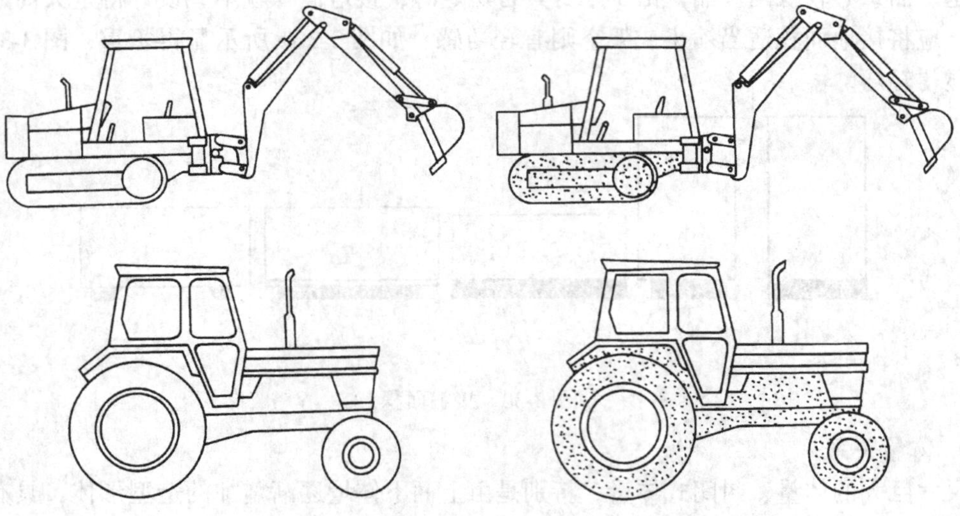

a）　　b）

图3-34　机具稳定感的处理

6. 材料质地

不同的材料质地，能产生不同的心理感受。这是因为：一方面材料表面状态的不同，如表面粗糙、无光泽的材料比表面致密、有光泽的材料具有较大的量感；另一方面是材料密度的感受，由于人们生活经验的积累，有着概念上的重量认识，所以，对于金属制成的产品，造型时要注意形态轻巧感的创造，而对于密度相对较小的塑料制成的产品，造型时要注意形态稳定感的创造。

7. 形体分割

形体的分割包括色彩的分割、材质的分割、面的分割和线的分割等。不论哪种分割，其主要作用是将大面积（大体积）产品表面分割成几个部分，使产品产生变化、轻巧和生动感。

如图3-35所示为一空调机的正立面，由于使用了色彩分割，产生了生动、变化、轻巧、丰富的感觉。

图3-35 形体分割

第六节 比例与尺度

工业产品的造型设计必须具有合适的比例和合理的尺度，这是构成产品造型形式美的最基本、也是最重要的手段之一。

一、尺度

所谓尺度是以人体尺寸作为度量标准，对产品进行相应的衡量，表示造型物体体量的大小，以及同它自身用途相适应的程度。每个产品整体结构的纯几何形状是产生不了尺度的。一个四棱锥体，小到制图模型，大到埃及金字塔，其几何形状都说明不了本身尺度的问题。要体现造型物尺寸大小的特征，就要把某个比较单位引到设计中来，这个引入单位的作用，就好像一个可见的尺子，用它来度量产品。如果这个单位看起来比较小，则产品形体就显得大；若这个单位看起来比较大，则产品形体就显得小。

工业产品是否美观适宜，是人通过视觉加以判断，通过使用给予评定的。人们在使用或操作工业产品时，自然要求它造型的形式和尺寸要适应人的习惯和需要。比如汽车驾驶室太矮，人们坐在里面就感到闭塞、压抑；操作手柄太粗，人手握不牢；座椅太低，人坐着就不舒服。所以当我们看到一件产品时，就会本能地认定它与我们身体有一个恰当的尺寸关系。这样一来，人体就变成造型物的度量单位。也就是说造型物的尺度感，可在人体尺寸或人体动作尺寸的体会中，最能分析清楚。如人们进入客车车厢，自然会用身高来衡量车厢顶棚高度是否合适；当用手握住机器手柄时，就会评判手柄粗细形状是否使手握得舒适。通过物体尺寸与人体尺寸的这种自然比较，产品的尺度感立即变得明确起来。

人们对造型物所产生的尺度感觉，不是造型物体量的实际大小的数量概念，而是指它和人相对称的尺度。例如轿车和工程机械中都有操作手柄、按钮、脚踏板等，虽然使用场所不同，但它们的绝对尺寸是较为固定的。它们必须与人体尺寸相适应，而与车辆本身大小无关。如果这些部分根据各种车辆体量大小按比例放大或缩小，就会造成操纵手柄等器件体量过大或过小，就无法适合人手、脚的操作，也就是缺乏尺度感。再如我们一日三餐使用的碗，它的尺寸与人手的尺寸是相当适应的。人的手掌长度约16~20cm之间，拇指与中指的距离约是20cm，手掌的宽度约7~10cm。从古代到明、清，碗的尺寸高为5~7cm，口径为10~16cm，底径为5~7cm，很适合手的使用（图3-36）。

图3-36 碗对手的适应度

有尺度感的产品，不仅美观，而且也是衡量造型设计合理性和舒适性的重要指标。

二、比例与尺度的关系

任何一个产品的造型都有比例的问题。比例是指造型物局部与局部、局部与整体之间的匀称关系。造型完美的形体都有良好协调的比例。最初发现比例准则的是希腊人，它们认为世界上最美之物美不过人体，人体间各部分都有一定的比例，按此特征，首先被应用于建筑。在古希腊神庙设计中，其整体尺寸和最细小部位的尺寸之间都有明确的比例关系。而尺度的概念，也最早用于衡量建筑物对人的合适程度。手表无论是整体还是细部，均采用比例感较强的几何元素进行装饰，既强调了产品的功能性，又体现出产品的品质感。

工业产品要有良好的尺度感，又要有合理的尺寸比例，如果只有各部分之间良好的比例，而没有合适的尺度，也不可能符合使用要求。造型中的尺度与比例问题应综合地考虑，二者的协调统一乃是取得造型形式美的基础。

三、比例

比例，作为造型形式美的规律之一，是人们在长期的生活实践中所创造的一种审美度量关系，是一种以数比来表现现代生活和现代科学技术美的理论。对于常见的正方形、等边三角形和圆形的性质比较熟悉了，下面重点讨论黄金比矩形和根号矩形的一些美学特征。

（一）黄金比及黄金比矩形

黄金分割比例（简称黄金比），是指将任一长度为 L 的直线 AB 分为两段，使其分割后的长段 AC 与原直线长度之比等于分割后的短段 BC 与长段 AC 之比，如图 3-37 所示。

则有
$$x/L = (L-x)/x$$
$$x^2 + Lx - L^2 = 0$$
取正根
$$x = 0.618L$$
图中线段 AB 的分割点 C 称为黄金分割点。经过分割以后，C 点的位置最为理想，分割后的视觉效果具有美感。

黄金分割的几何作图方法，如图 3-38 所示。取一单位长度的线段 $AB=2a$，作 $BD=a$ 并垂直于 AB，连接 AD，以 D 为圆心、$BD=a$ 为半径画弧与 AD 交于 E，再以 A 为圆心、AE 为半径画弧与 AB 交于 C，则 C 点便是线段 AB 的黄金分割点。

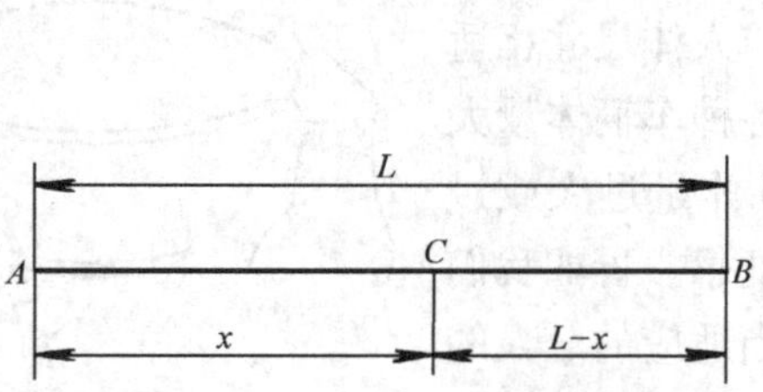

图 3-37　线段的黄金分割

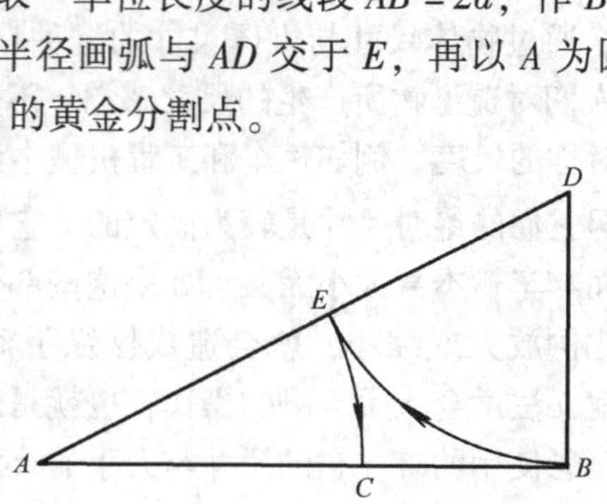

图 3-38　线段黄金分割作图法

所谓黄金矩形是指矩形短边与长边之比为 0.618:1。黄金矩形同样可用几何作图法求得，如图3-39所示。先作一正方形*ABCD*，取*AB*中点*O*，连接*OC*，以*O*为圆心，*OC*为半径画弧交*AB*延长线于*E*，过*E*作垂直线与*CD*延长线交于*F*，则*ADFE*即为黄金矩形。

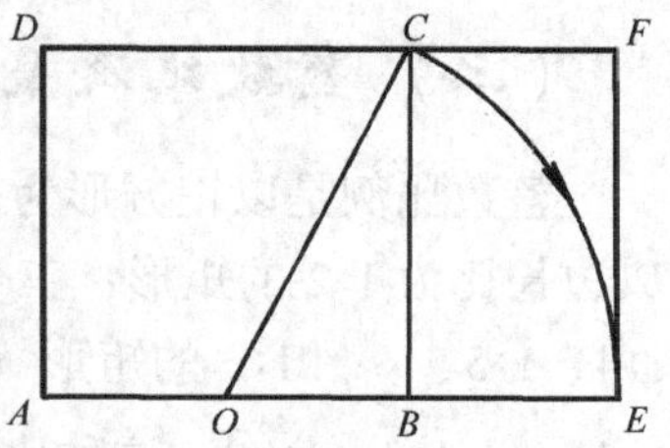

图3-39　黄金矩形作图法

黄金矩形具有肯定外形的美感，同时在视觉上能产生独特的韵律美感。从古至今，黄金比及黄金矩形在造型艺术上具有很高的美学价值。如我国古代的秦砖汉瓦，世界上著名的巴黎圣母院、维纳斯女神塑像等都是根据黄金比例创造出来的。在现代生活或生产用品中，如报纸书刊版面、仪器外形、建筑物等也都与黄金比例有关。不但如此，大自然中的许多自然形态也与黄金比例有关。

（二）根号矩形

根号矩形又称平方根矩形，其特点是宽与长之比分别为$1/\sqrt{2}$、$1/\sqrt{3}$、$1/\sqrt{5}$等一系列比例形式所构成的系数比例关系。其作图方法主要有下面三种：

1）先画出边长为一个单位长的正方形，然后以此正方形的对角线长为半径，*B*为圆心作弧交*BC*延长线于*D*点，如图3-40所示，这样，以*AB*为短边、*BD*为长边的矩形即为$\sqrt{2}$矩形；再以$\sqrt{2}$矩形对角线之长为半径，*B*为圆心作弧交*BD*延长线于*E*点，这样，以*AB*为短边、*BE*为长边的矩形即为$\sqrt{3}$矩形；依次用相同作法，可作$\sqrt{4}$、$\sqrt{5}$矩形。

2）先作一正方形，以某一顶点为圆心，以边长为半径在正方形内画弧与对角线相交于一点，再通过此点画与底边相平行的线，则得$\sqrt{2}$矩形；以同样的方法依次画下去，就能得到$\sqrt{3}$、$\sqrt{4}$、$\sqrt{5}$矩形，如图3-41所示。

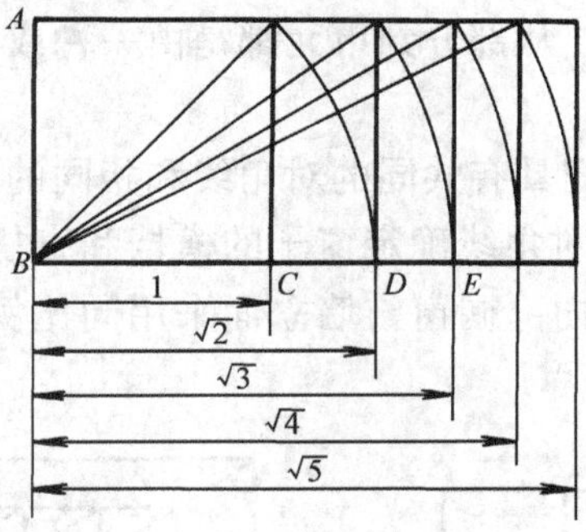

图3-40　根号矩形作图法（一）

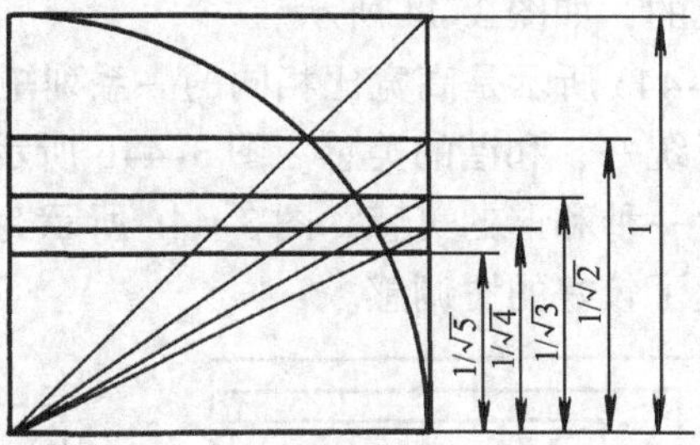

图3-41　根号矩形作图法（二）

3）先画正方形，以其对角线作为一长边，正方形边长为短边构成$\sqrt{2}$矩形；以$\sqrt{2}$矩形的对角线为一长边，正方形边长为短边构成$\sqrt{3}$矩形；以同样的方法反复画下去，可画出一系列根号矩形，如图3-42所示。

在现代工业产品造型设计中，$\sqrt{2}$、$\sqrt{3}$、$\sqrt{5}$三个特征矩形已被广泛采用，因为这几种比例关系比较符合人们的现代审美需要。

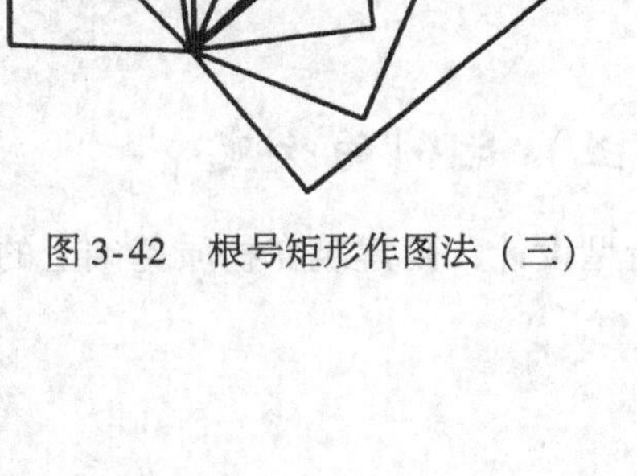

图3-42　根号矩形作图法（三）

（三）整数比及整数比矩形

整数比例是以正方形为基本单元而组成的不同的矩形比例。如两个正方形毗邻组合形成边长比为1:2的矩形；三个正方形毗邻组合形成边长比1:3的矩形；以此类推，可形成1:4、1:5、…、1:n的矩形（n为正方形个数）。整数比例是平方根比例中的特例，如1:2 $=1:\sqrt{4}$、1:3 $=1:\sqrt{9}$…这种比例具有明快、匀称的美感，在造型设计中，整数比例的工艺性好，适合现代化大生产的要求，所以在产品造型设计中使用也很广泛。但比例大于1:3的一般较少采用，因为它们易产生不稳定感。

此外，还有一些如调和数列比、等比数列比、相加级数比、贝尔数列比等在现代工业产品造型设计中常被采用。图3-43所示为昌河微型货车，其车长与车高的比例为整数比2:1。

图3-43 整数比的货车侧视图

（四）模数法则

模数是一种度量单位。美的造型从整体到部分，从部分到单元都是由一种或几种模数制约而成的，如图3-44所示。

图3-44a所示是高宽比相同的一系列矩形，它们具有共同的对角线和相同的比率，因此产生了统一、和谐的美感。图3-44b所示是利用对角线确定窗子的横档和直楞的划分，同样产生一种和谐的美感。图3-44c所示为一房间内部橱窗与墙立面采用同比例的设计，因此产生了较好的协调感。

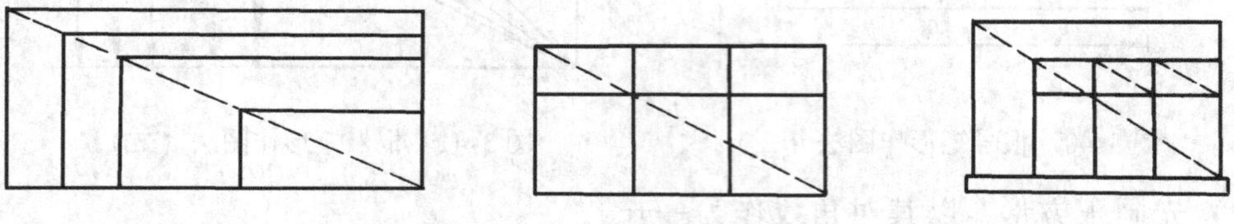

a） b） c）

图3-44 相同比例的矩形

当两个矩形的对角线垂直相交，这两个矩形也具有相同的形状比例，同样可产生和谐的美感。如图3-45所示为常见电冰箱立面对角线相互垂直，由此产生具有和谐的美感。

（五）比例的改变

造型设计，是建筑在物质基础上的造型活动，因此，我们不能脱离物质技术条件及产品的物质功能来讨论某种数学或几何上的纯比例。随着物质技术条件和产品物质功能的不断变革和发展，比例形式会相应地产生很大的变化，其影响比例改变的因素有以下几个方面：

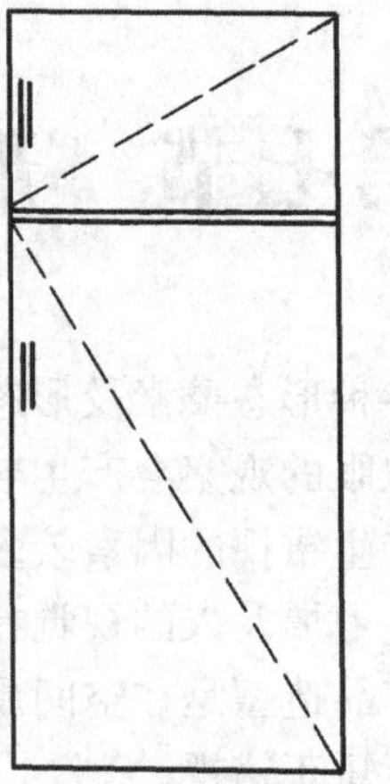
图 3-45　双门电冰箱分割

1）科技水平的提高，使材料在工艺、技术方面不断得到改进，影响到形体比例的变化。如电子技术的发展，在近几年中，手机形体变化很快，电视机也由大而笨重趋向薄而轻。

2）物质功能不同，也会产生不同的比例。如机床各部分的比例关系就不同于小汽车各部分的比例关系。

3）随着时代的进步，人类审美观也在不断变化，这也会导致新的比例关系产生。如电影的画面，当人们开始不满足于老式比例时，就创造出了宽银幕，它在视觉上造成的新效应，使人眼在欣赏时略作左右移动，符合了人眼观察周围环境的实际情况，形成视觉真实感，所以被人们普遍接受和欢迎。

习惯势力往往会成为旧的比例关系的维护者。由于人的视觉和感觉的惰性，人们已习惯和适应了现有产品的比例关系，甚至认为突破都是很难的，这就要求在处理造型设计的比例关系中，必须具备创新和勇于探索的勇气，要不断吸取已有的形式美的比例关系，同时更应该去追求新的形式美的形式。总之，形式美是随着社会的发展、科学技术的进步而不断地向前发展着。

（六）人体模度比例

人体模度比例是以人体尺度为基础，选定人体上升的手臂、头顶、脐、下垂手臂四个部位作为基准点，测出它们与地面的标定距离分别为226cm、183cm、113cm、86cm，利用这四个基本尺寸，再分别标出相应的其他数值，即形成两套相加级数比级数（又称斐波那契级数），如图 3-46 所示。

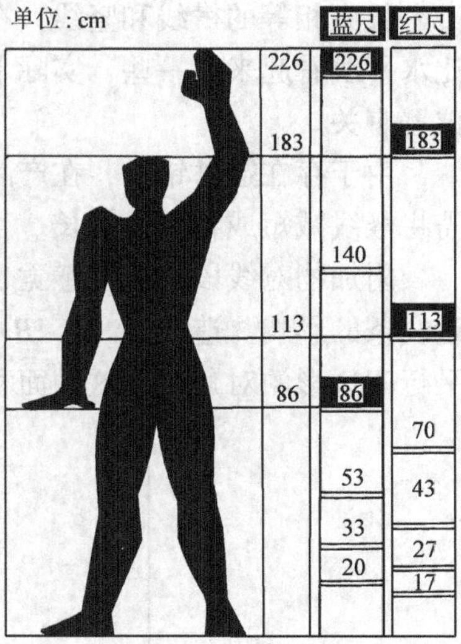

图 3-46　人体模度比例

第一套为：183cm、113cm、70cm、43cm、27cm、17cm、…称为“红尺”。

第二套为：226cm、140cm、86cm、53cm、33cm、20cm、…称为“蓝尺”。

在这些数值中，分别包含着黄金比（比如 70∶113 = 1∶1.618）、整数比（比如 113∶126 = 1∶2）、近似相加级数比（比如 27∶43∶70∶113∶183）等比例关系。由此可以看出，人体具有造型设计中广泛使用的几种比例关系，以人体模度作为造型设计中比例设计的原始依据，无疑将能得到人与造型物之间更加和谐的关系。

在现代工业产品造型设计中，若选定人体模度作为造型物比例设计的基础，可将“红尺”和“蓝尺”的标定尺寸作为纵向和横向的坐标尺寸，即可构成大小不同的正方形和长方形，再以这些正方形和长方形作为基本单元组成若干系列进行构图，这样，不仅能在形式上创造出多样而且和谐统一的比例，同时还能以最少的基本数值创造出更多的形体组合，有利于组合化和标准化的工作。

第七节　形的视错觉及其在设计中的应用

各种形态要素及形态要素间的编排、组合的关系（如方向、位置、空间重心等），通过人双眼的观察会产生与实际不符或奇特的感觉，称为视错觉或错视。

产生错视的因素较多。如各种形、光、色的干扰，视觉接受刺激的先后；环境因素的影响、习惯及人的视觉差别与惰性；心理、生理的影响等。

产品造型是在空间展示艺术形象的视觉并达到预期的效果，必须考虑如何利用错视及防止、矫正错视。

所谓利用错视，就是借错视的规律来加强造型效果，使原来比较笨重、呆滞、生硬的形体变得轻巧、精细、新颖。

矫正错视，就是在充分估计错视的基础上利用错视规律，在实际设计中适当改变某些量和某些关系，使受错视影响的视觉“补偿”或“还原”成正常的效果。现将形的视错觉及其在设计中的应用分述如下。

一、线段错视

由于线段的方向或附加物的影响，同样长度的线段会产生长短不等的错觉。

长度相等的横线和竖线，在感觉上，竖线比横线长一些。如图 3-47 所示中的垂直线比水平线看起来长一些，实际上它们是一样长的。这种横短竖长的感觉与它们之间的相对位置有关。

由于存在这种错觉，在产品的造型设计中应注意进行矫正，即若需两者视感等长，则需将竖线减短或将横线加长。

附加物对线段的长度感觉也产生一定的影响。图 3-48 中的 AB 与 AC 相等，但由于邻近线条的影响，造成 AC 比 AB 长的感觉。这是因为 AB 和 AC 分别成了小平行四边形和大平行四边形的对角线，这种面积大小不同的感觉导致了 AB 和 AC 不等长的错觉。

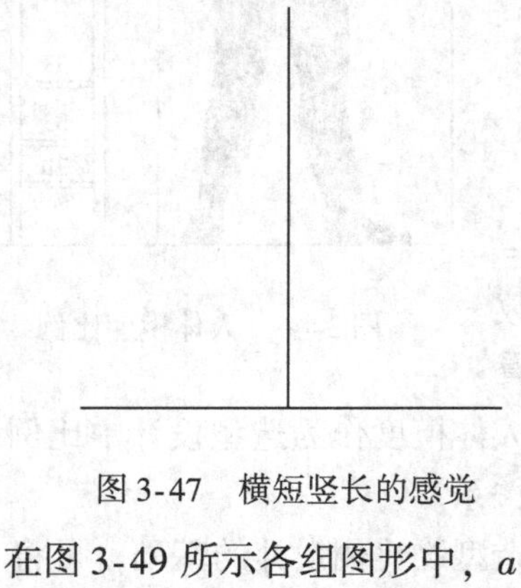
图 3-47　横短竖长的感觉

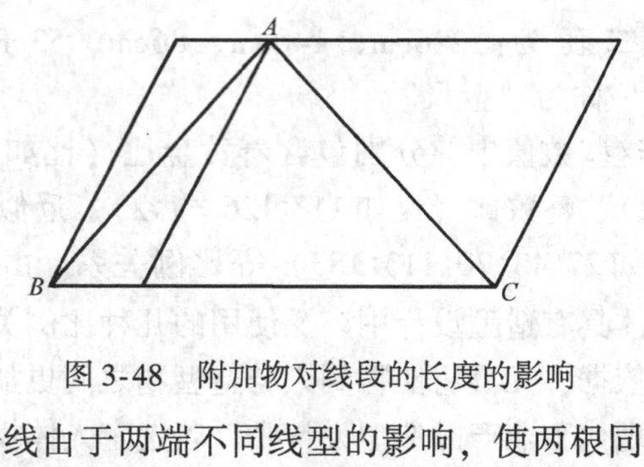

图 3-48　附加物对线段的长度的影响

在图 3-49 所示各组图形中，a、b 两条线由于两端不同线型的影响，使两根同样长度的线段产生 a 比 b 长的错觉。这种错觉的产生是由于我们一面在观察图形，一面则在无意识地进行判断。

在看 a 时，把线段加上附加物的长度；在看 b 时，则把线段去掉附加物的长度，因而在心理上得出了错误的结论。

图 3-50 所示是两个相等的正方形内分别设计了不同方向的相同的长方形，结果是图 3-50b 所示的正方形显得扁，而图 3-50a 所示的正方形显得高。这种情况在平面设计和建筑设计中经常碰到。

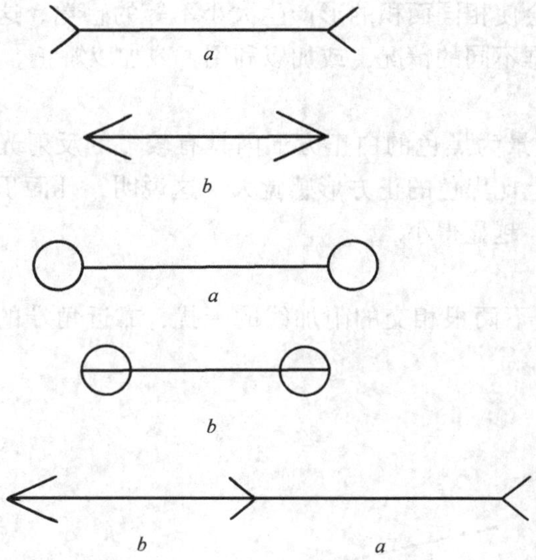

图 3-49　直线由于两端不同图形的影响

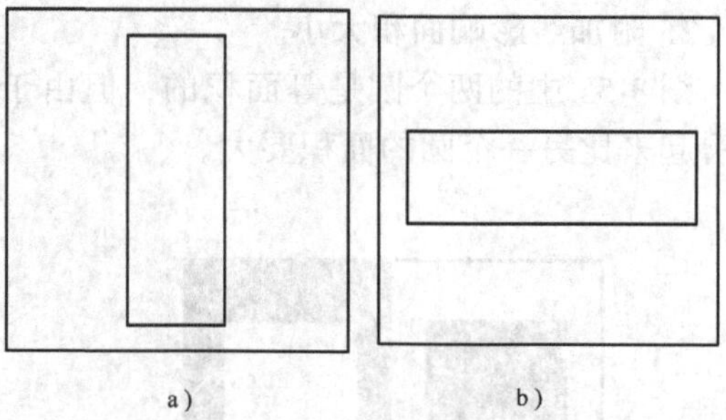

图 3-50　正方形的视错觉

图 3-51 所示的正方形，由于横向进行了弹簧形分割，显得高度大于宽度。

图 3-52 中的三条水平线 *A*、*B*、*C* 是等长的，但由于受两端附加线的不同影响，使人感到 *A* 比 *B* 长，*B* 比 *C* 长。

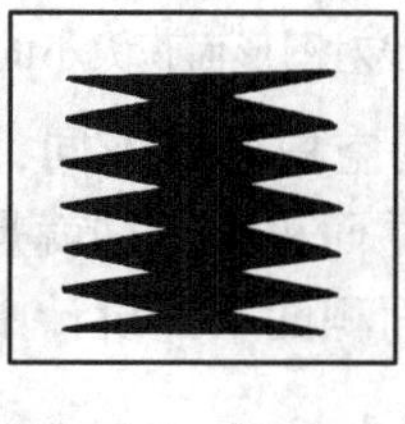

图 3-51　弹簧形分割

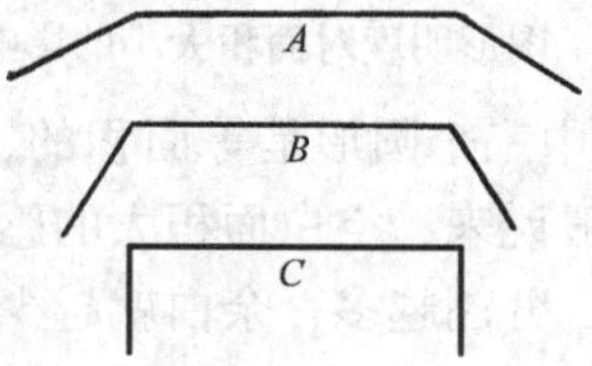

图 3-52　直线两端附加线的不同影响

二、角度大小错视

造型设计中，由于角度大小对比会产生相同角度而有不同大小的感觉。如图 3-53a 中的 *A* 角与 *B* 角大小一样，但由于 *A* 角中包含一个较小的角，而 *B* 角中则包含着一个较大的角，因此，造成了 *A* 角比 *B* 角大的错觉。图 3-53b 中的 *A*、*B* 中央夹角大小相等，但由于与大角度所形成的大小对比程度不同，而显得 *A* 的中央夹角比 *B* 的中央夹角要大一些。

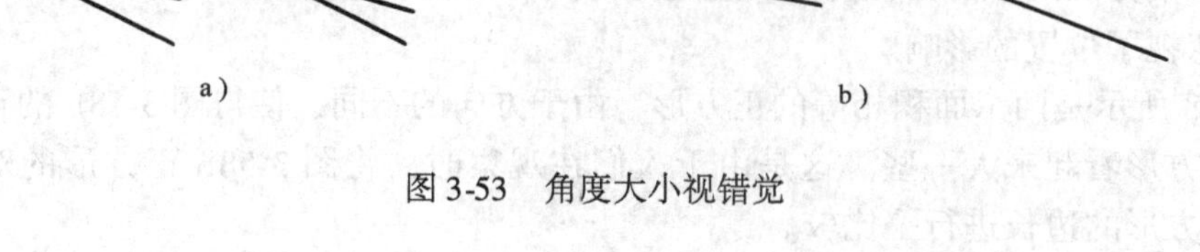

图 3-53　角度大小视错觉

三、面积大小错视

由于形、色或方向、位置等因素的影响，会使相同面积的形产生大小不等的感觉。这种错觉在设计实践中具有很大的意义，必须根据不同的情况，或加以利用，或加以矫正。

1. 明度影响面积大小

图 3-54 所示为两个同样大小的正方形。背景为黑色的白正方形因具有较多的反射光量，由于光渗作用而呈现扩张感，因此在视觉上比黑色的正方形感觉大。这说明，凡面积相同的物体，明度越高，越觉得大；明度越低，越显得小。

2. 附加线影响面积大小

图 3-55 中的两个圆是等面积的，但由于上下两根相交的附加线的干扰，靠近角端的圆看起来比另一个圆的面积要大。

图 3-54　图形明度对面积大小的影响

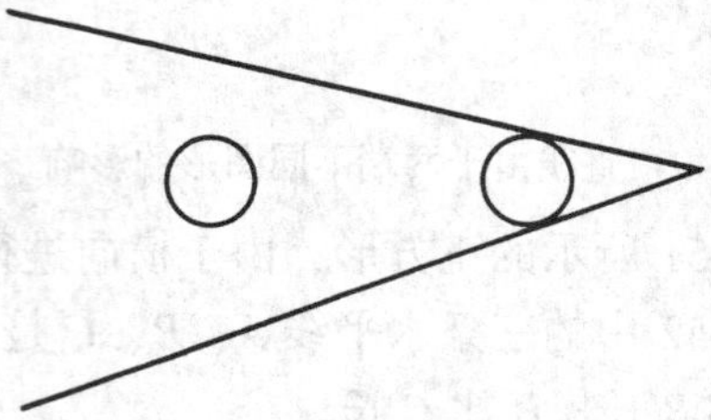

图 3-55　附加线对图形面积大小的影响

图 3-56 中三个圆形是等面积的，但由于各个圆内余下的空白面积不同，大小感觉也就不同。一般说来，空白面积大的感觉大，空白面积小的感觉面积小。这就是说，在相同面积情况下，分割越多，余白就越少，感觉面积就小。在小面积的平面设计中特别要注意这一点。

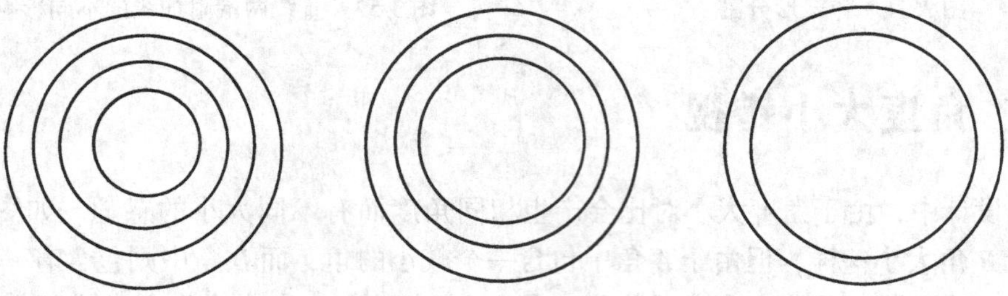

图 3-56　图形内空白对面积大小的影响

3. 方向位置影响面积大小

图 3-57 所示为面积、形状都相同的两个图形，但由于放置不同的缘故，使人感到上面的图形比下方的图形的面积要大。这是因为人们在观察时，只单纯考虑到两形中的长短边之比而忽视了位置的影响。

图 3-58 所示是两个面积相等的正方形，由于方向的不同，使得图 3-58b 的正方形比图 3-58a 的正方形看起来大一些。这是由于人们在观察时，将图 3-58b 正方形的对角线与图 3-58a 的正方形的边长进行了比较。

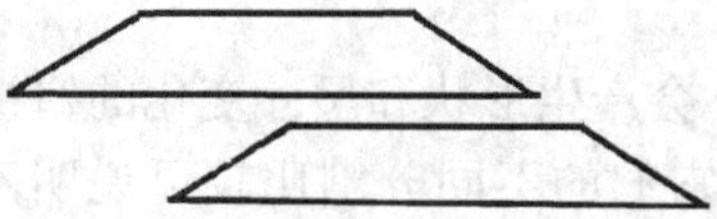

图 3-57　图形位置对面积大小的影响

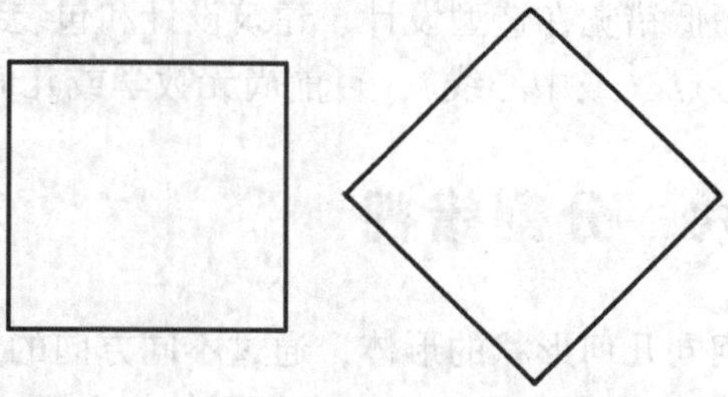

a）　b）

图 3-58　正方形位置不同产生的面积视错

图 3-59 所示为五个图形面积相等而形状、方向不同的几何图形。给人的感觉是：三角形面积最大，圆形面积最小。这种错觉在造型设计和建筑设计中很有意义：如使用相同的材料，采用三角形设计可得到较大的面积感觉。

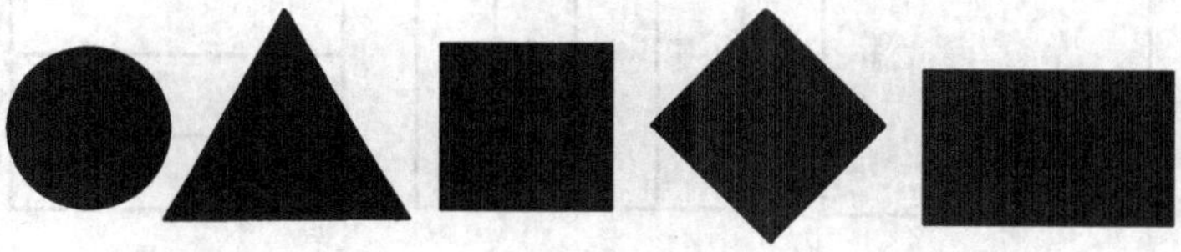

图 3-59　不同几何形状引起的面积大小视错觉

四、透视错觉

日常生活中积累起来的透视经验，会使人们对形态、色彩等产生各种空间错觉，这叫透视错觉。

大的形态感到近，小的形态显得远；形态重叠时，被掩盖的形态显得远；形象清楚的形态感觉近，反之则感到远；具有相同特征的形态排列在一起时，间隔距离大的显得近，而间隔距离小的则显得远；色彩纯度高、刺激感强的显得近，色相纯度低、较灰的色则显得远；形态所处的位置不同，也会产生空间感。处于左下角的觉得近，而在右上角的则显得远。

在产品造型和家具设计中，要注意透视错觉。如控制台、桌的脚往往低于人的视线，因此与地面垂直的桌脚往往在桌脚的最末点有内收的感觉。为了消除这种内收的不舒适感，必须有意识地将桌腿往外倾斜一点。

五、高低错视

由于人的生理特征，人眼的纵向观察速度慢，而横向观察速度快，所以观察等长的竖线用的时间比水平线用的时间长。因此，当人们观察形体时，就会产生高低错觉，即把相同长短的尺寸往往看成竖向的长，而横向的短。这种现象在大尺度的建筑物和大设备上特别明显。根据经验，在小尺度的情况下，正方形的高宽比不是相同的感觉，而是高宽间约为 15∶14 的感觉。

在高低错视中，还有一个经验现象就是人的视觉中心往往高于实际中心（图 3-60）。

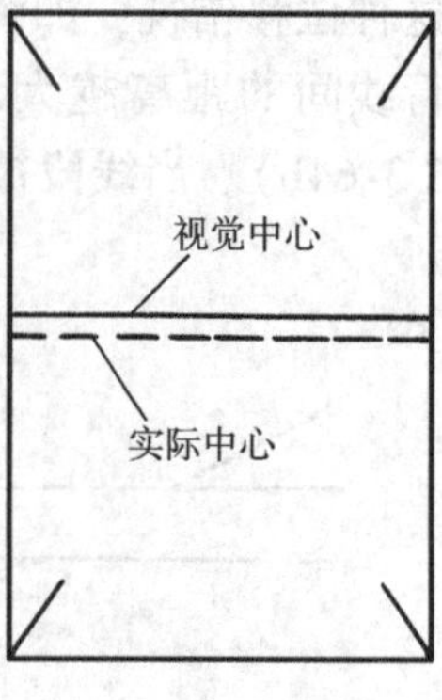

图 3-60　高低错视

高低错觉在造型设计、建筑设计和包装装潢设计中相当重要。在某一形体内要确定视觉中心点（或中心线），目前尚无数学或几何求解的方法，而只能依靠视觉的判断来决定。

六、分割错视

相同几何形状的形体，通过不同方向的分割，会产生形状和尺寸变化的错视。

图 3-61 所示是三个大小相同的正方形，通过它们的不同分割比较可说明不同的视觉效果。图 3-61a 由于没有分割而呈现方感。图 3-61b 由于平行竖线的分割而使正方形产生垂直方向拉长的感觉，这是因为竖线分割后，视线上下扩张产生了这种感觉。图 3-61c 由于平行横线的分割而呈扁平的感觉，这是因为横向分割造成视线向两侧扩张的结果。

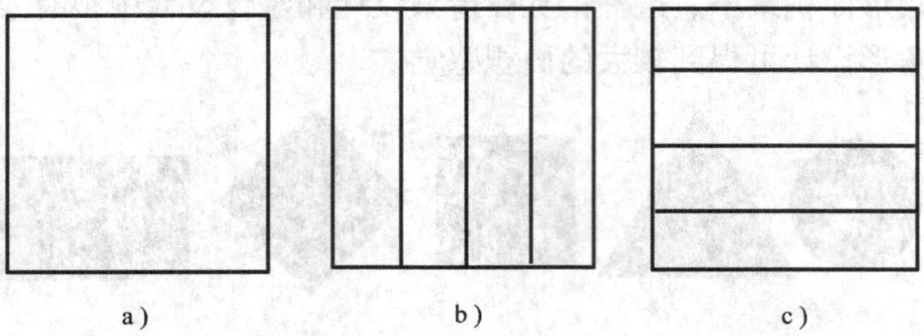

图 3-61　分割视错觉

产品造型设计，经常运用这种分割错视来加强造型效果。利用垂直线的分割，使矩形增加了高度感；利用水平线的分割，使矩形增加了宽度感。冰箱设计就运用了水平方向的分割，以产生比实际宽度要大一些的错视感觉。

七、位移错觉

当一条倾斜的直线被互相平行的直线截成两段时，所产生的两线段似乎不在一条直线上的错视叫位移错视。

图 3-62 中的倾斜线 AD 被两平行直线截成 AB 与 CD 两段后，看起来，AB 与 CD 似乎不在一直线上，在感觉上，CD 应移至 C_1D_1 的位置才能与 AB 共线。

错觉的位移量与下列两个因素有关。一是倾斜线与两平行线的交角。交角越小（指倾斜线与平行线所成的较小的一个角度），位移量越大，亦即位移错视现象越严重，如图 3-63a所示；交角越接近 90°，位移量越小，如图 3-63b 所示；当交角为 90°时，就不会产生这种位移错视，如图 3-63c 所示。二是与平行线间的距离有关。在交角相同的情况下，平行线间的距离越大，位移错视就越严重（图 3-64a）；距离越小，位移错视就轻微些（图 3-64b）。当线段被两条放射状的直线分隔开时，位移错视就更为严重（图 3-65）。

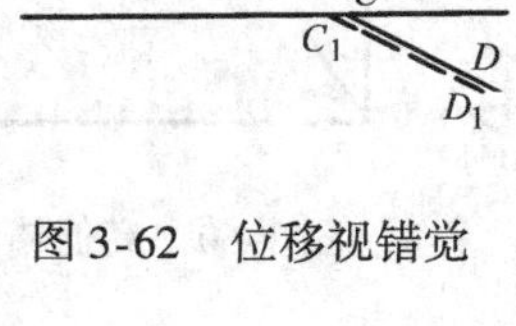

图 3-62　位移视错觉

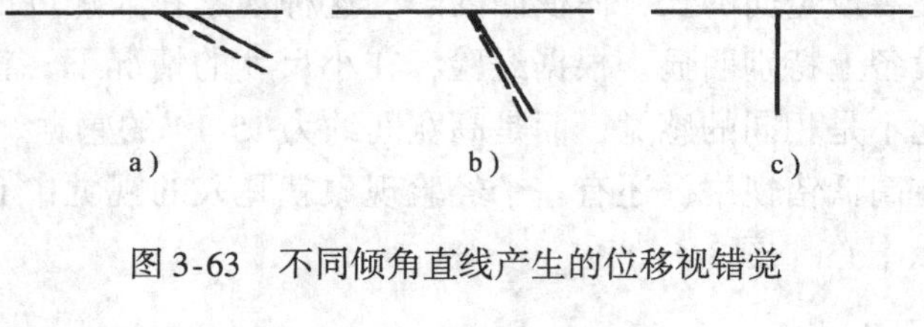

图 3-63　不同倾角直线产生的位移视错觉

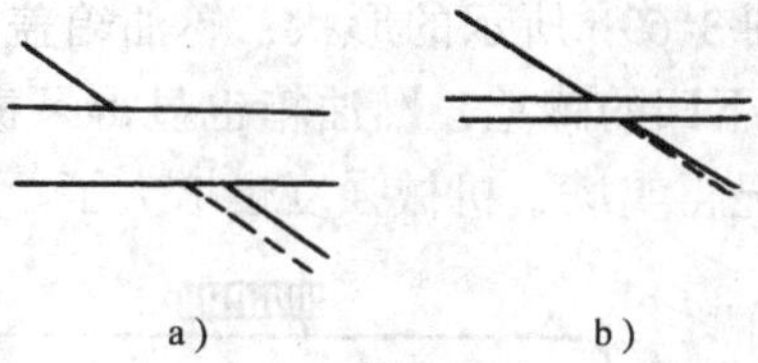

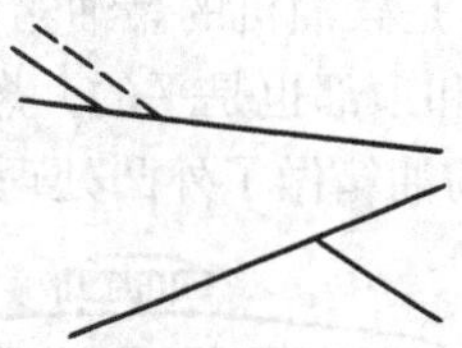

图 3-64　两平行线间距不同产生的位移视错觉　　图 3-65　放射线位移视错觉

八、对比错视

形状相同、色彩相同而大小、长短、高矮、深浅存在着较大的差异时，人们因对比强烈而产生的错觉称对比错视。

图 3-66 两组图形中心的圆是一样大小的，但由于周围圆的大小不同对比结果，就感到右边的圆大一些，而左边的圆小一些。

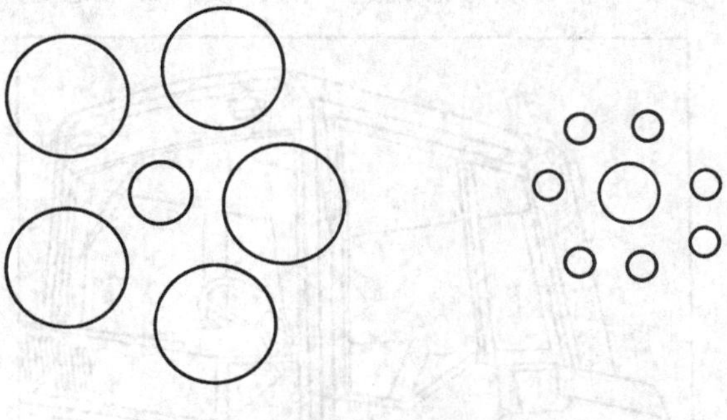

图 3-66　圆的对比视错觉

九、图形变形错视

其他线型以不同方向干扰某一线型时，该线型所产生的歪曲感觉称为变形错视。

图 3-67 两图例中的两组平行线，分别被顶点位置不同的放射线所分割，使平行线产生弯曲的感觉。

在图 3-68 中 a、b 是在直线的两端连接直线或圆弧的图形，在感觉上直线部分有些下凹的感觉。为了使造型的立体形态饱满，有必要将直线或平面事先处理成外凸，连接后，才有平整的感觉，如图 3-68c 所示。

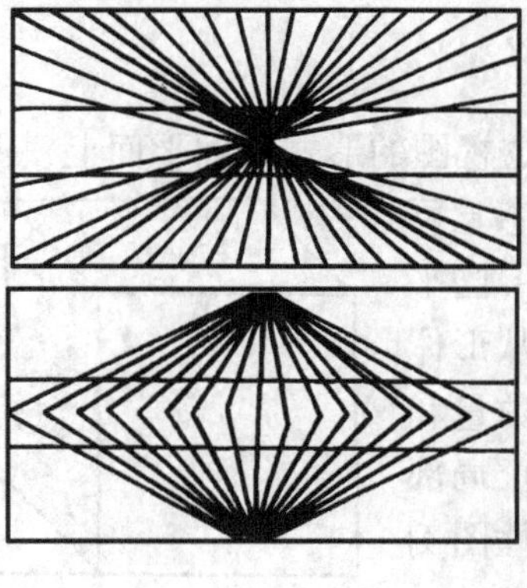

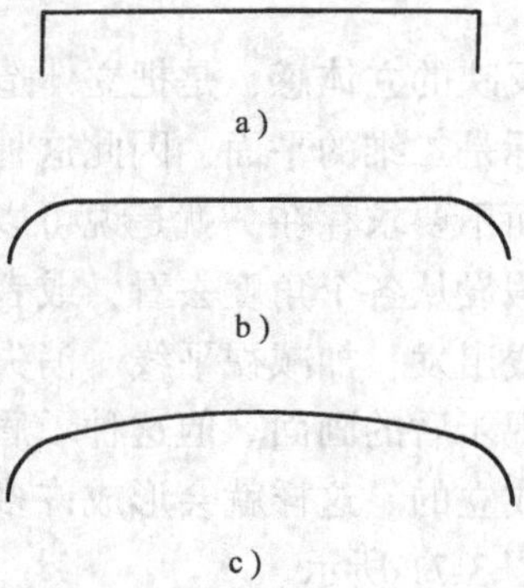

图 3-67　平行线的变形错觉　　图 3-68　直线内凹感的调整

图 3-69 是柴油机的燃油箱，如果制成图 3-69b 所示的形状，燃油箱盖的圆顶是平的，燃油箱侧壁和顶部也是平的，燃油箱盖就有下凹的感觉，燃油箱也显得呆板、单薄。而图 3-69a 所示的油箱做了外凸处理，燃油箱就显得丰满，机械强度也增大了。

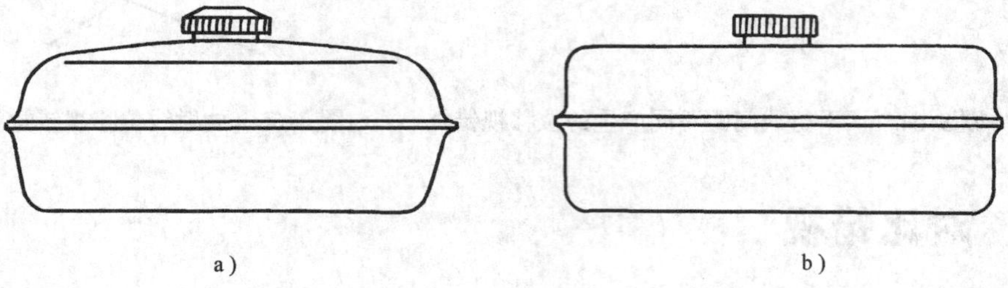

图 3-69　油箱的外凸处理

图 3-70 为拖拉机驾驶室，看起来各个面似乎是平的，实际上，其顶部、侧门、风窗玻璃都做了弧形外凸处理。

电视机、汽车等外形设计就必须考虑到这一点，使产品形态饱满，具有生气。

图 3-70　驾驶室的外凸处理

由上可知，感觉平面与几何平面是不同的。要获得视觉中的平面，必须把平面作微微外凸的加工，过渡的圆角半径不能太小，这样就有饱满、浑厚的感觉。相反，要使产品造型有坚硬、挺直、轻盈的感觉，几何平面过渡圆角的半径就要尽量小些。

十、错视立体感

在平面上反映的立体感，是把立体造型用透视图的形式画到平面上，但此时要注意到人们面对的实际是二维的平面，因此这种立体感觉可以只要求成立而不要求存在，就是说可以假设。当平面中的一个形假设从各个角度去看，或者随意从形体曲面上的一根线出发，加减视平线、消失点的数量和位置，就会发现矛盾的画面。但这种矛盾的各个局部又是可以单独成立的。这样就会形成许多反转性图例造成错觉，如图 3-71 所示。

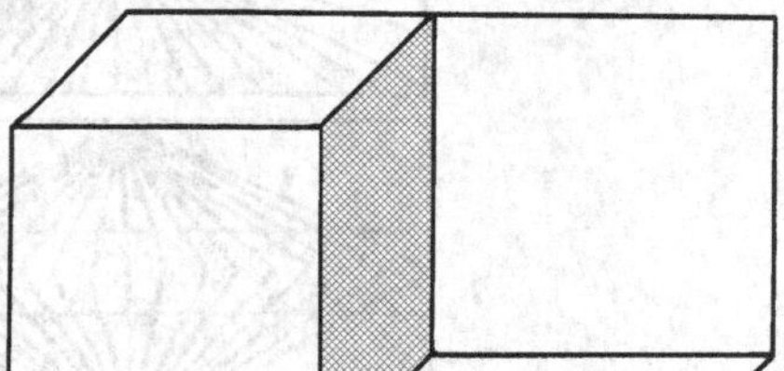

图 3-71　双重立体图形

这种矛盾画面所造成的错觉，丰富了平面图形所表达的内容。因为它会使观察者反复交替地产生两种不同的视觉形象（不是同时产生），因而克服了单调感。

第八节　产品的技术美要求

技术美的研究同其他美学研究存在着共性，但也受到产品物质功能和经济、技术条件等因素的制约而具有自身的特点。技术美是科学技术和美学艺术相融合的新的物化形态，它是通过技术手段把形式上的规律性、内容上的目的性相统一，使之成为工业产品物质功能的感性直观。技术美是物质生产领域的直接产物，它所反映的是物的社会现象，而艺术美是精神生产领域的直接产物，它所反映的是人的社会现象。作为人工创造的美的共同性，两者都要运用美的规律为所表现的内容服务，但技术美更侧重于研究产品由纯功能形态向审美形态转化的基本内容及其规律，它力图把有关自然科学与社会科学知识化、美学化，最终是实现按照美的规律去组织好人们的物质生活和生产活动，从而使物质文明和精神文明得到协调的发展。

由此可见，工业产品的美学含义不是单一的，而是多领域的，它是功能、精神、材料、技术工艺、艺术、工业诸领域内美感的集合，而不仅仅停留在形式美感上。产品造型作为具有一定技术内容的造型艺术，不能像绘画、摄影、雕塑等视觉造型艺术一样，以产生一定精神感受上的形式美感为满足，也不能像其他自然科学一样，以追求自身的抽象逻辑美为目的，它有自己独特的个性，在技术与艺术的两个领域内，体现出特有的美学内容。

归纳起来，工业产品技术美的基本内容，主要有以下几个方面。

1. 功能美

功能美是指产品良好的技术性能所体现的合理性，它是科学技术高速发展对产品造型设计的要求。当科技新成果转化为产品时，其物化形态应由工程师和工业设计师共同来完成。在转化的过程中运用美学理论创造了新的形态，从而使人们产生美的遐想，对科学技术更加神往。

产品的物质功能是产品的灵魂，如果产品失去了物质功能，也就失去了存在的意义。当一种新产品推向市场时，其功能美是吸引人们的主要因素，其技术性能的优劣决定了该产品在使用者心目中的地位，如马车再豪华也没有小轿车美。由此看出，技术上的良好性能是构成产品功能美的必要条件。

此外，产品的功能美也有明显的层次需求。如汽车的功能是运输，但由于社会生产和生活对它的功能要求是多样的，从而出现了具有不同功能的专用汽车（如轿车、货车、消防车、救护车以及各种军用汽车）。当然，根据不同的功能和层次要求，组合成适当的功能范围也是可行的，如客货两用车及多用途面包车等，便成了一种成功的功能组合的新车种，受到用户的欢迎。

产品优良的工作性能（如汽车的速度性、稳定性、耗油量等）和使用性能（如汽车的操纵性、舒适性等）也是产品功能美的表现形式。

2. 材质美

产品造型设计就是利用其特有的形态，来表达产品不同的审美价值取向，使消费者在内心情感上与产品取得一致和共鸣。产品形态需依靠各种材料来实现，它们之间有着十分密切的关系。材料的特性主要体现在物理的、化学的和视觉的三方面，其中视觉特征表现材料的形状、质感、色彩等方面。材料的综合特征与生产加工、使用等因素结合起来，必然会引申出成本、价值、结构形态、美感等与产品形态有密切关系的问题。

材质美指选取天然材料或通过人为加工所获得的具有审美价值的表面纹理，它的具体表现形式就是质感美。质感美一般是通过工艺手段实现的，所以说质感美也是工艺美的深化。

材料是工程的物质基础。各种材料都具有各自的外观特征、质感和手感，从而体现出不同材料的材质美。如钢的坚硬沉重、铝的轻快洁净、金的高贵华丽、塑料的柔顺轻盈、木材的朴实自然等，都体现出各自的材质个性和美感。

按人的感知特性，质感美可分为生理的触觉质感和心理的视觉质感两类。

触觉质感是通过人体接触而产生的一种快适的或厌恶的感觉。如丝织的绸缎、精美的陶瓷、珍贵的毛皮等，给人细腻、柔软、光洁、温润的感觉；而粗糙的墙面、未干的油漆、锈蚀的器物等，则给人粗乱、粘涩、厌恶的感觉。

视觉质感是基于触觉体验的积累，对于已经熟悉的物面组织，仅凭视觉就可以判断它的质感而无需再直接接触。对于难以触摸到的物面组织（如星球表面、细胞组织、橱窗中的展品等），只能通过视觉的观察与触觉的体验结合起来，进行经验类比、遥测估计。因此，视觉质感相对于触觉质感有间接性、经验性和遥测性，也就具有相对的不真实性。

在工业造型设计中，利用视觉质感这一特点，可以通过装饰手段达到材质美的目的。比如，电视机、收录机的塑料壳体上，其装饰零件多采用塑料电镀工艺，给人以强烈的金属质感。又如，现代生产的人造皮革，不论是视觉质感还是触觉质感都与动物皮革相差无几，具有天然的质感美，而且在强度和耐磨性方面也超过了动物皮革，更重要的是，人造皮革无尺寸限制，用其包饰座椅，整体美感较强。

3. 结构美

结构美是指产品依据一定原理而组成的具有审美价值的结构系统。

结构是实现产品功能要求的重要因素，是为产品物质功能服务的。它既包括产品内部组织，也包括产品各组成部分的合理配合和排列。力学和材料科学的新成就，为产品造型的结构美提供了重要的科学依据。结构力学的发展，使产品结构日臻合理，这样才能在保证强度和使用寿命的前提下，设计出结构轻盈、刚劲、简洁的产品来。流体动力学的发展，使飞机、火箭、汽车、船舶等高速行驶的工业产品，在结构上实现低阻流线体态。当然，这些新的结构形态也产生了新的美学特征，俗称流线美。

具有相同物质功能的产品，虽然采用不同的结构形式会产生不同的造型效果，但最终都必须保证实现物质功能的要求。如大客车有单层和双层的结构形式，也有单节和双节铰接的结构形式，不论什么样的结构形式，驾驶位置必须安置在汽车的最前方，以保证汽车的安全行驶。

产品的结构形式与造型材料有关，材料不同，结构形式也不同，材料是实现产品结构的基础。同一功能要求的产品可以设计成多种结构形式，若选用不同的材料，其结构形式也可产生多种变化。如果桌子采用金属材料，而结构形式仍沿用木桌的样式，显然谈不上结构美。此外，产品结构形式，还应当与环境协调，敞篷轿车适用于热带地区和夏季就是例证。

一般来说，产品结构的合理性不仅构成产品外观形态的美，同时也直接影响着材料的利用率和产品使用效能的充分发挥。当然，研究探讨并实现产品结构美也存在着一定的约束条件，如物质功能、材料选用、工艺条件、价格成本等。但在这种约束条件下也存在着一个自由度空间，它足够一名设计者显示创造性设计风格。

研究产品结构美的目的在于改变过去某种程度的“功能件堆砌”的设计方法，提倡通过内在形态的合理搭配，显示设计者对自然规律和审美观的一定了解和科学知识的应用。依据一定的工作原理把产品组成一个既满足产品物质功能需要又具有审美情趣的结构系统，提高产品的艺术欣赏价值。

4. 工艺美

产品零部件加工的方法和表面涂饰的方法通称为工艺，它是产品造型得以实现的手段。任何产品要获得美的形态必须通过相应的工艺措施来保证，而先进的加工手段，则是产品造型时代感的重要标志。没有芯片技术的进步，现在的手机就不可能如此小巧玲珑；现代轿车表面光彩照人的车身，需要先进的喷涂技术与材料的支撑。

制造工艺主要是指产品通过机械精整加工后所表露出的加工痕迹和特征。机械产品的精整加工主要有精车、精刨、精铣、精磨、抛光等方法，以及各种非切削加工，如滚压加工，外圆表面的滚花、压光等。产品通过机械加工，尤其是精整加工后，材料表面在有润滑油保护的情况下可以保持长期的光洁特征，体现出工件精致的外观。

装饰工艺主要指对成型产品进行必要的涂料装饰或电化学处理，以提高产品的力学性能和审美情趣。涂料装饰是对各种金属或非金属材料表面进行装饰的一种简单易行、运用灵活的工艺手段，各种材料都可以采用涂装的方法而获得不同的外观效果。涂料装饰既可改变原有物质的颜色，起到保护产品、美化产品和环境的作用，同时也能给人以舒适美丽的感觉，因此它是工业产品表面装饰中广泛采用的方法。

电化学处理是运用电离作用与化学作用，使金属表面平整光洁或使某种材料表面获得其他材料的表面镀层或氧化层，从而改善表面性质和外观质量，达到保护和装饰美化的目的。电化学处理方法很多，主要有电抛光、电镀、氧化处理等。

工业品装配工艺的完善，对提高产品外观质量有着重要作用，这与装配工艺和技术有很大关系。同样的汽车内饰件，由于装配工艺不同，汽车内部的美观程度就大不一样。

造型设计师如能及时地把先进的精密加工手段在产品上反映出来，则不仅体现出现代各种加工工艺和装饰工艺的先进性，而且也体现了产品的时代美感。

5. 色彩美

虽然工业产品的色彩是依附于形体，但色彩比形体对人的视觉更有吸引力，色彩在产品造型中具有先声夺人的艺术魅力，人们在观看物体时，色彩因素始终处于首位。色彩具有主动吸引人的感染力，能先于形体而影响人的感情。

色彩的美感来自色彩适当程度的调和与对比。产品的色彩美感应表现为产品色彩组合的秩序和与产品功能、人的生理、人的心理等因素的一致。但是，色彩美感还有着强烈的时代性。由于审美能力的不断提高和科学技术、社会生活的不断发展，人们对色彩的渴求不断发生变化，因而美感是一个流动的概念。

6. 舒适美

舒适美是指人们在使用某产品的过程中，通过人机关系的协调一致而获得的一种美感。当人们坐在高档轿车里，享受乘坐的舒适性、空间的宽敞，就会自然地产生一种舒适感，觉得是另一种美的享受。工业产品是供人们使用或操作的，每种产品在被使用中，应该充分体现出人与机器的协调一致性，使人感到使用方便、操纵舒适和安全可靠。人机工程学是研究在现代条件下，人们生产、科研或生活如何达到效率最高、感觉最舒适、操作最准确的一门新兴的学科。好的造型设计一定要联系到人的生理、心理等因素，使创造出的产品符合人机工程学的要求。如汽车驾驶室的空间造型设计，不仅要让驾驶员在工作时最大限度降低疲劳程度和在生理、心理上感到舒适、安全，而且要使驾驶员在高速行驶中，对突发的意外事件，能在极短的时间里发现和处理。这就要充分研究驾驶员的座椅形状和结构，转向盘的结构和安装角度，各种指示仪表的形状和排列，指示灯、信号灯的色彩和亮度，制动器的部位和动作范围等。

产品设计通过舒适美的研究，使人与机器的关系更加和谐，并把劳动过程变为劳动者自我美育和精神享受的过程，充分发挥人机关系的使用效能。因此，在产品设计及技术管理中，产品舒适美指标的高低与工作效率的高低有着直接的关系。一般来说，舒适美主要是通过人的生理感受（如操作方便、乘坐舒适、不易产生疲劳等）和心理感受（如形态新颖、色彩调和、装饰适当等）两方面来体现的，其中更侧重生理上的感受。

7. 规范美

现代工业产品的生产已融入全球经济一体化的潮流中，一个产品必须经过多个企业的各个专业相互配合才能生产出来，所以产品的造型必须符合生产工艺流程，符合大规模、标准化、通用化和系列化的现代生产特点。反过来说，由于产品适合于现代化生产过程，其零部件标准化所形成的外形尺寸整齐划一，表现出强烈的逻辑性和秩序感，这就是规范美所在。

所谓标准化，是产品在设计和生产过程中，按照统一的国家或国际标准进行投产和施工。标准化也就是制定和实施技术标准的工作过程。

所谓通用化，是指在同一类型、不同规格或不同类型的产品中，提高部分零件或组件彼此相互通用程度的工作。

所谓系列化，则指在同一类型产品中，根据生产和使用的技术要求，经过技术和经济分析，适当地加以归并和简化，将产品的主要参数和性能指标按照一定的规律进行分档，合理安排产品的品种规格，以形成系列。

标准化、通用化和系列化是一项重要的技术、经济政策，它不仅有利于产品整齐划一、改型设计，使产品具有统一中的规范美感和协调中的韵律美感，而且有利于促进技术交流、提高产品质量、缩短生产周期、降低成本、扩大贸易，增强产品的市场竞争能力。

由于产品造型设计中应用美学原则和艺术规律具有很大的灵活性，而且随时代的发展而变化。因此，设计过程中可能与原有的标准或产品的系列化、通用化产生矛盾或不协调，对于这种情况，应该通过艺术手段减弱不协调因素，并在线型风格、主体色彩、装饰设计等方面形成独特的风格，从而使它达到统一和谐。另一方面，在制定标准和系列时，也应该在可能的情况下，不要作过于硬性死板的规定，留有余地，只有这样才能促使产品造型设计在满足规范化要求的基础上，形象更加丰富多彩，并更有利于创造出符合时代要求的新产品。

在设计中体现技术美的方法，首先是广泛收集相关产品科技创新发展的信息，然后提出针对新产品功能的新技术整合与应用方案。如以数字技术替代模拟技术；用电子技术替代传统的机械技术；采用新能源、新材料、新工艺等。其次是使先进的“内核”技术外显。如手表表面透明，可以看到机心运转；将控制芯片、集成电路适当外露，使消费者直观地感受到先进技术的美感。

20 世纪 80 年代初，数字液晶显示的电子手表，以其与传统机械表完全不同的新技术，独特的外观造型和低廉的价格，受到消费者的追捧，一度风靡全球，几乎要占领整个手表市场，将机械表逼到绝处，但随后不久，这种手腕上的小饰品，又潮水般地退出市场。几乎所有的设计人员，都朝着使用新技术来提高手表的性能方向勇往直前，推出了分秒不差的石英表，但其外观仍回到机械表的式样。

图 3-72 一款瑞士手表

而瑞士设计师则致力追求独创的复杂构造，与完成度要求极高的外观设计。他们对手表的设计追求着和宾利汽车一样的高级感，外观是又时尚又轻快的设计，而机心的驱动装置仍遵循瑞士的传统技艺，巧夺天工，创造出一种崭新的高级的技术美。他们对手表的设计目标是“在展示柜里能脱颖而出，以吸引消费者的注意；戴在手腕上能艳压群芳，吸引众人赞叹的目光”，以显示瑞士手表的尊贵感。例如超薄镂空雕金表，在薄到几乎透光的驱动装置上施以镂空雕金，呈现出强烈立体感的模样，与其说它是机械，还不如说是一种工艺品。它们早已超越显示时间的基本功能，而由充满了装饰色彩的零件所构成。即使陀飞轮这种结构，也多半已超越其原来功能，被用作设计的一种手法（图 3-72）。

瑞士表能东山再起，并非基于其计时功能，而是作为一种身份和个人风格的象征。中、高档手表是在首饰店出售，高端手表用黄金、白金、钻石等制成，其结构精巧尤胜首饰，使人爱不释手。敞开式机械表的优点在于其质感和动感，游丝、摆轮、齿轮都在和谐地运动不止、历历在目，令人赏心抒怀，这是电子表无法比拟的。瑞士能工巧匠和设计师扬长避短，将手表技术美的优势发挥到了极致的地步。

一件工业产品，从设计到生产、销售，所涉及的领域是多方面的。作为造型设计者必须具备有关方面的知识，不仅需要科技的理智，而且还应具有敏锐的感觉和丰富的情感，用人类共识的科学、技术、艺术的“语言”来塑造出现代产品形象。

第九节 产品造型与审美

一、美的本质和特征

美的本质和特征问题是关于美的本体的重大理论问题，其中核心是美的本质问题，即回答美是什么？美的特征是对美的根本性质的具体规定，是对美的本质的表征。对美的特征的分析，有助于更加具体地把握美的本质。

在日常生活中，对“美”的涵义大致有三种相联系而又相区别的理解：第一种是表示感官快适，如又热又渴，在树荫下喝杯冷饮，吃了顿美餐等，表示感官生理的强烈需求得到满足的程度；第二种表示伦理赞赏，如对某人思想、言行或某种制度表示伦理评价和赞赏，也常用“美”字；第三种表示审美判断，如对艺术美的欣赏，审美对象引起审美主体愉悦之情。关于美的本质学术界又多种看法，至今仍在讨论之中。“客观论”者认为审美判断不受主体的偏见、个人爱好和主观任意性的影响。“主观论”者则把美看作主体的一种心理反应，甚至把偏见、个人爱好和主观任意性作为美的基础。

美所蕴涵的本质必然表现为现象，构成审美性质和审美对象，那些显露美的本质的现象，其共同稳定的特征就是美的特征，主要表现有以下几方面：①美的客观性，即在于它的物质性。物质世界到处存在着美，它只能为实践着的审美主体感受到。花鸟鱼虫、江河湖海、工艺品、工业产品等都有美的存在。另外在精神领域也存在美，如爱国主义、助人为乐等。②美的社会性。美是人类社会出现后才有的，它起源于人类社会实践。自然美也不例外，没有人类社会实践对自然的认识和改造，就没有自然美。我们判断某一自然物美不美，是依据它的社会性不同，与人类生活关系的不同，它在人类生活中所占地位、所起的作用不同来判断的。太阳以它给予人类光明、热量因而是美的；蚊子苍蝇危害人类，所以是丑的。自然美的功利性是十分明显的。③美的形象性。美作为客观物质的社会存在，它是可感的、具体的、形象的。

二、审美心理

（一）审美感知

感觉和知觉，不论对于理论认识还是对于审美反应，都是进行更高一级精神活动的基础。没有生动的直观，就不可能有审美的想象、情感和理解的和谐行动，审美的心理功能也就无法实现。人因有五官可感知外部世界，审美感知中各种器官的作用是不同的：眼睛占85%，耳朵占10%，其余感官占5%，可见视觉在审美感知中的重要性。

审美感知有以下几个特点。

（1）审美感知具有整体性　在实际感受中，各感官的感觉不是孤立地进行，人们总是将对象作为整体来知觉，突出地表现为“统觉”的作用。因为人在审美过程中，主体就能将已有的知识、经验、情感、兴趣、意旨的目的指向性融于眼前对象的知觉中，使知觉内容不再限于事物感性面貌本身，而融进特定的观念和情绪意义。当我们观看一辆轿车时，除了看到它的外观形象，同时脑子里还根据观看者的实际经验，想到它的经济价值、制造工艺、技术性能、舒适程度等，感受内容会大大丰富起来。

（2）审美感知具有敏锐的选择力　审美感知将对象作整体来感知，并不意味着主体毫不选择地能将对象一切属性一览无余。对象的感性形式是千姿百态的，当主体专注于一定对象时，审美感知凭借敏锐的选择能力，善于捕捉对象的某些精细部分。主体的这种选择能力是在长期的生活实践和艺术实践中培养出来的。对于设计师来说，这种选择往往带有专业的倾向，表现为专业的敏感。当一群人围着观看一辆轿车时，除了赞叹它的美观造型外，工人会注意某些零部件是如何加工的，销售商会考虑这辆车的售价和利润，设计师则研究它的造型的曲线如何优美。

（3）审美感知带有浓厚的感情色彩　审美主体对对象选择性的整体感知过程，始终受情感推动。在审美感知时，人们总是要调动以往的经验作为补充，把过去总结建立的某种暂时联系恢复起来，从而使过去经验中的情绪转向附着在眼前的表象上，使得一般表象融入某种情绪因素。

产品审美概括为两个层面：人生理层面的与心理层面的审美活动。生理层面的审美活动一般是由视觉、触觉等人体感觉器官在某项活动过程中，形成的“快感”为内容的浅层心理内在的变化。如对色彩的赏心悦目，对肌理质感、触觉的舒适等。人心理层面的审美，一般是由人的生理审美引发的。通过深层次感知器官的“思考”，形成情绪、情感等心理变化的各种内在活动，亦称之为“美感”。如产品造型对自我个性的映射表现，个人喜好的表达，个人情感的表现与交流，个人价值观及身材的象征等。

（二）审美想象

审美欣赏和艺术创造都需要想象。所谓设计的形象思维就是创造性想象。想象是审美感受的枢纽，它能借助情感的推动，把审美感知和理解联系起来。想象的心理实质是建立在记忆基础之上的表象运动，即表象的再现、组合和改造。当审美感知所获得的生动活泼的审美意象是包含着过去经验在内的时候，它容易诱发旧存想象的复活，创造出新的审美意象，设计者在欣赏设计佳作时，也是在积累自己的经验，同时也会引发新的创新想法。想象是一个有广泛内容的心理范畴，它的初级形式是简单的联想。想象的高一级形式是创造性想象。

（三）审美情感

情感是人们在社会实践中对客观事物的一种主观态度。审美情感以日常情感为基础，但它要求对象的已不单纯是主观需要的满足，而是审美需要、审美理想的满足，其中包括主体对审美对象理性的、社会的评价，是高级的情感类型。审美情感又是审美心理中最活跃的因素，它广泛地渗入其他心理因素之中，使整个审美过程浸染着情感色彩。同时它还能诱发其他心理因素，推动它们的发展。一台造型新颖、陌生的工业品放在人们面前，大家的新奇感和期待感便会增强，注意力更集中，强化的感知便产生强烈的第一印象。

审美情感与理解因素有着特别密切的关系。情感作为主体对待客体的一种态度，必然与人的活动、需要等利害关系相联系，从而表现出种种不同情感，如肯定、否定、喜与悲。

（四）审美理解

人们在审美活动中总是不假思索地让自己的感知、想象和情感循着对象的指引而自由和谐地进行着，在获得审美愉快中蕴涵着对于对象所有的社会理性内容的理解和认识。因此，这种理解是在美感诸要素的自由运动中潜在地起作用。

对于工业产品造型的审美理解，要有一定的文化素养和生活经验积累，除了具备起码的审美态度和关于对象的理解外，审美主体本身的素质也是很重要的。同样欣赏一个产品，具有丰富专业知识和生活阅历广的人，会比一般人引发更丰富的联想和想象，激发起更深沉的情感。

对于感知没有理解和想象参与，失去了审美“判断”能力，就成为生物性快感，动物性的信号反应。如果想象中没有情感和理解的参与，就会失去动力和规范。

三、审美意识

审美意识是人们反映现实、认识现实的一种方式，它是指审美主体反映美的各种意识形式。在审美活动中，主体反应美的表述有程度深浅、层次高低、方式不同、角度不同，称之为审美感知、审美理解、审美能力等。

（一）审美经验

审美经验是审美功能活动形成的情感体验，它是多种心理功能的活动而产生的审美满足或愉快，它是积淀着理性的感性，是一种自由的感受。审美经验包括三方面：①审美能力，也就是美的鉴赏力、判断力；②审美倾向，它包括审美态度、审美趣味和审美理想；

③审美感受，包括审美感知、审美想象、审美情感、审美理解。审美感受是审美能力的现实性，通过审美感受体现出审美主体的鉴赏力、判断力。由于工业产品造型设计者与使用者之间审美经验的不同，往往对产品造型艺术审美的判断表现出不同的评价，需要我们辩证地对待，以求双方的沟通和理解。

（二）审美理论

审美理论是一种自觉的审美观体系，是对审美现象的总观点，是在审美经验基础上进行的理论概括，是理论化的审美意识形式。审美理论是审美经验有了一定发展之后才产生的。审美经验是具体的、非概念的、丰富多彩的，是人们普遍存在的。审美理论一般限于理论界和有一定理论素养阶层的人，它带有自觉性和概念体系。我们个人的审美经验毕竟有限，而且要通过漫长的感受、探索和积累的过程，才能使自己的审美能力和水平有所提高，而审美理论是对人类普遍审美经验的总结，学习审美理论可以在短时间内继承前人的审美经验的优秀成果，使自己在审美实践中能够站在历史的较高处，有较高的审美能力和欣赏水平。

（三）审美意识的共性和个性

审美意识从整个社会的角度看，它的共性是指它的历史继承性、统一性和永恒性。例如早已陈迹的古典艺术具有永恒的魅力，仍然感染着、激励着今人和后世。审美意识的个性体现在它的时代性、民族性、阶级性。审美意识的时代性指审美意识随着时代的进步而发展，常有时代鲜明的烙印，工业产品造型演变就是最好的证明。审美意识的民族性是由于每一民族长期生活在共同地域，过着统一的政治、经济生活，形成了统一的生活习惯，接受共同的语言和文化传统，历史地形成了自己民族独特的审美意识。在阶级社会里，审美意识还有它的阶级性，对于同一审美形象，社会各阶级成员的审美观念是不同的，每一个人都从自己的立场、观点去评价它。

每一审美意识的个性都包含和体现着审美意识的共性。因此，我们在评价一件工业产品造型时，都不能离开它设计、生产的时代背景，它们必然带着那个时代、民族甚至阶级的特征痕迹。设计师在设计过程中，由于审美意识共性的东西积淀在自己脑子里，它也必然在自己设计的作品中体现出来。我们应该充分发挥设计师的主观能动性，以其独特的思维方式去感受、理解、设计作品，运用自己独具的风格、手法去创造美的造型，外部世界才格外精彩。

产品美学设计策略具有独特的应用价值，利用设计者的审美取向，将符合“美”的内容融入到产品上，即所谓美的再现。这方面的成败与否，关键是看设计者自身的审美取向和再现能力的高低，以及是否符合大众审美取向，是否能启发大众审美的新需求。在产品设计中融入美学内容，不仅能提升产品价值，还能提升产品的市场竞争力。如宜家家居公司（IKEA）注重产品科技含量与美感因素的结合，其美学特征是简约、单纯，设计理念是简单实用，其总体风格来自北欧的传统家具设计，在设计上注重工业生产的效率性与家居生活中亲近自然的审美心理。

Industrial Design

第四章 产品色彩设计

第一节 色彩的基本知识

随着科学技术的发展，人们对色彩的研究与应用已提到新的高度，色彩研究所涉及的范围也越来越广。由于色彩是形态三个基本要素（形、色、质）之一，所以色彩是造型设计中必须研究的基本课题。色彩研究涉及物理学、生理学、心理学、美学与艺术理论等多门学科，故其发展有赖于这些学科的长足进展。而色彩研究的成果又为这些学科提供材料，促进它们新的更深的发展。

一、可见光谱

光是属于一定波长范围内的一种电磁辐射。电磁辐射的波长范围很广，最短的如宇宙射线，其波长只有 $10^{-14} \sim 10^{-15}$m。最长的如交流电，它的波长可达数千千米。在电磁辐射范围内，只有 380~780nm（$1\text{nm}=10^{-9}\text{m}$）波长的电磁辐射能够引起人们的视觉，这段波长叫做可见光谱（图4-1）。电磁波的振动频率与波长成反比，可见光谱中红色一端的长波每秒振动 400×10^{12}次，紫色一端的短波每秒振动 800×10^{12}次。在电磁辐射范围内，还有紫外线、X 射线、γ 射线以及红外线、无线电波等。可见光、紫外线和红外线是原子与分子的发光辐射，称为光学辐射。X 射线和 γ 射线等是激发原子内部的电子所产生的辐射，称为核子辐射。电振动产生的电磁辐射称为无线电波。这些范围广泛的电磁辐射都具

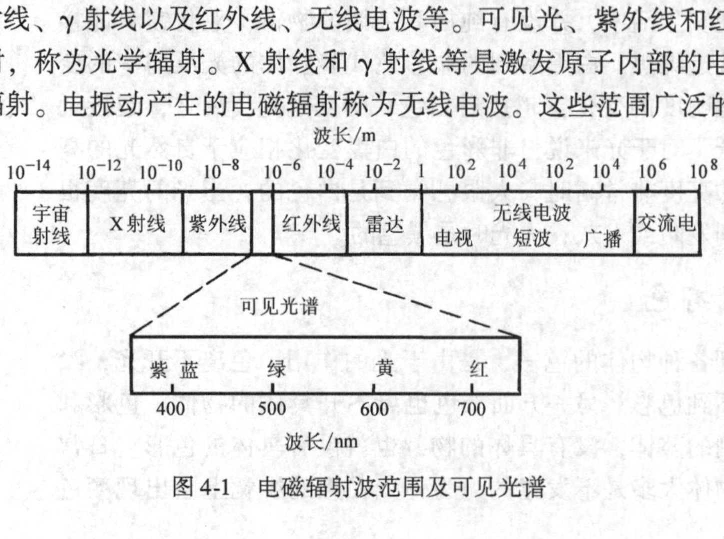

图 4-1 电磁辐射波范围及可见光谱

有共同的电磁特性——在真空里以相同的速度传播，能呈现干涉和衍射现象。电磁辐射是麦克斯韦首先从理论上预言，之后由赫兹在实验中予以证实。

对于人来说，能为眼睛感受并产生视觉的光学辐射称为可见辐射；不能为眼睛感觉与不产生视觉的光学辐射称不可见辐射。因而，光学辐射可进一步分为可见辐射和不可见辐射。来自外界的可见辐射刺激人的视觉器官，在脑中产生光、颜色、形状等视觉印象，从而获得对外界的认识。不可见辐射刺激眼睛时不能产生视觉，而作用在皮肤上有时会产生其他感觉，如紫外线产生痛感，红外线产生灼热感。严格地说，只有那种能够被眼睛感觉到的，并产生视觉现象的辐射才是可见光，简称光。光这个词有时也被借用来表示一部分不可见辐射，如红外或紫外光谱、红外或紫外激光、X 光等。可见光谱的波长范围在 380 ~ 780nm 之间，波长小于 380nm 的辐射是紫外线部分。在实验室内的测量表明，用高能量辐射照射眼睛，视觉范围可以扩大到 312. 5nm 的紫外线一端及 1150nm 的红外线一端。

在可见光谱范围内，不同波长的辐射光引起人的不同颜色视觉：700nm 为红色，580nm 为黄色，510nm 为绿色，470nm 为蓝色，不同波长光波的折射系数不同。

人们过去一直认为太阳光是无色的，直到牛顿在暗室里引入阳光，让光线通过三棱镜投射到屏幕上，在屏幕上有秩序地呈现红、橙、黄、绿、青、蓝、紫七种色彩组成的色带，称为色散现象。由于青、蓝两色的辐射光谱极短，所以习惯上将青、蓝合称为蓝，成为红、橙、黄、绿、蓝、紫六色带。从而证明太阳光是由不同波长的光波组合成的，为色彩学奠定了科学的基础。单一波长的光表现为一种颜色，称为单色光。

二、色彩的形成与变化

（一）非彩色与彩色

颜色可分为非彩色和彩色两大类，它又是非彩色和彩色的总称。非彩色指白色、黑色和各种深浅不同的灰色，它们可以排成一个系列，由白色逐渐到浅灰、中灰、深灰，直至黑色，叫做白黑系列。白黑系列中由白到黑的变化可以用一条直带表示（图 4-2），一端是纯白，另一端是纯黑，中间有各种过渡的灰色。纯白是理想的完全反射的物体，其光反射率等于 1；纯黑色是理想的无反射物体，其光反射率等于零。在现实生活中，并没有纯白和纯黑的物体，氧化镁只能接近纯白，黑绒接近纯黑。白黑系列的非彩色代表物体的光反射率的变化，在视觉上是明度的变化，越接近白色，明度越高，反之，越接近黑色，明度越低。对于光来说，非彩色的白黑变化相应于自然光的亮度变化。当光的亮度非常高时，人眼感觉到是白色的；当光的亮度很低时，就感觉到发暗或发灰；无光时是黑色的。

图 4-2 白黑系列

（二）固有色

人们能看到各种物体的色彩，是由于光的作用，色离不开光，没有光，也就看不到色彩。另一方面，色也离不开具体的物体，色彩和物体是不可分割的整体，没有具体的物，也就没有具体的色彩。日常生活中，各种物体大多是不发光的，为什么在人的视觉上会出现颜色呢？这同样是由于光的作用，任何物体对色光都有吸收与反射的能力，当光照射到物体上，一部分色光被吸收，一部分色光被反射。全吸收的就呈黑色；全反射的则呈白色；对所有的色光都等量地部分吸收、部分反射的即为灰色。而其他各种彩色，则是物体表面对不同色光选择吸收与反射的结果。

我们看一块绸缎是红色的，是由于它吸收了光线中的橙、黄、绿、蓝、紫而反射出红光。绿色的树叶则是吸收了光线中的红、橙、黄、蓝、紫而反射出绿光。由此可见，物体的颜色并不是物体的属性，而只有它对色光的反射因素才是物体的属性，它是不变的。人的视觉对光谱的感觉都是差不多的，这种反射出来的色光，在人们头脑中产生一种物体本身固有色彩的观念，所以长期以来人们称它为固有色。上面所说的红色绸缎与绿色树叶，只是从总的色彩倾向来讲，是比较笼统的。因为自然界没有绝对纯色的物体，只要仔细观察，就会发现，同一块绸缎，受正面光照或侧光照射时，所反射的红色是有差别的。其正面与侧面由于受光角度与强弱的不同，除反射红光之外，其他色光也有不同程度的反射，只不过这些色光中红光的成分占优势，其他光显露得不十分明显而已。

由于光源的色彩成分、照射角度、距离以及物体表面在选择吸收与反射的性能不同，固有色一般在间接光照下比较明显，在直接光照下就会减弱；反光弱的物体其固有色比较明显，反光强的物体其固有色比较弱；平面物体的固有色比较明显，曲面物体的固有色比较弱；离视点近的物体的固有色比较明显，离视点远的物体的固有色比较弱。

一般所指物体的固有色是在标准光源的环境下，视觉正常的人能看到的颜色。这里的标准环境和光源是指漫射日光，有部分云彩的北面天空的光线，视线周围不允许有色彩强烈的物体反射光（如红砖墙、绿树等的反射光），物体照度应均匀，且不小于1 000lx。

（三）光源色

光源可分两大类；一类是自然光，如日光和月光；另一类是人造光，如灯光、火光、电焊光等。灯光中还有荧光灯、白炽灯、霓虹灯、特殊光源等。火光中又有炉火光、柴火光、烛光等。各种光都有各自的色彩特征，即使是阳光，早晨、中午和傍晚的色彩也不一样。由于日光中红、橙光波较长，蓝、紫光波较短，早晚日光是斜射到地面上的，空气层比较厚，蓝、紫光波被空气中的飘浮质点所散射，只剩下红、橙光波穿过大气层射到地面，所以早晚的阳光往往呈红、橙或金黄色。中午的日光是直射地面的，空气层较薄，在大气层中被散掉的青、紫成分比早晚散射的要少得多，红、橙、黄、绿、蓝、紫等色光基本上都能穿过，所以呈白光。晴空中的蓝天，就由于蓝、紫光波在大气层中被细质点所散射的缘故。

由于光源色的变化，受光物体所呈现出的颜色也会随之发生变化。比如白色的物体，除在中午阳光照射下呈白色以外，在早晨阳光照射下受光部分呈橙黄色，傍晚夕阳照射下又会呈浅红色。这是因为早晨和傍晚大气层湿度不同，散射的成分也不尽相同，所以照射到受光体上的太阳光的颜色也有差异。由此可见，光源色在色彩关系中占支配地位，对物体的受光部分影响较大，特别是表面光滑的物体，如陶瓷、金属等的高光，往往是光源色的直接反射。

（四）环境色

环境色是指被观察物体所处环境的色彩。环境色往往不是单一的，如庭院里除了绿色的树木和草坪以外，还有墙壁的颜色等。我们观察的主体受环境色彩的影响产生色彩变化，同时主体的色彩对环境也产生影响，从这个意义来讲它们之间是互相影响、互相作用的。

环境色对于物体背光部分影响较大。如一个白色的圆球放在铺着蓝色台布的桌上，它在普通灯光照射下，略呈黄色调，而在背光部分由于蓝色台布的反射作用，则呈蓝色调。如果将台布拿走，直接放在黄色桌面上，光源改为日光灯，那么白球的受光部分又会呈现青色调，而背光部分呈黄色调。但在画球体时，无论在什么情况下，都必须保持白的感觉，绝不能因强调光源色与环境色的影响，使人产生蓝色或黄色球体的错觉。

固有色、光源色和环境色是形成色彩关系的三个因素，三者结合在一起，相互作用，形成一个和谐统一的色彩整体。无论观察、研究任何色彩现象，都必须以这三个因素作为依据，加以全面考虑。可以得出这样的结论：任何物体的固有色并不是永远不变的，随着外界条件的改变，固有色也会发生变化，这种变化是以它自身的色相为依据，外界因素只是它变化的条件。如一件红色的物体，当它受黄色灯光照射时，它的受光部分便倾向于橙色，它的背光部分如受蓝色环境的影响，便倾向紫色，橙色和紫色都包含着红的成分。

在视距一定的情况下，物体距画面越近，明暗的差别越大，物体色彩在环境中越占重要位置。距画面越远，明暗差别越小，受环境色彩影响越大，逐渐和环境色相融和。

三、色彩三要素

色相、明度、纯度是色彩的三要素，或称为色彩的三属性。所谓属性，即色彩本身所具有的性质。无论哪一种色彩，只要它存在，就必定具有色相、明度和纯度这三个性质，它们是研究色彩构成的基础。

（一）色相（Hue）

色相就是每一种色彩的相貌。每一种色彩都有其不同的相貌特征，如红、橙、黄、绿、蓝、紫即为不同的色相，每一种色彩的名称就代表一种色彩的相貌。

光谱中各种色彩是按照其波长不同，依序排列成直线。为了色彩设计中使用与研究的方便，在紫色与红色之间加入红紫色作为过渡，就可排成一个环状。这种代表各种色相的环称为色相环或色环（彩图7）。这种色相环可以5、6、8种色相为基础，分别加入两色之间的色，就可获得10、12、16、24等多种色的色环，多的甚至可做到100多种色相的色环。色环在色彩设计的配色中很有实用价值，它可直观地反映出色与色之间的距离，设计者可从中求得准确的色相位置。因此，色相也可以说是色彩在色环上的相位。

天然的日光是由不同波长的可见光合成的，一束光通过三棱镜后便分解成红、橙、黄、绿、蓝、紫六种单色光，它们不能被棱镜再次分解，故称为标准色。标准色纯度最高，色泽鲜艳、饱满而纯洁。

选定某个图形，取色相环上任何区段，按顺序作从一个色相推移到另一色相，再推移到下一色相的色相推移。使画面呈现出从暖色系到冷色系，由亮色相转变到暗色相的色相变化，可表现出严格的秩序美和艳丽的艺术效果，也使设计者能更好地掌握各种色相的调配（彩图8）。

（二）明度（Value）

明度是指色彩的明暗程度。每一种色彩都呈现出自身的明暗程度。不同的色相，明暗程度是不同的，在红、橙、黄、绿、蓝、紫六个标准相位色中，黄色明度最高，紫色明度最低。

若将黑白二色混合，调配出若干个明度不同而依次均匀变化的灰色，加上原来黑白二色就可得到一个明度不同的白黑序列。利用这个明度序列作标准（亦称明度色标），可用来衡量各种色彩的明度差别，彩图9即为色相的明度变化。

明度是人眼对物体表面明亮程度的感觉，这就涉及物体表面本身的明亮程度和光照强度两个方面。色彩在不同的光源强度照射下，其明度会发生变化。白颜料是反射率最高的料色，在某种颜料中加入白色，可提高混合色的反射率，即提高明度。反之，在颜料中加入黑色，可降低颜料的明度。运用这个方法，可以将同一色相的颜色作出明度阶段不同的明度推移（彩图10）。

（三）纯度（Chroma）

纯度又称彩度、艳度、饱和度。两个有彩色相混或在有彩色中单纯地加白或加黑，对于原来的色，在纯度上都会产生变化。但前者产生的是色相变化，后者产生的是明度变化。在某个色相里混合不同明度阶段的灰色所产生的变化，称为纯度变化。如果灰色的明度与色相明度一致，则该色相仅产生纯度变化。而若混入不同明度的灰色，则随着纯度变化，明度也产生变化。

根据上述原理，可以制作各色相的纯度色标。方法是先选出高纯度的色相，再找一个明度与其相同的灰色，然后将此二色直接相混合。混合若干个纯度依次等变化的含灰色，直至无彩色灰，排列成纯度序列，即是该色相的纯度色标。

色彩的纯度与光线的强弱是有关的，暗处显黑，亮处显白。各种色彩的纯度对光线的强弱要求是不一样的，红、橙等色在强光下可达到饱和；而蓝、紫等色则在弱光下可达到饱和。例如，在白天的阳光下，人们就感到红花显得特别艳丽；而蓝色在晨暮的弱光下才显得鲜明，此时红花就会呈现出灰暗色彩。

物体颜色的纯度取决于该物体表面反射光谱辐射的选择性。物体对光谱某一较窄波段的反射率很高，而对其他波长的反射率很低或没有反射，表明它有很高的光谱选择性，这一颜色的纯度就高。如红色的光谱反射比红棕色和黄褐色有更高的选择性，所以纯度较高。物体表面性质也会影响其色彩的纯度感觉，表面平滑的物体，显得其色彩纯度高，而粗糙表面就显得纯度低一些。纯度高的色彩较鲜明突出，但容易显得单调刺激。纯度稍低的色彩，易使人感到柔和协调。纯度过低，色调就显得灰暗。

四、原色

物体的颜色与光线有关，但色光与颜色的性质有所不同。光是电磁波的一种，颜色是物质反射与吸收光线能力的反映。

无法用其他颜色或色光混合得到的，也无法再分解为其他色相的色称为原色。色光的三原色是红、绿、蓝，颜色的三原色是红、黄、蓝，原色也称一次色。利用三原色互相调配，可产生出其他色彩。颜色的三原色混合为黑灰色，色光三原色混合为白色。原色纯度高，比较鲜明，是色彩中的基本色。

五、间色

三原色中任意两原色“等量”相加，得到的新色彩称为间色，也称为二次色。例如：

色光	红＋蓝＝紫 红＋绿＝黄 蓝＋绿＝蓝绿	颜色	红＋蓝＝紫 红＋黄＝橙 蓝＋黄＝绿

在实际操作中，颜料的“等量”往往是凭经验和感觉来把握的。

六、复色

原色和不含此原色的间色混合，或三个原色相互混合，或两个间色相互混合得到的新色称为复色，又称为三次色。复色种类很多，它的纯度较低，色调也不鲜明，但它含色丰富，与原色相比，较为谐调、统一和雅致。

任何复色均同时含有三原色红、黄、蓝的成分，只是各占的比例不同。改变三原色的配比，就可混合出多种复色，加之色彩的明暗、深浅变化，色彩更是多样，不可能一一确切地叫出名字来。在工艺技术方面，对一些常用色往往借用自然景物，或特定器物来区别色彩或命名，如桃红、玫瑰红、水红、桔红、金红、脂红、洋红、威尼斯红、暗红等。这些色彩，除少数为二次色外，大多数是三次色。它们科学确切的命名方法，在第四节中将予以介绍。

七、补色

三原色中的一个原色，与另外两个原色混合成的间色互为补色。如原色黄，与由另外两个原色红、蓝所混合的间色紫即为互补色，即黄是紫的补色，紫也是黄的补色。从色环上观察，补色的关系就更加清楚，红与绿、蓝与橙、黄与紫为三对补色，它们的相位，在色环上相距180°。实际上，在色相环上处于180°相对位置的两种色相均互为补色。

从颜色的调和来说，凡是两种颜色调和在一起，产生中性灰黑色的即为互补色。而两种互补的色光混合在一起，就产生白光。互补色在色彩关系中，其对比最为强烈。如黄紫对比，使人觉得紫色明快，黄色响亮饱满。

八、色彩混合

（一）加法混合

加法混合是指色光的混合。两种以上的色光混合在一起，色光的亮度比混合前的单色光亮度要高，混合色光的亮度为相混合单色光亮度之和，因此称为加法混合。

如朱红色光与翠绿色光相混产生紫红色光，蓝紫色光与朱红色光相混合产生紫红色光。

（二）减法混合

减法混合是指色料的混合。当二种色料相混合后，获得的混合色其明度要比混合前的色料明度要低，故称为减法混合。

如蓝色料与黄色料相混合，蓝色料颗粒主要反射蓝光，同时它也反射邻近的绿光，而把其余光谱色光吸收掉，而黄色料颗粒主要反射黄光，同时它也反射邻近的绿光而把其余光谱色光吸收掉。当这两种颗粒混在一起时，它们都反射绿光而吸收了所有其他波长的光，因此产生减法混合效果。

（三）中性混合

中性混合并不是指色光或色料直接混合，而是基于人的视觉生理特征所产生的视觉色彩混合。其混色效果的明亮程度既不增加，也不减低，而是相混各色明度的平均值，因此称为中性混合。其主要特点就是多色并置，且视觉又不易分辨。

（1）颜色旋转混合　将几种色彩并置于一圆盘上，当圆盘高速旋转时，视觉无法看清每种色彩的性质，只能获得视觉中的混合色。

（2）空间混合　当几种色彩并置在一起，且眼睛的视距又足够的远，各种色彩在视网膜上的投影十分的细小，以致不同色彩刺激会同时作用到视网膜上非常邻近部位的感光细胞上，使得眼睛难将它们单独地分辨出来，这时就会在视觉中产生色彩混合。由于这种混合形式受视距的影响，故称空间混合。

工业中广泛地采用空间混合原理。如在印刷技术中的套色印刷，通过分色制版，把所有彩图分成红、黄、蓝、黑四色网版，印刷后，四种色点相互邻近地密布在画面上，只有通过放大镜才能看清。根据纸面上不同区域的彩色网点成分，可以混合成不同的色调，因此可印制出与原作非常相似的图画。

在纺织技术中，空间混合的色彩效果更为美妙。将不同颜色的经线与纬线按一定规律纺织，就形成了有不同小色点或细色线组成的统一色面，这类织物色彩别具一格，广泛流行于各种服装面料、地毯、装饰面料中。

第二节　色彩的生理学基础

一、眼睛的构造

人的眼睛是一个前后直径大约为 23mm 的近似球状体，由眼球壁和眼球内容物构成（图 4-3）。眼球壁的正前方，占整个眼球壁面积 1/6，是一层弹性的透明组织，叫做角膜，含有大量的感觉神经纤维。角膜具有屈光功能，光线经角膜发生屈折进入眼内。眼球壁外层的其余 5/6 是白色的不透明膜，叫巩膜，它主要起巩固、保护眼球的作用。眼球壁的中层包括虹膜、睫状体和脉络膜。脉络膜含有丰富的色素细胞，呈黑色，起着吸收外来杂散光的作用，消除光线在眼球内部的乱反射。虹膜中央有一圆孔，即瞳孔，虹膜组织内的扩大肌和括约肌促使瞳孔扩大和缩小。睫状体内部有睫状肌，起调节晶体的作用。

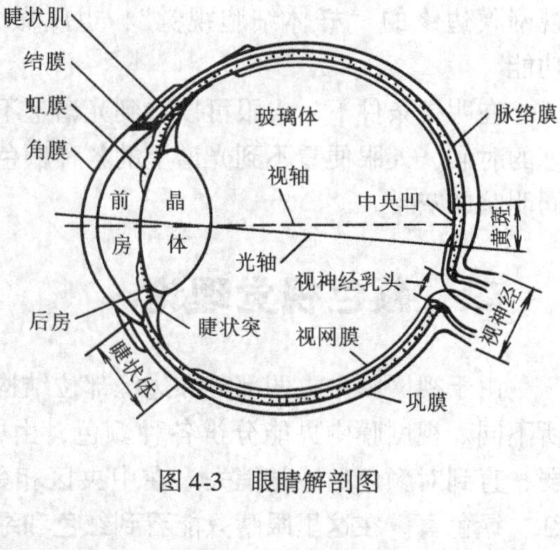

图 4-3　眼睛解剖图

眼球壁内层包括视网膜与视神经内段。视网膜位于脉络膜里层，为眼球的最内层，是眼球的感光部分，它为一透明薄膜，其中有视觉感光细胞——锥体细胞与杆体细胞。在眼球后极的中央部分，视网膜上有一特别密集的锥体细胞区域，其颜色为黄色，称为黄斑。黄斑中央有一小凹，叫做中央凹，这是视觉最敏锐的地方。视网膜神经纤维从四周向黄斑的鼻侧约 4mm 处汇集，成一团盘状，叫做神经乳头，它没有感光能力，所以也叫盲点。

视网膜可以粗略地分为三层，最外层是锥体细胞和杆体细胞，这两种细胞是以它们的形状命名的。图4-4中A是锥体细胞系统，B是杆体细胞系统，C是锥体与杆体细胞混合系统。锥体细胞b和杆细胞a的末端靠近脉络膜，它们位于视网膜的最后层。光线由角膜进入眼球至视网膜，先通过网膜的其他层次，最后才到达锥体和杆体细胞。第二层为双极细胞（d、ef、h）和其他细胞。一般每一个锥体细胞都与一个双极细胞联结，这是为了在光亮条件下，每一个锥体细胞作为一个单元，能够仔细地分辨外界对象的细节。杆体细胞则不同，几个杆体细胞只连接一个双极细胞，这是为了在黑暗条件下通过几个杆体细胞对外界的微弱刺激起总和作用。第三层是最内层，主要含有神经细胞，它与神经相联结。

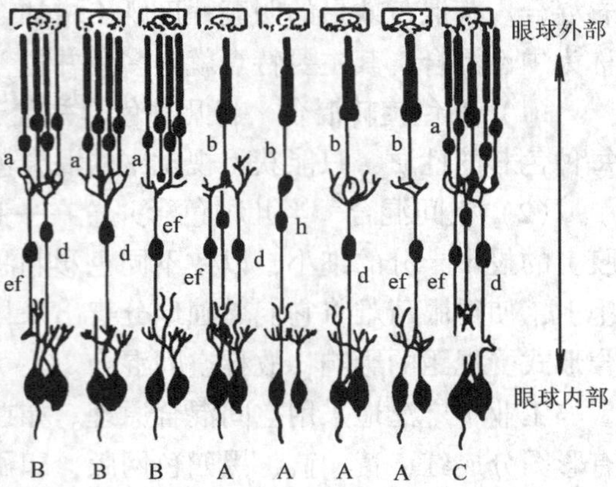

图4-4 视网膜结构

人眼的锥体细胞长度为0.028～0.058mm，直径为0.002 5～0.007 5mm，杆体细胞比锥体细胞长，其长度为0.04～0.06mm，平均直径只有0.002mm。在视网膜中央的黄斑部位和中央凹大约3°视角范围内主要是锥体细胞，几乎没有杆体细胞，在黄斑以外杆体细胞逐渐增多，而锥体细胞大量减少。人眼视网膜大约有650万个锥体细胞和1亿个杆体细胞。视网膜中央凹每平方毫米有14万～16万个锥体细胞。离开中央凹，锥体细胞急剧减少，而杆体细胞急剧增加，在离开中央凹20°的地方，杆体细胞的数量最多。视网膜中央及边缘的不同功能与锥体细胞和杆体细胞的这种分布状态是有关系的。

锥体细胞和杆体细胞执行着不同的视觉功能，前者是明视觉细胞，后者是暗视觉细胞。在光亮条件下，锥体细胞能够分辨颜色和物体的细节。当刺激物作用于视网膜中央凹时，视锐度最高。偏离中央凹5°时，视锐度几乎降低一半。杆体细胞只在较暗条件下起作用，适宜于微光视觉，但不能分辨颜色与物体的细节。视网膜中央的“锥体细胞视觉”和视网膜边缘的“杆体细胞视觉”，也叫做“明视觉”和“暗视觉”，这就是视觉的二重功能。

在明亮条件下，人眼可以看到光谱上不同明暗的各种颜色。当光线亮度降低到一定程度的时候，人眼便看不到光谱上的各种颜色，视觉便成无彩色的，整个光谱表现为一条不同明暗的灰带。

二、颜色视觉理论

由于视网膜中央凹部分和边缘部位结构不同，所以视网膜不同区域的颜色感色性也有所不同。视网膜中央能分辨各种颜色，由中央向外圈部分过渡，对颜色分辨能力逐渐减弱，直到对颜色的感觉消失。在中央区相邻的外围区先丧失红、绿色的感受性，视觉是红、绿色盲。在这里眼睛只能看到红色和绿色所具有的明暗程度，即把这两种颜色及其混合色看成不同明度的灰色，而黄、蓝颜色仍然保留，有时红、绿色在这个区域被误认为黄色，这个视网膜区域叫做中间区域或红、绿盲区。在视网膜的更外围边缘，对黄、蓝色的感觉也丧失了，而成为全色盲区，在这个区域里有明暗感觉而无颜色感觉，各种颜色都被看成不同明暗的灰色。

颜色视觉正常的人在光亮条件下能分辨可见光谱的各种颜色。它们从长波一端向短波一端的顺序是红、橙、黄、绿、青、蓝、紫。此外，人眼还能在上述两个相邻颜色范围的过渡区域看到各种中间颜色，我们常把这些中间颜色叫做绿黄、蓝绿等。在光谱中，人的视觉在辨认波长的微小变化方面的能力，对不同波长的光波是不一样的。在光谱的某些部位，只要改变波长1nm，人眼便能看出颜色的差别，但在多数部位改变1~2nm才能看出其变化。实验表明，最低阈限位在480~600nm（即由绿到橙）的附近，而最高阈限位在540nm附近及光谱的两端。在整个光谱上，人们可以分辨出一百多种不同颜色。

在视网膜中有三种不同的颜色感受器，它们是三种感色的锥体细胞，每种锥体细胞具有不同的光谱敏感性，这三种锥体细胞分别对红、绿、蓝色最敏感。例如，光谱长波段的光同时刺激这三种细胞，此时感红色的锥体细胞兴奋最强烈，因而有红色感觉，中间波段的光引起感绿色的锥体细胞最强烈的兴奋，而有绿色感觉，光刺激同时引进三种锥体细胞强烈兴奋的时候，就产生白光。当发生某一颜色感觉时，虽然一种锥体细胞兴奋最强烈，但另外两种细胞也同时兴奋，也就是有三种锥体细胞的兴奋活动，所以每种颜色都有白光成分，即有明度感觉。

色觉的负后像是锥体细胞及神经纤维疲劳的结果。眼睛注视绿色一段时间，绿色锥体细胞被激起活动。当眼睛转看一个灰色背景时，绿色神经纤维已经疲劳，不再发生反应，而红、蓝锥体细胞对白光中的红、蓝成分起反应，所以看到其补色的负后像，此负后像的颜色是红和蓝的混合色——紫红色。在灰色背景上注视白色纸片较长时间，拿走白纸，在白纸片的地方会出现较暗的负后像。

三、视觉的适应性

人的眼睛具有逐渐适应光刺激的调节功能，叫视觉适应。

（一）明适应

明适应是指人从暗处进入明处，在最初一瞬间感到炫目，什么也看不清楚，经过几秒钟视觉恢复正常的现象。明适应是人眼视觉机制由暗视系统向明视系统转移的过程，若明暗差不太大，明适应过程几乎觉察不出来。

（二）暗适应

人眼视觉的灵敏度会随着光刺激量的变化而产生改变。当人由光亮地方转到黑暗处，起初视觉感受性低，然后逐渐提高，在黑暗中视觉感受性逐渐增加的过程叫暗适应。暗适应包括两个生理过程，瞳孔大小的变化，瞳孔直径可从2mm扩大到8mm，使进入眼球的光线增加10~20倍，但这个范围是有限的。暗适应的主要机理是由中央视觉转为边缘视觉的结果。杆体细胞内有一种视紫红质，这种感光化学物质类似胶片上的感光乳剂，在曝光时便被破坏褪色。当眼睛进入黑暗中，视紫红质又重新合成而恢复紫红色。视觉的暗适应过程是与视紫红质的合成程度相适应的。在黑暗中最初15min是关键时刻，在黑暗中停留半小对，视觉感受提高十万倍，完全适应大约需40min。

（三）色彩适应

人在日光下观察物体的颜色，然后突然改在室内灯光下观察物体，开始时物体的颜色带有黄色。几分钟后，当视觉适应了灯光的颜色，室内照明趋向变白，物体的颜色也趋向恢复到日光下原来的颜色。人眼在颜色刺激的作用下所造成的颜色视觉变化叫做颜色适应。对某一颜色适应以后，再观察另一颜色时，会感觉颜色带有适应色的补色成分。例如，在一块暗背景上投射一小块黄色，看起来无疑是黄的。但当眼睛注视一大面积红色一段时间后，再看黄色，这时会呈现出绿色。继后，眼睛会从红光的刺激中恢复过来，绿色逐渐变淡，又会变成原来的黄色。

第三节　色彩的心理学基础

人们看到各种色彩，同时会在心理上引起习惯的反应。这种心理反应有时是下意识的，有的是色彩联想作用，也有传统风俗习惯造成的。不同的色彩能通过对心理的刺激产生不同的影响，如兴奋、冷静、振作、萎靡、清新、沉闷等。研究色彩与视觉心理平衡的作用，才能使色彩设计达到色彩美与实用效果的统一。

一、色彩的功能与象征

功能一词在这里可解释为使用、能量，色彩的功能是指色彩对人的眼睛及心理的作用，它包括色彩的明度、色相、纯度和它们之间的对比等对视觉的刺激作用，以及在人们心理中的各种印象、影响与象征性意义等。色彩的功能还包括因色彩间的对比、调和所产生的不同变化与效果，同一色彩及同一对比色在不同情况下可能产生的不同作用。例如，人们看到红色的鲜花，绿色的草坪，会感到是一种美的享受，精神愉快；看到满天乌云，暴风雨将至，就会感到心情压抑和紧张。色彩对人们心理上的影响，经过长期生活积累就具有一定的象征意义，并且具有感染力和表现力。现将各种色彩的功能与象征意义分述如下。

（一）红色

在可见光谱中，红色光波最长，它容易引起人们的注意、兴奋、激动、紧张，但眼睛不适应红色的刺激，不善于分辨光波波长的细微变化，因此红色很容易使视觉疲劳。

红色光由于波长最长，穿透空气时形成的折射角度小，在空气中辐射的直线距离较远，而在视网膜上形成的位置最深，给视觉以迫近感和扩张感，故称为前进色。停止、警戒信号灯大多采用红色。发光体辐射的红色光传导热能，使人感到温暖，因此给人以凡是红色都有温暖的印象，故又称为暖色。在社会生活中，不少民族把红色作为欢乐、喜庆、胜利的装饰用色，用红色作为兴奋与欢乐的象征。由于红色的注目性与美感，它在标志、旗帜、宣传等用色中占了首位，成为最有力的宣传色。挪威人、威尼斯人、新加坡人、缅甸人、共和时代的罗马人，将军凯旋服都用红色，澳大利亚土著人的成年仪式，必以红色涂身。

红色虽给人以强烈和有力、愉快和新鲜的印象和感觉，但在一般工业品中用得却较少，主要是因为红色象征着热闹、噪声，容易使人烦躁与疲劳。

（二）黄色

在可见光谱中黄的波长适中，与红色相比，眼睛要容易接受得多。早晨和傍晚的阳光、大量的人造光源所辐射的光都倾向于黄色。黄色光的光感最强，给人以光明、辉煌、灿烂、醒目、庄重、高贵、忠诚、轻快、柔和、纯净和充满希望的印象。在大自然中，如腊梅、水仙、油菜花、向日葵等都呈现出美而娇嫩的黄色。秋收时的五谷、精美的糕点，都是美丽的黄色，给人以丰硕感、甜美感、香酥感。欧洲在罗马帝国以前，一切民族皆崇尚黄色，宫殿和庙宇的色彩也用黄色，帝王及佛教僧侣都以黄色作服饰，使黄色有崇高、智慧、神圣、华贵、威严和慈善的感觉。

黄色除了明快之外，各种黄色有不容易分辨的特点。黄色物体在黄光照射下，常有失色的表现。植物呈灰黄色，往往是衰败、腐烂的表现，中国有句俗话：面黄有病。因此，黄色也有象征颓废、病态和反常的一面。

日本人经常直接使用原色的黄色作为机器罩壳的主调色，黄灰和浅奶黄常给人以高贵洁净的感觉。日本和美国在计算机和无线电专用设备的色彩设计中黄色也用得较多。

（三）橙色

橙色光的波长介于红与黄之间，色性也在两者之间，给人以温暖、光明感。桔黄色、桔红色均属橙色范畴。在自然界里，橙色或近似橙色的果实有橙、桔、菠萝及瓜类等。因此，橙色属于能引起人食欲，给人以香甜的色彩，使人感觉充足、饱满。

从橙色的个性来说，它是给人以温暖、明亮、健康、向上、兴奋、动人的色彩。由于橙色在空气中的穿透力仅次于红色，注目性也相当高，因而也被用作信号色。当减弱其饱和度或提高其明度成浅桔色时，它与深蓝色、深绿色等的对比，具有鲜明和醒目的效果。

（四）绿色

绿色光在可见光谱中波长居中，人眼对绿色光波长微小变化的分辨能力强，对绿光的反应最平静，绿光在各种高纯度的色光中，是使眼睛最能适应和最能获得休息的色光。

在自然界中，绿色是植物的颜色，也称绿色为生命色。植物的发芽、生长、成熟，每个阶段都会呈现出不同的绿色。因此，黄绿、嫩绿、淡绿、草绿等象征着春天、幼稚、活泼、成长，具有旺盛的生命力，是能表现活力与希望的色彩；艳绿、盛绿、浓绿象征夏季、成熟、健康、兴旺、发展；灰绿、土绿、褐茶色，意味着秋季，反映了收获与衰老。植物的绿，能给视觉以休息，给人以清晰的感觉，故绿色象征休息、镇定、疗养、健康与安全，所以也是旅游与疗养事业的象征色。

在各色调中，由于绿色处于中庸、平静的地位，又象征生命与希望，人们把它看成和平事业和环境保护事业的象征色。绿色是蓝、黄相混的色，所以它具有黄、蓝的某些相同的特性。绿色在机器着色中用得较多，一般可作机器的主调色，也可做面板色。如以不同的明度与纯度匹配，可以得到明快的调和色。

（五）蓝色

蓝色光的波长短于绿色光，比紫色略长一些。在空气中穿过时形成的折射角度较大，辐射的距离短，它在视网膜上成像的位置最浅，是后退的远逝色。由于蓝色很容易联想到天空、海洋、湖泊、远山、严寒，使人感觉到崇高、深远、纯洁、透明、沉静、凉爽以及冷漠等印象。当机器或设备配以蓝色调，就给人一种浩瀚之感。蓝、白二色对比可作为冷冻食品的标志色。作为安全色，蓝色有指令、必须遵守规定的含义。

（六）紫色

在可见光谱中，紫色光的波长最短。因此，眼睛对紫色光细微变化的分辨力较弱，容易感到疲劳。紫色光不导热，也不照明，眼睛对紫色光知觉度最低。纯度最高的紫色同时又是明度很低的色。灰暗的紫色，容易造成心理上的忧郁、痛苦和不安。不少民族都把它看作消极与不祥的颜色。但是高明度紫色好像天上的霞光、原野上的鲜花，又使人感到美好和兴奋。

色彩设计中，大面积的紫色会产生威胁感，令人不安，给人留下不好的印象，而小面积的紫色调有时会收到较好的效果。黄与紫的对比含有神秘性、压迫性和刺激性。

（七）白色

白色是全部可见光均匀混合而成的，称为全色光，是光明的象征。白色给人以明亮、干净、清洁、卫生、坦率、朴素、畅快、纯洁的感觉，但有单调感。

物体之所以呈现出白色，是因为它的反射率高，又反射全色光的缘故。白是冰雪的色，白云的色，使人感觉寒凉、轻盈、单薄和爽快。在医疗卫生事业中，广泛应用白色或接近白色的素淡色，所以白色已成为卫生事业的象征色。我国在举办丧事时有戴白花，挂白色挽联，送白花圈的习俗，表示对死者的尊重、哀悼和缅怀。由于白色与丧事的习惯相联系，因而有哀伤不祥的感觉，也象征着凄凉与虚无。然而在欧美各国，白色是结婚礼服的色彩，表示爱情的纯洁与坚贞。

在医用仪器、医疗设备、冷藏设备、电冰箱的主色调中，多用乳白色、鱼肚白、珍珠白或以蓝和白、绿和白、黑和白等相调配。

（八）黑色

黑色即无光，是无彩之色。光照弱或物体反射光的能力弱，物体表面往往呈现出相对黑暗的面貌。黑色对人们的心理影响有消极的方面，例如，漆黑之夜或漆黑的地方会使人迷失方向和感到阴森、恐怖、烦恼、忧伤、消极、悲哀、沉默、肃穆、神秘，甚至死亡的印象。另一方面，黑色又使人得到休息、安静、深思、庄重、严肃大方、坚毅的感觉，并有耐脏的特点。

如果将黑色与其他色彩组合匹配，只要在面积和位置上处理恰当，是很生动有分量的对比。同时黑色也是极好的衬托色，可以充分显示其他颜色的光感和色感。如以黑白两个极色组合时，光感最强，最朴实，对比分明。用黑色底板配以白色或红色的字符，看起来十分醒目。黑色的轮胎配以白色的轮辋，使车辆显得洁净，具有速度感。高级化妆品包装盒采用黑色显得尤为高雅。

（九）灰色

灰色的原意是灰尘的色。从光学上看，它介于白和黑之间，属于中等明度、无彩度的色。从生理上分析，它对眼睛的刺激适中，既不刺目，也不暗淡，属于视觉最不容易感到疲劳的颜色。因此，视觉上以及心理上对它的反应平淡、乏味，具有休息、抑制、柔和、安静、朴素、大方、严肃的感觉。但也会使人产生枯燥、单调、没有兴趣，甚至沉闷、寂寞等印象。

灰色是复杂的色，它可以调配成各种倾向性的灰色调，如黄灰、红灰、蓝灰、驼灰、紫灰以及明度高的银灰，明度低的深灰与铁灰，中等明度的中灰等，它能与任何色起调和作用。含有某种色彩倾向的灰色给人以高雅、精致、含蓄、耐人寻味的感觉，因而具有较高的审美价值，在电子设备中，常用来作主调色。

（十）土色

土色是指土红、土黄、赭石、熟褐一类在可见光谱上没有的混合色。它们是泥土的颜色，因此显得深厚、稳定、沉着、寂寞。它也是动物皮毛的色，具有厚实、温暖的特点。土色还是很多植物的果料与块茎的颜色，有充实、饱满、肥美的印象，使人有朴素、实惠和不哗众取宠的感觉。

在机器配色中，也有用不同明度的赭石或熟褐的色彩。如在熟褐色中混入少量土黄或土红作为基调，然后再在此色中混入较多的白色，选其明度差相近的，即为近似调和；如选其明度差相隔较大的，即为同类色中的对比色。这种色调具有沉着、稳定的感觉，也不刺目。

（十一）光泽色

光泽色是反光能力很强的物体色，属非色彩，主要指金、银、铜、铬、不锈钢、铝、塑料、有机玻璃、玻璃等的表面色。它能给人以辉煌、珍贵、华丽、高雅、活跃的印象。塑料、有机玻璃、电化铝等给人以时髦、讲究，有现代化的印象，它们属于装饰功能与适用功能都很强的色。

金、银色在产品造型中用于美化控制、操作件、商标、铭牌等，或在机罩某一结合部分进行线面分割的饰条。从实用效果上分类，有高光型和亚光型。在工业产品中广泛用来装饰和点缀产品，但过多采用金、银色装饰件，由于这些材料反光敏锐、亮度较高，因此对人刺激太大，也是不恰当和不经济的。而在室内装潢和现代包装中是不可缺少的，在店面装潢中，为显示豪华气派，常大量采用金、银色的材料，金、银色是高级华丽的色彩，它属于中性色，能和任何色调配合。

还有一种砂面处理，这是通过机械化学处理的方法，使其达到均匀的亚光砂面效果，表面均匀、细腻，有一定程度的抗划伤能力和良好的印刷性能。适当地采用高光与亚光相结合的手法，就会构成同种材料因色泽不同而形成的装饰美，这是某些仪器仪表产品设计中常用的方法。

二、色彩的感觉

（一）冷暖感觉

人们看到橙色，常常会联想起火与温暖的阳光，有热的感觉；看到白色、青色，会联想到冰与雪，有冷的感觉。人对色彩所传递的冷暖主观感觉相差3～4℃。相同的两个房间，一间刷成蓝绿色，一间刷成红橙色，就会感到蓝绿色的房间似乎温度低些，红橙色的房间温度高些。其原因是色彩对人的刺激，与血液循环的调节已建立了一个信号系统，每当看到蓝绿色时，血液循环就会减弱，而看到红橙色时，血液循环就加剧。图4-5是由十个色相围成的色环，由红紫到黄绿都是暖色，以橙色最暖。由蓝绿到蓝紫都是冷色，以蓝色最冷。紫色是由暖色的红与冷色的蓝混合而成的，所以称为中性色。绿色是黄（暖色）和蓝（冷色）混合而成的，所以也称为中性色。黑、白、灰、金、银等光泽色既不是暖色，也不是冷色，亦属中性色。

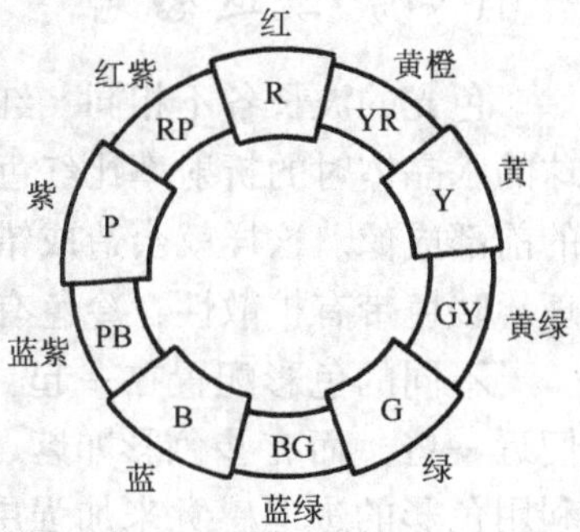

图4-5　色环的十个区位

色感的冷暖又是相对的。同一色彩如带有红、橙味，就倾向于暖色；如带有蓝、蓝绿、蓝紫味，就倾向于冷色。红紫是暖色，蓝紫则是冷色；黄绿是暖色，蓝绿则是冷色。

红紫和蓝绿相比，红紫较暖，蓝绿较冷；蓝绿和蓝对比时，蓝绿较暖，但蓝绿和绿对比时，蓝绿又较冷。颜料中群青和普蓝相比，群青带红味，比普蓝更暖些，但群青和红紫比较，群青又较冷。朱红和玫瑰红相比，朱红接近橙色，玫瑰红接近紫色，朱红比玫瑰红要暖些。灰色加一点暖色，就成为暖灰；加一点冷色，就成为冷灰。另外，在色彩中混入白色会倾向冷，加黑色会倾向暖。

（二）面积感觉

在计算发光能力和反射能力时，常用光通量来度量，光通量就是在单位面积内通过光线的多少。也就是说，单位面积内通过光线越多，光感越强。色彩是不同波长的光，由于波长不一、强弱不一，要保持等量光通过，则面积不同。基于这个原理，色彩在人们心理中造成不同色感，便有不同的面积感觉，即光作用于眼睛，转化为色时，面积成为色彩不可缺少的因素，人能感觉的色彩，肯定具有一定的面积，是两者互为存在的条件。

明度不一样，表现的面积就不同。色彩之间，明度大的，则表现为面积大，明度低的，则表现为面积小。如红、橙、黄、绿、蓝、紫诸色，在相同面积时，则使人感到似乎黄色面积最大，紫色面积最小，红和蓝面积近似相等。同一色相，不同明度，由于主观感觉，高明度的面积大，低明度的面积小。如黑、白二色，则似乎黑色面积小，白色面积大。浓、淡色并列，则似乎浓色面积小，淡色面积大。

（三）质地感觉

任何一种物体，其表面总会体现出它特定的质感和大致的色彩。经过长期的实践，人们将一定的色彩与质感联系起来，看到某一种色彩，就有一种相对固定的物质概念。如黄金、白银的光色显得高级华丽，木材的质地、纹理、光色显得朴素，塑料质地细密、光滑。前述是材料的本身质感，但在配色应用中，人们取材于自然，模仿自然，常用色彩来表现不同的质地感觉。在包装装潢中，常用金色、电化铝等来表现金色质地感觉。

色彩的质地感觉与色调、明度、纯度有着密切的关系。暗、重、强的色给人粗糙、淳朴感，如黑、驼灰、熟褐、深蓝等。轻、明、弱的色给人细润、丰满感，如牙黄、淡白灰、粉红、绿黄等。色彩的这种质地感觉和现代化的工艺措施有机地结合，能表现出无穷的趣味。如利用黑色的淳朴感和无光塑料或发泡漆的有机结合，能得到逼真的皮革质感；利用浅黄、熟褐可得细润和含蓄的感觉；在纸板上喷涂后，进行拔丝工艺处理，能得到不同木纹质感；铝板经喷砂处理，氧化后着色处理，能得到细腻的塑料质感。色彩和工艺结合，用以表现自然界天然质感，有着广阔的前景。

（四）进退感觉

色光的波长各不相同，红色的波长最长，紫色的波长最短。因此，紫色光线通过人眼球的水晶体时的折射率比红色光线大，红色光线在视网膜的后部成像，紫色光线在视网膜的前部成像。这样就会造成错觉，即波长长的暖色有前进感，波长短的冷色有后退感。同理，暖色带有扩散性，冷色有收敛性（缩小感）。

不同的色彩配置在一起，总感觉有些色彩如红、黄、橙在往前跑，它们的位置离我们近一些。而有些色彩如紫、绿、蓝则向后退，使人感到离我们远一些。配色中，可以利用色彩的进退感觉来加强层次的变化，从而产生凸凹感，使造型形象更为丰富。例如，利用深色在白色的对比下有收缩、后退感的特性，用窄的深色带来加强平面凸凹层次效果。

（五）轻重感觉

轻重是物体的物理量，而物体表面的色彩则在一定程度上给人造成心理上的量感。

（1）轻　在生活中，空气、棉花、雪花、纱巾等给人以轻的感觉。从色彩来说，如浅蓝、粉紫、雪白、淡黄等一类明度高、色相冷的色彩，能使人联想到轻。

（2）重　常见的钢铁、岩石、体积大而重的物体，容易给人以重的感觉。在色彩中，如黑色，明度低的色，表面粗糙的颜色，容易使人有重的感觉。

在产品造型设计中，一般宜上部用明度、纯度略高，而下部用明度、纯度较低的色彩，使产品显得稳定。色彩明度、纯度恰当的上下反置，又可造成视觉的轻巧感。但要注意防止失当而造成头重脚轻的不稳定感觉。对于吊灯、吊扇等则宜用轻感的色彩，以显得灵活、轻盈和高雅。

（六）软硬感觉

软硬是物体质感的一种表现，它与物体的形状、表面质地有关，同时它的色彩也体现出软硬感觉，这主要与色彩的明度与纯度有关。

（1）软　它与轻的关系有所呼应。软的物体形状多曲线或有弹性，欲表现软，色彩变化应柔和，对比度小，一般采用中等纯度和高明度的色彩，如淡黄、嫩绿或淡灰色。

（2）硬　它与重密切相关。一般硬的物体外形多直线或折线，欲表现硬，色彩一般以单一的灰暗色。白色和黑色有坚硬感。

（七）味觉

日常生活中，食品的色、香、味给人们留下了深刻的印象，新鲜的食品和鲜艳的色彩能大大促进人的食欲。由于生活经验的积累，人们自然地将色彩与味觉之间建立了联系。

黄色使人联想起香酥的饼干与糕点。西瓜瓤大都呈红色，因此红色使人有甜的感觉。柑桔的橙色使人有酸甜的感觉。

红、蓝、青、赤色给人有辣的感觉，这与日常所见的辣椒颜色是分不开的。

紫、青颜色使人有苦的感觉。

黑、蓝、棕色有苦的感觉（彩图11）。

由于色彩与味觉有一定的联系，包装设计中都将色彩设计作为重要内容加以研究，药品包装用色，除一些补益药品用暖色外，其他的药品常用蓝、绿、黄色，尤其是止痛、退热、止血、镇静类的药品，其目的是使患者的心理感应与药品功能取得一致的效果。而食品包装更与色彩有紧密的联系。

（八）情感

（1）欢乐与忧郁感　与明度、纯度均有关。凡明度高而鲜艳的色彩有欢乐感，色调对比强烈也有这种效果。凡深暗而浑浊的色具有忧郁感，色调暗且对比弱的配色易产生这种效果。

（2）兴奋与沉静感　与色相、明度、纯度都有关，尤其纯度的影响最大。在色相方面，凡是偏红、橙的暖色调具有兴奋感，凡是偏蓝青的冷色调具有沉静感。在明度方面，明度高的色具有兴奋感，明度低的色具有沉静感。在纯度方面，纯度高的色具有兴奋感，纯度低的色具有沉静感。因此，暖色系中明度高而鲜艳的色具有兴奋感，冷色系中深暗而浑浊的色具有沉静感。强对比色调具有兴奋感，弱对比色调具有沉静感。

（九）华丽与朴素

这是配色中的一种情调，给人以不同的感觉。色彩的华丽、朴素感与纯度关系最大，其次与明度也有关，凡是鲜艳而明亮的色具有华丽感，凡是混浊而深暗的色具有朴素感，彩色具有华丽感，无彩色具有朴素感。色相对比强烈的配色具有华丽感，其中以互补色相配最好。强对比色调具有华丽感，弱对比色调具有朴素感。

（十）季节感

大自然中一年四季的变化，除了温度高低和雨水多少之外，色彩的变化更是丰富多彩。夏天炽热的阳光和冬日的冰雪给人以深刻的印象，特别是植物茎叶的色彩变化极为明显，因而不同的色彩组合就反映出不同的季节。

绿、黄绿、黄、粉红、淡紫等色组成春季的色调。

浓绿、大红、橙、赭、深蓝等色组成夏季的色调。

墨绿、紫、黄褐、棕、赭、橙黄等色组成秋季的色调。

白、蓝、天蓝、淡紫、黑等色可组成冬季的色调（彩图12）。

三、色彩心理与年龄的关系

根据实验心理学的研究，人类随着年龄的变化，生理情况有所不同，因色彩影响而产生的心理影响也随之而有差异。儿童大多喜欢鲜明的颜色，红和黄两色就是一般婴儿的癖好。四岁至九岁的儿童最爱红色，九岁以上的儿童最爱绿色。如果要求七至十五岁的小学生把黑、白、蓝、黄、绿六种颜色按照癖好列出次序的话，男生的平均次序为绿、红、蓝、黄、白、黑；女生的平均次序为绿、红、白、蓝、黄、黑。绿与红为共同喜爱之色。黑普遍不受欢迎。婴儿时期的颜色偏爱可以说全是由生理作用引起的，年龄渐长，联想作用便掺入进来，生活在乡村的儿童较爱绿色，部分原因就是绿色和草木植物的联想。女孩比男孩较爱白色也是由于白色容易与清洁发生联想。到青年和老年时期，由于生活经验的丰富，色彩的偏爱来自于联想的就更多了。青年喜欢时尚的色彩，中老年喜欢含蓄稳重的色彩。

四、色彩心理与社会心理

不同的时代，由于社会制度、思想意识、物质财富、生活方式等方面的不同，人们的审美意识、审美情趣、审美理想、审美感觉是不同的，色彩心理随着时代的变化而变化。在过去的时代认为不和谐的配色在现代可能被认为是新颖的美的配色，这种所谓反传统的配色例子很多。

一个时期的色彩审美心理受社会心理的影响很大，所谓“流行色”往往就是社会心理的产物。时代的潮流，现代科技的新成果，新的艺术流派的产生，甚至自然界某种现象所引起的社会心理都可能对色彩心理发生作用。

在战争动乱年代，存在着生存危机，心里惶恐不安，阴暗的心理使人们努力把自己隐蔽起来，尽量少出头露面，因此黑色调得到流行，而在和平富足的年代，人人都十分高兴，要张扬个人性情，就喜欢五彩缤纷的色彩。

五、色彩心理的个人差异

对色彩的爱好不仅因年龄、性别、种族、地区而异，就是同一年龄、性别、种族、地区的人也会因性格、境遇、气质以及生活经历不同而有所别。如《红楼梦》中，王熙凤是“彩绣辉煌”，林黛玉却是“亭亭玉树临风立”。

不同气质的人具有不同的心理特征，他们对事物的态度、反应的情绪是不一样的，对色彩的感受也不一样。有的人看色彩，只有“纯”与“不纯”之分，缺乏欣赏力；有的人偏重于生理上的影响，只注意颜色是否悦目。大部分的人看到某种色彩，往往会立刻联想到某种事物。色彩的联想与观者的生活经历、知识修养直接有关。一般来说，幼儿、少年偏于对周围的动植物、食品、玩具、服饰品等具体事物的联想，成年人较多地联想到社会生活实践中的抽象概念。以联想去评价色彩的人，是以自己的心灵去感受色彩的。某一种色彩或色调的出现，往往会引起他们对生活的美好联想和感情上的共鸣。可见，色彩的感情是通过形象思维产生的心理作用。

六、不同国家、地区、民族对色彩的喜恶

各个国家和地区的人们，因其时代、地理环境、民族、文化教育、风俗习惯、宗教信仰的不同，对色彩的喜恶和象征含义亦有所不同。比如，中、美两国在安全标志色彩的应用上就有差异。人行横道线两端的信号灯，在中国红灯表示禁止通行，绿灯表示可以通行；而在夏威夷地区熄灯表示禁止通过，白灯表示可以通过，红灯表示即将熄灯，催促行人赶快通过。因此设计者必须了解不同国家、地区、民族对色彩害恶爱好，以便做到有的放矢，为使用者设计出他们所喜爱的色彩。

即使是同一地区、同一民族在不同的环境条件下生活，色彩的喜爱也会有所区别。就我国的农村与城市而言：农村，特别是北方农村由于气候条件的影响，风沙多，室内采光比较灰暗等原因，农民一般喜爱装饰鲜明的色彩，所谓颜色要“足”，红一定要红“透”，绿也一定要绿“透”；而城市建筑采光条件较好，但居住面积小，加上人口密集，噪声较大，紧张的工作容易使人产生疲劳，因此室内装饰除小件摆设色彩比较鲜明以外，一般讲究文静、雅致、舒适。

我国是一个国土辽阔、民族众多的国家，对色彩的喜爱也有差别，表 4-1 列出了我国不同地区与民族对色彩的喜恶。

表 4-1 我国不同地区与民族对色彩的喜爱和禁忌

地区和民族	喜爱的颜色	忌用的色彩	地区和民族	喜爱的颜色	忌用的色彩
北方	深重稳定的色彩		回族	黑、白、蓝、红、绿	
南方	素雅明快的色彩		藏族	黑、红、桔黄、紫、白	浅黄、绿
城市	淡雅、清晰、调和的色彩		苗族	青、深蓝、墨绿、黑、棕色	黄、白、朱红
农村	浓艳、对比强烈的色彩		维吾尔族	红、绿、粉红、玫瑰红、紫红、青、白	黄
汉族	红、金色、黑、白		朝鲜族	白、粉红、粉绿、淡黄	
蒙古族	桔黄、蓝、绿、紫红	黑、白	满族	黄、紫、红、蓝	白

美国大学生偏爱白、红、黄三色；英国男子爱好的颜色依次为蓝、绿、红、白、黄、黑，女子的次序为绿、蓝、白、红、黄、黑。在中国和东方民族红色是喜庆、热烈、幸福的象征色，是传统的节日颜色。绿色在信奉伊斯兰教的国家是最受欢迎的颜色，认为是生命之色，可是在有些西方国家却认为绿色含有嫉妒的意思。黄色在中国封建社会里为帝王所专用，普通老百姓是不准使用的。在古代罗马，黄色也作为帝王的颜色而受到尊重。在西欧地区，大都流行米咖色调的服色，这显然与欧洲民族的肤色、发色有关。

有的色彩学家还认为，色彩心理还与地区有关，处于南半球的人容易接受自然的变化，喜欢强烈的鲜明色，处于北半球的人对自然的变化感觉比较迟钝，喜欢柔和暗淡的色调。意大利有位学者在欧洲地区曾经作过日光测定，结果发现北欧阳光接近于发蓝的日光灯色，处于南欧的意大利的阳光偏于发黄的灯光色。人们长期习惯在一种光源下生活，就产生习惯性的适应与爱好。意大利人喜欢黄、红等暖色调，北欧人喜欢蓝、绿色，这和意大利的阳光偏黄橙色、北欧的阳光偏蓝绿色有关。类似的还有美国旧金山太平洋沿岸地区喜欢鲜明的色彩，以纽约为中心的大西洋沿岸城市喜欢淡色。

第四节　色彩体系

为了在丰富的色彩世界里对色彩加以区别，人们常给不同的色彩以不同的名称。除了红、黄、蓝等大的色彩概念外，还有朱红、脂红、大红、柠檬黄、藤黄、铬黄、普鲁士蓝、孔雀蓝等名称，或者加上深、浅的概念。尽管如此，在千变万化的色彩中，以上这些对色彩的称谓是远远不够的，而且是似是而非的，特别是在大规模的工业生产领域里更是如此。同名称的颜色，在不同工厂生产出来，颜色都不同，甚至同一工厂、不同时期生产的同一名称的颜色有时也不尽相同。出现这一现象，一方面是人眼睛的构造，在记忆中无法区分色彩的细微差别；另一方面是缺乏对色彩的科学管理。为了在生产和使用中正确地表示所使用的颜色，需要有一个科学的表示方法，目前常用的有三类表示方法：色名体系、CIE 色度学系统和色立体表色体系。

一、色名体系

这是一种用色名来表示颜色的方法，它对色彩用了范围较宽的划分，虽然准确度差，但根据色名来想象大体的色相却比较方便，这种方法有它的局限性，各国在命名方面都有差别，现介绍有代表性的日本工业标准 JISZ 8102（1985 年颁布）的规定。

无彩色的基本色名：白、浅灰色、灰色、深灰色、黑。

有彩色的基本色名：红、橙、黄、黄绿、绿、蓝绿、蓝、蓝紫、紫、紫红。

有彩色的明度及纯度的修饰词：极淡、浅灰、灰、深灰、极深、淡、浅黑、暗、鲜艳、鲜明、深。

色相的修饰词：黄味的、绿味的、红味的、蓝味的、紫味的。

颜色命名的顺序，一般是按色相修饰词、明度及纯度的修饰词、基本色名次序排列，即色相修饰词 + 明度及纯度的修饰词 + 基本色名。

例如：蓝味的 + 淡 + 紫色；绿味的 + 灰 + 紫色；或鲜明的 + 黄色；极淡的 + 茶色。

用上述方法可表示 300 ~ 500 种颜色，但需注意的是色相修饰词不能修饰相同色相的基本色名，如不能用绿味的绿色，黄味的黄色等。

在纺织印染、印刷、油漆、颜料、建筑、装饰、装潢材料等领域，由于使用的环境不同，往往希望在短时间内迅速而直观地分辨或表示一系列的颜色，在分辨率上也不要求精确到几个纳米范围之内，就采用色名法来表示。国内某些行业也采用色品和色卡来表示颜色，相应地制定了一些标准。

国家标准 GB/T 3181—2008《漆膜颜色标准》，规定了色漆漆膜的颜色标准色卡及使用方法，它适用于色漆生产和使用部门，在配制和选择色漆的颜色时使用，其目的是统一相同色名的色漆产品的颜色。

该标准样本包括了目前经常使用和生产的主要色漆产品的颜色，它由 51 种颜色组成，样本中列出了漆膜颜色标准的编号与色名。同时还提供了每种色漆颜色的标准色卡，每块色卡面积为 $18\times70mm^2$。对于色漆颜色的辨别，标准规定采用待试样板与色差板在自然日光下进行目视比色的方法。由此可见，对色漆颜色分辨精度要求是较低的。

国家标准 GB/T 3182—1995《颜色分类、命名和型号》规定了颜色的分类、命名、型号的原则、方法与管理办法。该标准将颜料分为无机颜料和有机颜料两大体系。无机颜料按现有的颜色与特性分为 12 类，并以两个相应的汉语拼音表示，见表 4-2。

表 4-2　无机颜料颜色与特性标志

颜色	红	橙	黄	绿	蓝	紫色	棕	黑	白	金属	发光	体质
标志	Ho	Ch	Hu	Lu	La	Zi	Zo	He	Ba	Js	Fg	Tz

有机颜料按现有的颜色与特性分为 9 类，并以两个相应的汉语拼音字母表示，见表4-3。

表 4-3　有机颜料颜色与特性标志

颜色	红	橙	黄	绿	蓝	紫	棕	黑	发光
标志	Ho	Ch	Hu	Lu	La	Zi	Zo	He	Fg

颜料的命名基本上是沿用国内现行的习惯名称，同时也采用部分国际通用名称。

纺织印染工业中，各大集团公司和一些研究单位也经常向生产和营销单位提供织物的印染色卡，起市场导向作用。装饰用色纸的颜色也用色卡来表示，以便于生产和营销。

二、CIE1931 标准色度学系统

这是国际照明委员会（简称 CIE）所规定的标准色度学系统，此系统以基本视觉实验数据为基础。这种色光混合的实验装置如图 4-6 所示。光源 S_1、S_2、S_3 发出的光分别经过滤色片和透镜形成三种颜色的平行光，投射到屏幕 S 的同一位置，通过小孔 P 可以观察到所形成光斑的中央部分。当分别打开光源 S_1、S_2 和 S_3 时，则可看到三种不同的颜色，这是三种色光分别单独作用于人眼形成刺激而产生的颜色感觉。改变各光源发出色光的强度，或改变其组合，从小孔就可看到光斑上呈现出各种不同的颜色。实验表明：不同色光可以相互混合，混合色光与原色光的颜色不同。混合色光在人视网膜上形成的刺激等于各色光单独作用形成的刺激之和。三原色的色光红（R）、绿（G）、蓝（B）可以匹配出所有各种

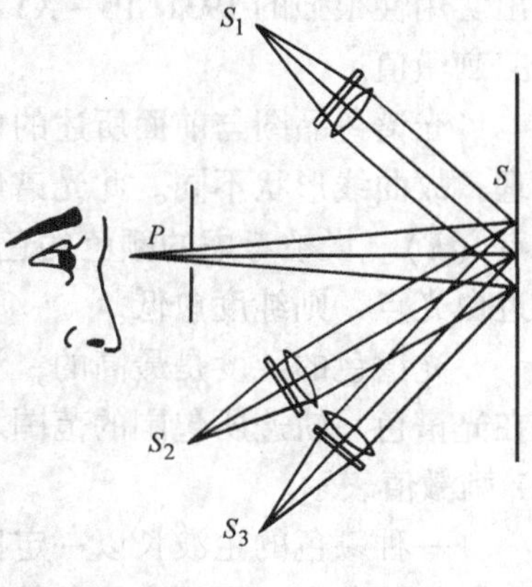

图 4-6　色光混合实验示意图

颜色。

色度学中是用三原色的量来表示颜色的。匹配某种颜色所需的三原色的量，称为颜色的三刺激值。三刺激值是用色度学的单位度量，具体规定为：在 380 ~ 780nm 的波长范围内，各种波长的辐射能量均相等时，称为等能光谱色，由其构成的白光称等能白光。等能白光的三刺激值是相等的，且均定为 1 个单位。三原色确定后，一种颜色的三刺激值是唯一的，因此，可以用三刺激值表示颜色。但由于准确测量三刺激值存在着技术上的困难，故通常不直接用其表示颜色，而是用已在三刺激值总和中所占的比例来表示颜色。这三个比例值叫做色品坐标。假定颜色的三刺激值分别为 R、G、B，色品坐标为 r、g、b，则

$$\left.\begin{aligned} r &= \frac{R}{R+G+B} \\ g &= \frac{G}{R+G+B} \\ b &= \frac{B}{R+G+B} \end{aligned}\right\}$$

因此有 $r+g+b=1$。

在平面直角坐标系中，横坐标表示 r，纵坐标表示 g，则平面上任一点都有一个确定的 r、g 和 $1-r-g=b$ 值，这样一个表示颜色的平面称为色品图。在图上有三个特殊的色品点

$$r = 1, g = b = 0$$
$$g = 1, r = b = 0$$
$$b = 1, r = g = 0$$

它们是三原色的三个色品点。此三点的连线构成一个三角形，三角形内任一点的色品坐标代表三原色所产生的颜色（图 4-7）。

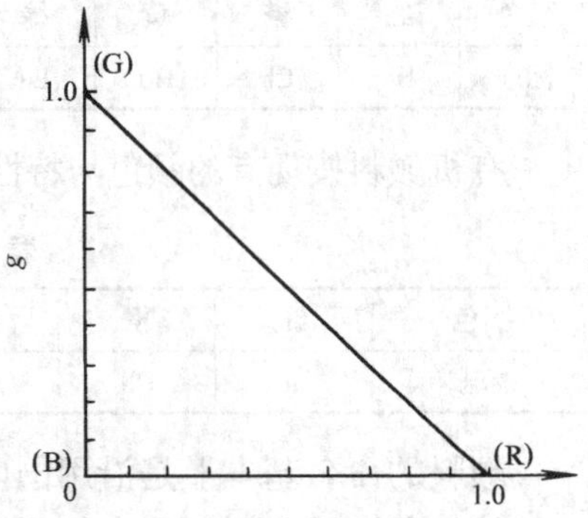

图 4-7　三原色的色品坐标

为了统一颜色的表示方法和测量条件，国际照明委员会在 1931 年同时推荐了两套色度学系统来表示色彩体系：1931 年 CIE - RGB 系统和 1931 年 CIE - XYZ 系统。这里将实用性较广的 1931CIE - XYZ 系统简要介绍如下：

国际照明委员会规定该系统用红（R）($\lambda = 700$nm)、绿（G）($\lambda = 546.1$nm)、蓝（B）($\lambda = 435.8$nm) 三种光谱色为三原色，因此三原色匹配等能白光的三刺激值相等。使用物理光学仪器，以大量实验测定的光谱三刺激值数据为基础，并通过数学上的坐标变换处理，得出实用性很强的 1931CIE - XYZ 系统的色品图（图 4-8）和 CIE1931 标准色度观察者光谱三刺激值。

光谱色品图与前面所述的色品坐标是相同的，为了实用，仅作了数学上线性变换的处理，故曲线形状不同。此光谱色品轨迹是一条马蹄形曲线，等能白光色品点为颜色的参考点（E）。设被考虑的颜色的色品点 M，它越接近光谱色品曲线，其颜色纯度越高；越接近白光点，则纯度愈低。

光谱色的纯度是最高的，没有比光谱色纯度更高的颜色，实际存在的颜色的色品点均在光谱色品轨迹所包围的范围之内。在 1931CIE - XYZ 色品图系统中，颜色的明度完全由 Y 刺激值表示。

一种颜色的主波长以一定比例与参考白光相混合匹配出该颜色的光谱色的波长，对于相同的颜色在不同明度的条件下，主波长稍有不同。可以说主波长和颜色的色相在一定条件下是相对应的，颜色的主波长可以从色品图中求出，在色品图上找到该色的色品点 M

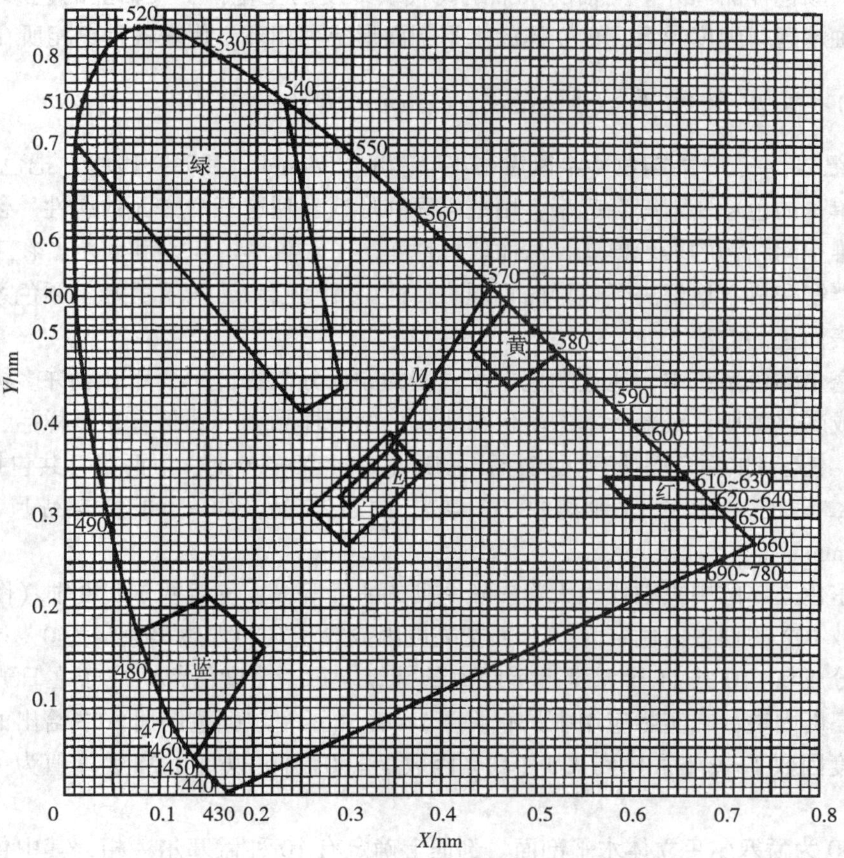

图 4-8　1931CIE－XYZ 色品图

和参考白光的色品点 E，连接 E 和 M，并延长与光谱轨迹相交，交点对应的波长就是该颜色的主波长。颜色纯度表示颜色接近主波长光谱色的程度，它也可从色品图上由几何作图法计算出来。

色品图还能表示两种颜色的混合。两种颜色的混合色的色品点应在两颜色色品点的连线上，具体位置可根据两种颜色的三刺激值用求重心的方法确定。两种颜色混合成白色，这两种颜色即为互补色。在色品图上，两互补色色品点的连线一定通过参考白色的色品点 E。用三刺激值来表示颜色是比较客观而精确的方法，在科学研究与工业技术上被普遍使用。

我国的国家标准 GB/T 3977—2008《颜色的表示方法》。该标准采用国际照明委员会（CIE）推荐的 XYZ 标准色度系统和 $X_{10}Y_{10}Z_{10}$ 补充标准色系统的数据。

国家标准 GB/T 3979—2008《物体色的测量方法》。规定了测量物体颜色应用光谱光度测色法或刺激值直读法。

运用上述国家标准，使用光学仪器可准确地测定并表示出颜色的色品数据，在化工、电子和光学仪器等科技和工业部门已采用这种方法来分辨和表示颜色。

三、色立体表色体系

色立体表色体系是将色彩的三要素色相、明度、纯度合理地配置成三维立体的形状，称其为色立体。色立体的中央垂直轴采用非彩色白、黑系列的明度等级，白色在顶部，黑色在底部。颜色样品离开中央轴的水平距离代表纯度的变化，中央轴上的色彩纯度为零，离开中央轴越远，纯度越大。色立体的水平剖面形成色相环，代表各种色相所在的位置。

（一）孟塞尔色系（Munsell Colour System）

20 世纪 20 年代，美国色彩学家孟塞尔（Albert. Munell，1858—1918）把色相、明度、纯度这些单一的色彩要素综合起来，用数码序列形式表现这三个方面的属性，创造了近于球状的三维空间结构的表现模式，从而较好地解决了对色彩的识别和表示，在工业生产领域里较为严密和科学地解决了色彩的管理。目前国际上已广泛采用孟塞尔颜色系统作为分类和标定表面色的方法。

在孟塞尔颜色系统中，通过颜色立体模型的颜色分类法，用纸片制成许多标准颜色样品，汇编成颜色图册。最新版本的颜色图册包括两套样品，一套是有光泽样品，一套是无光泽样品。《孟塞尔颜色图册》无光泽样品版（1974 年）分上、下两册，共包括 1 450 块颜色样品，附有一套由白到黑共 37 块中性色样品，每一颜色样品尺寸大约是 18mm×21mm。

孟塞尔色立体的中央轴代表无彩白黑系列的明度等级，称孟塞尔明度轴（图 4-9）。它把亮度因数 102 的理想白色定为 10，而把亮度因数等于 0 的理想黑色定为 0，这样孟塞尔明度值共分成 0～10 共 11 个感觉上等距离的等级。每一明度值都对应于在日光下颜色样品的一定亮度因数，在实际应用中只有明度 1～9。《孟塞尔颜色图册》中给出的明度值从 1.75（亮度因数 $Y=2.5\%$）到 9.5（高亮因数 $Y=90\%$），以每 0.25 明度值为一级的中性色样品。

图 4-10 为孟塞尔色立体水平剖面。剖面上确定有 10 种孟塞尔色相，其中包括 5 种主要色相红（R）、黄（Y）、绿（G）、蓝（B）、紫（P），5 种中间色相黄红（YR）、绿黄（GY）、蓝绿（BG）、蓝紫（PB）、红紫（RP），构成了十个色相的色环。为了对色相作更细的划分，在各点之间的区段内，对每种色相都给出 2.5、5、7.5、10 四个色相等级，构成 40 个分级，即为孟塞尔色环的全貌。

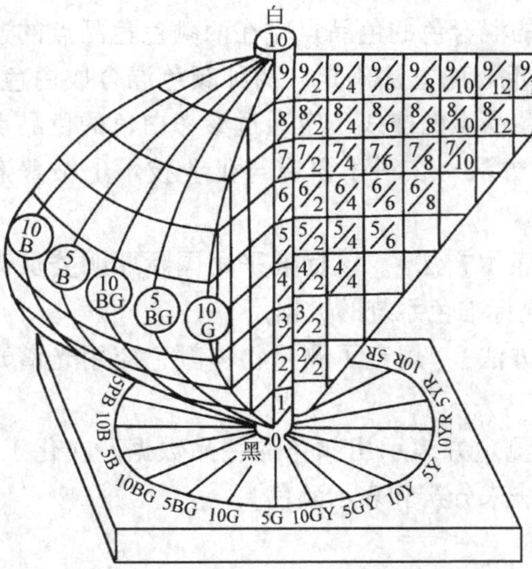

图 4-9　孟塞尔色立体示意图

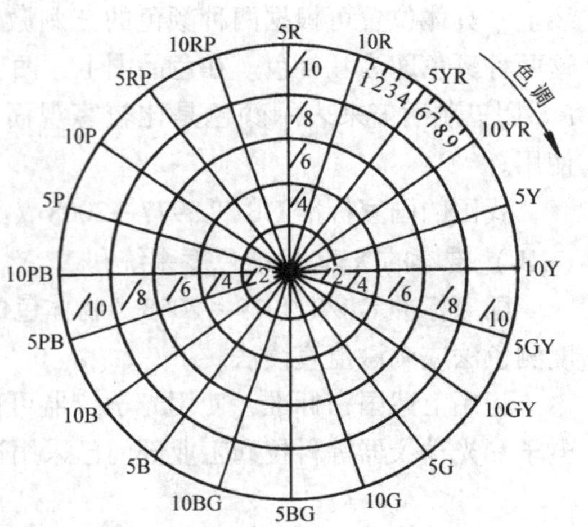

图 4-10　孟塞尔色立体水平剖面

一块颜色样品离开中央轴的水平距离表示其离开中性灰的程度。纯度也分成许多视觉上等差的级别，各种颜色的最大纯度是不一样的，个别颜色的纯度可达 14。表 4-4 列出了各种颜色所能达到的最高纯度。

表 4-4 孟塞尔色系中各种色相的最高纯度

色相	明度	纯度	色相	明度	纯度
红 5R	4	14	蓝绿 5BG	5	6
黄 5Y	6	12	蓝 5B	4	8
橙 5YR	8	12	蓝紫 5PG	3	12
绿黄 5GY	7	10	紫 5P	4	12
绿 5G	5	8	红紫 5RP	4	12

任何颜色都可以用色立体上的色相、明度值和纯度这三项坐标进行标定，并给予一定的标号。标定的方法是先写出色相 *H*，然后写明度值 *V*，在斜线后为纯度 *C*（即：*HV/C*）。例如一个 10Y8/12 标号的颜色，它的色相是黄（Y）与绿黄（GY）的中间色，明度值是 8，纯度是 12。同时，从这个标号可知，该颜色是比较明亮，具有高纯度的颜色。

对非彩色的白黑系列中性色用 *N* 表示，在 *N* 后面给出明度值 *V*，斜线后面不写纯度（即：*NV/*）。例如明度值等于 5 的灰写作 *N*5/。对于纯度低于 0.3 的黑、灰、白色通常标定为中性。

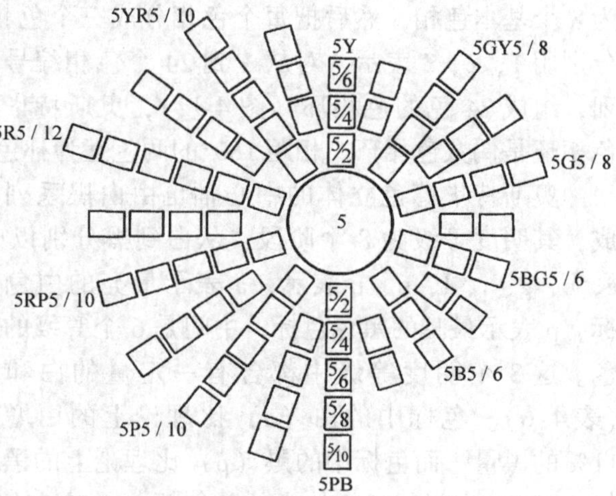

图 4-11 孟塞尔色立体中明度 5 的水平剖面

图 4-11 为垂直于明度轴的平面剖切色立体而得到的明度 5 的不同纯度的各种色彩。图中标出了明度 5，纯度最高的各种色彩名称。

在《孟塞尔颜色图册》中，颜色立体各色相的垂直剖面的颜色样品列入图册的一页，全图册共 40 页，每页包括同一色相的不同明度值和不同纯度的样品。

不同色相的光源及物体颜色，所能达到的纯度是不同的，孟塞尔色系中各色相与明度、纯度的对应关系见表 4-5。

表 4-5 孟塞尔色系中各色相与明度、纯度的对应关系

H	*V*						
	2	3	4	5	6	7	8
5R	6	10	14	12	10	8	4
5YR	2	4	3	10	12	10	4
5Y	2	2	4	6	8	10	12
5GY	2	4	6	8	8	10	8
5G	2	4	4	8	6	6	6
5BG	2	6	6	6	6	4	2
5B	2	6	8	6	6	6	4
5PB	6	12	10	10	8	6	2
5P	6	10	12	10	8	6	4
5RP	6	10	12	10	10	8	6

孟塞尔色系是从心理学角度，根据人的视觉特性制定出来的色彩分类和标定系统。但出于孟塞尔颜色样品等级在编排上不完全符合视觉等距的原则，故也存在一定的缺陷。目前国际上采用的是对上述色系进行修正的《孟塞尔新表色系统》。

（二）奥斯特华德色系（Ostwald Colour System）

诺贝尔奖金获得者、德国化学家奥斯特华德（William Ostwald，1853—1932）也在20世纪20年代发表了他研究的色立体。该色立体的色相环把黄（Y）、橙（O）、红（R）、紫（P）、蓝紫（BP）、蓝（B）、绿（G）、黄绿（YG）作为8个基本色相，然后把每个色相分成三个色相，分别用1、2、3表示，对从1到24个色相编号排列，组成24色的色相环（图4-12），奥斯特华德色相环是偶数色相环，相距180°的两色互为补色。

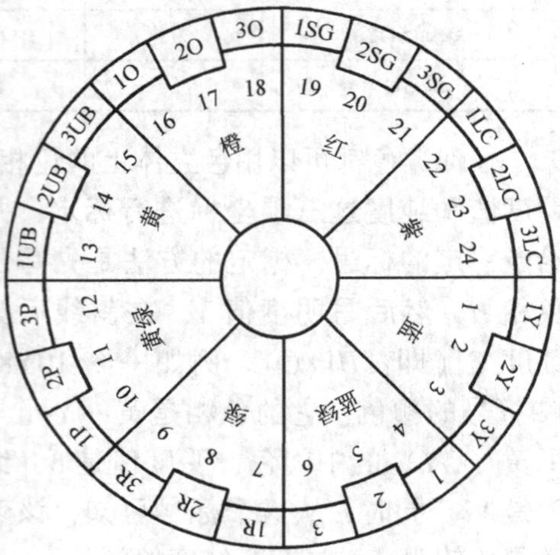

图4-12　奥斯特华德色相环

奥斯特华德色立体的中心轴也由白黑系列构成，其明度等级为8个阶段，从白到黑分别以a、c、e、g、i、l、n、p表示，a表示最亮的白色色标，p表示最暗的黑色色标，中间是6个等级的灰色。这8个明度等级中都含有一定量的白和黑（表4-6）。色标中的白（a）比理论上的白增加11%的黑量，而色标中的黑（p）比理论上的黑增加3.5%的白量。色立体中的各色都由适当量的白、黑和纯色混合而成：

$$白色量+黑色量+纯色量=100$$

以明度阶段作垂直轴，以此轴为一边作等边三角形，在垂直轴外的顶点配以纯色，作为各色相的色标，此三角形即为等色相三角形。把三角形分为28个菱形，每个菱形分别以记号表示该色标所含的白、黑量（图4-13）。图4-14是奥斯特华德色立体模型。

表4-6　奥斯特华德色系各明度等级含白、黑量

标记	a	c	e	g	i	l	n	p
白量	89	56	35	22	14	8.9	5.6	3.5
黑量	11	44	65	78	86	91.1	94.4	96.5

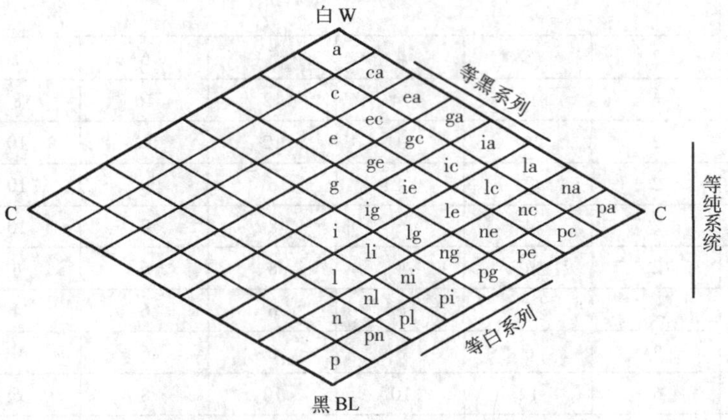

图4-13　奥斯特华德等色相三角形

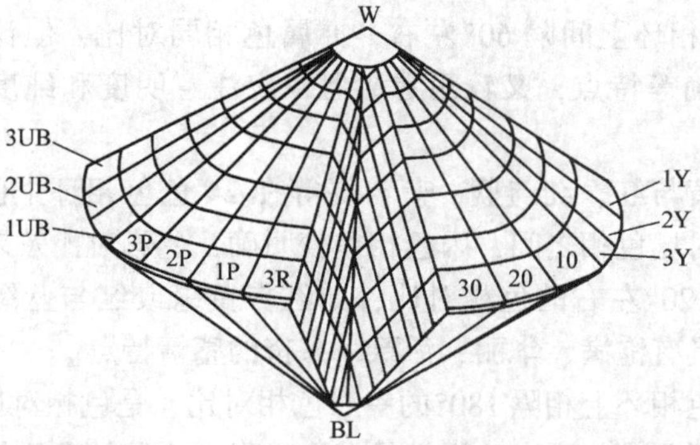

图 4-14　奥斯特华德色立体模型

第五节　色彩的对比与调和

色彩的对比与调和是矛盾互为依存的两个方面，离开任何一方都无法单独成立，绝对的对比会产生刺激，绝对的调和会显得贫弱，刺激和贫弱都难以产生美感，所以运用对比手法时要特别重视找到调和的因素，反之，在用调和手法时也不能忽视辅以恰当的对比。

色彩效果除了用色本身的对比与调和以外，牵涉的因素很多，比如色彩的面积、肌理，形象的寓意，色彩视错觉等许多方面。下面将介绍对比与调和的几种主要类型。

一、色彩的对比

在两种相比的元素之间所能看出的明显的差别称为对比。当这种差别达到最大程度时称为直径对比或地极对比，缩小这些差别，对比就趋向缓和。

人的感官只能通过对比而做出判断。眼睛只有看到一个较短的线条时，才承认另一根线条是长的。当这根长线和另一根更长的线对比时，这同一根线又变成短的了。同样，色彩效果也是用对比的方法来增强或减弱的，色彩对比在色彩构图中是客观存在的，仅是在表现形式上有时强有时弱而已。在观察色彩效果的特征时，可以看到六种不同类型的对比形式，每一种对比在性质上和艺术价值上，以及在视觉表现和象征的效果上都不相同，概括起来，它们就构成了色彩设计的基本手段。色彩对比的六种类型如下：

（一）色相对比

由于色相的差别而形成的对比称为色相对比。色相对比的强弱，取决于色相在色相环上的位置及其相互间的距离。以 24 色色相环为例，取一色为基色，则可把色相对比分成邻接色、类似色、中差色、对比色、互补色等类别（图 4-15）。

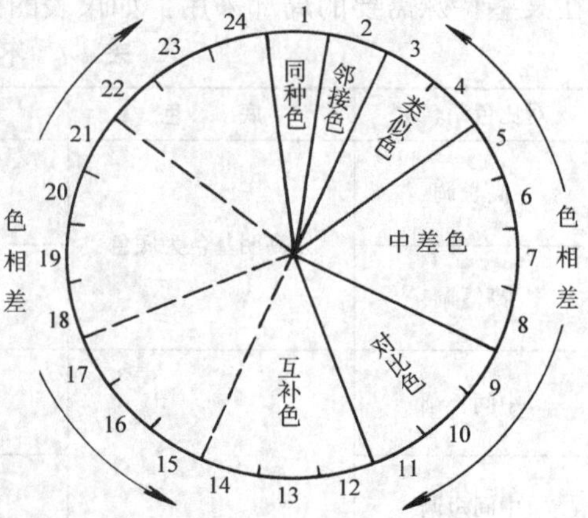

图 4-15　色相环上的色相对比

从色相环上可见，邻接色之间的色相差别很小，属于色相弱对比。若以邻接色作配合会感到单调，须借助明度和纯度的对比来弥补。

类似色在24色色相环上间隔60°左右，亦属色相弱对比，但比邻接色具有单纯、统一、柔和、主色调明确等特点，又较耐看。但也应注意明度和纯度的变化，否则会显得单调。

中差色相对比是黄与红、红与蓝、蓝与绿等在24色色相环上间隔90°左右的色相对比。它介于类似色和对比色相之间，因色相差较明确，色彩对比效果较明快。

对比色是指间隔120°左右的色相对比，如红与黄绿或红与蓝绿相对比，属色相强对比，效果相当强烈，具有饱满、华丽、活跃、兴奋的感情特点。

互补色相对比是色相环上相隔180°的一对色相对比，是色相对比中最强的一种，可以使色彩对比达到最大鲜明度，对人的视觉具有强吸引力，但处理不好会造成过分刺激、生硬的感觉。

（二）明度对比

由于色彩的明暗差别而形成的对比称为明度对比。明度对比能使人感到明色更明，暗色更暗。它对配色的光感、明快感、清晰感都有很大的影响。根据孟塞尔明度色标，凡明度在0～3度的色彩称低明调色。4～6度的色彩称中明调色，7～10度的色彩称高明调色（图4-16）。

图4-16　明度基调

在明度对比中，如果其中面积最大、作用也最大的色彩属高明调色，并与其他色的对比属强对比（指明度差在5度以上的对比）则称为高长调对比。类推可得：高短调对比、低长调对比、低短调对比、中间长调对比、中间短调对比、中间高短调对比、中间低短调对比，共组成八种不同明度对比的调子，见表4-7。

一般来说，高调明快、愉悦、活泼、柔和，并具有轻感、弱感、软感；低调朴素、丰富、含蓄，有寂寞感、重感、硬感及迟钝感。明度对比强则形象清晰程度高，给人以活泼、华贵、富丽堂皇的感觉。若太强，则有刺激、生硬、眩目、简单的感觉。明度对比弱则形象远视效果差，清晰程度低，给人以模糊、含混、单薄、晦暗的感觉。

工业产品上一般采用明度对比适中或稍强的对比关系。强对比只在某些特殊需要的局部采用，如仪表的指针、刻度、字体，面板上的显示文字等。

表4-7　不同明度色彩对比的色调

对比色调名称	底　色	设色图例	设色效果
高长调	以高明基色为底色	1 9 8	明快、爽朗，有积极气氛
高短调		5 9 8	微妙、轻拂，有柔和气氛
中间长调	以中明基色为底色	1 9 5	鲜明，形成强烈对比的配色
中间短调		3 7 5	柔和，形成不强烈对比的配色
中间高短调		7 9 5	淡雅，稍有明亮气氛
中间低短调		3 1 5	微暗气氛

（续）

对比色调名称	底　色	设色图例	设色效果
低长调	以低明基色为底色	1 / 9　2	形成庄重、威严的气氛
低短调		1 / 5　2	形成压抑、忧郁的气氛

（三）纯度对比

色彩因纯度差别而形成的对比称为纯度对比。纯度对比也有强弱之分：如5R色相（标准红色），级差为14，因而可达到10度以上的强对比。如5DG色相（蓝绿色），级差为6，因而级差达到4度的对比就应称为强对比了。纯度差大的对比属于强对比，它给人以兴奋、艳丽、生动、活泼、刺激的感觉。若对比过强，则会有生硬、强刺激、眩目的感觉。纯度差小的对比属于弱对比，它给人以柔和、含蓄的感觉。纯度差越小，柔和感越强，但清晰度也越低，因而形象比较模糊。

工业产品一般采用低纯度的色彩，纯度差较小的对比，某些局部需要引人注目或某些装饰点缀部分，可采用纯度差大的对比。

（四）面积对比

色彩因面积大小的差别而形成的对比称为面积对比。人能感觉到的色彩肯定具有一定的面积，不具备面积的色彩是不存在的。例如，当一块黑色的面积为1cm^2时，会感到清晰、醒目；当面积为1m^2时，会感到严肃、沉闷；当面积为100m^2时，就会感到阴森、恐怖、绝望。又如，100cm^2的纯红色，使人觉得鲜艳、可爱；1m^2的纯红色时，使人觉得兴奋、激动；当100m^2的纯红色包围我们时，会使人感到过分刺激，烦躁不安，难以忍受。因此，在设计色彩时不能忽略面积的影响。在面积对比中，若二色对比的面积相等，则对比强烈，如减小其中一色的面积，对比效果则随之减弱。

在工业产品的色彩设计中，不应大面积地使用纯色，尽量使用中性灰色或纯度中等偏低的复色，这样可使工作人员长期不易产生疲劳。

（五）冷暖对比

不同的色彩可以引起人们生理、心理上不同的冷暖反应，蓝绿色和红橙色是冷色和暖色的两个极端，人类对它们的冷暖主观感觉大约相差3～4℃。冷暖色特性还可以用其他若干相对应的术语表示：

冷　阴影　透　明　镇静　稀薄　流动　远　轻　湿

暖　日光　不透明　刺激　浓厚　固定　近　重　干

上述种种印象表明了冷暖对比的多方面表现力，其中色彩的远近透视（或层次）与色彩的冷暖性质有关，远处的色彩常用冷色，近处的色彩常用暖色，这也是色彩运用的一条规律。同一种色相深浅的配合，易单调乏味，如果兼用转换冷暖色或点缀以若干与主色调形成冷暖对比的色彩，其效果就会变得生动起来。例如，深、中、浅红的配合，浅红可以用带黄的暖红，深红可以用带蓝的紫红，深、中、浅蓝的配合色调中点缀橙黄等。

（六）位置对比

每个色彩在物体上都占有一定的位置，每个色彩因位置关系的上或下，左或右，正或偏，间或连，远或近都将影响色彩的对比效果。如色相、明度、纯度、面积、形状都不同的两色，远离时对比效果弱，接触时对比效果强。一色进入另一色中央时，对比效果更强。产品色彩设计时，一般是上部色调浅，下部色调深，有稳定感；上部色调深，下部色调浅，有轻巧感；正面色调浅（因正面大部分安放仪表盘、按钮、开关、指示灯等，常用浅色衬托），侧面色调深，可使操作者有一种舒适感。

二、色彩的调和

调和就是增强两色的“统一感”和“秩序性”，也就是将对比的幅度控制在一定范围之内。由于两种以上的色彩在构成中，总会在色相、纯度、明度、冷暖、面积等方面存在强弱程度不同的差别，这种差别就导致了不同程度的对比，所以色彩之间的对比是绝对的。对比过强的色彩组合需加强共性调和；对比过分暧昧的配色则需要加强对比来达到和谐。

（一）孟塞尔色彩调和论

在孟塞尔色立体上按不同方向和一定距离选取色彩进行组合。因为色立体上各种色彩是把色相、明度和纯度按一定秩序组织起来的，所以在色立体上，一个色相上或多个色相上，或在外层（最高彩度范围），或从外层到里层，乃至通过无彩轴（*N* 轴），按不同方向、不同间隔选取色彩，只要被选色彩之间具有一定的“被定量的秩序关系”就是调和的（图 4-17）。

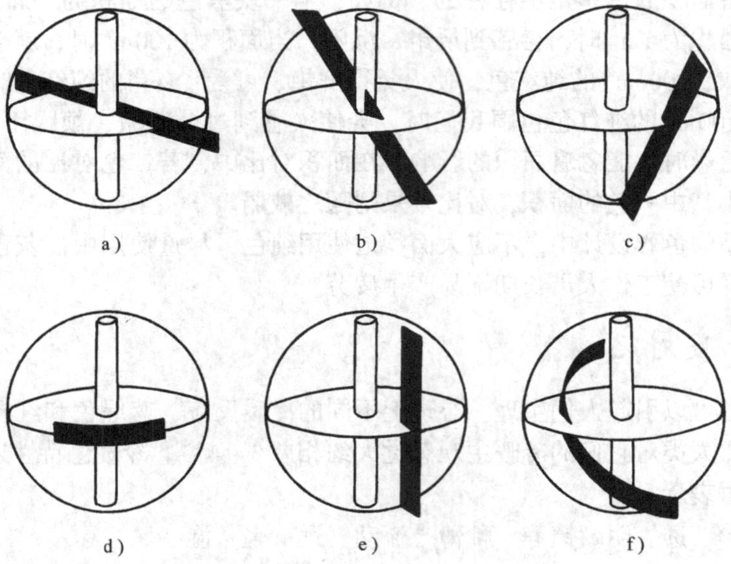

图 4-17　孟塞尔色立体配色方法

a）内面调和（互补色同明度不同纯度系列调和）　b）斜内面调和（互补色不同明度、不同纯度秩序调和）
c）斜横内面调和（邻接色明度系列调和）　d）圆周上的调和（同明度色相系列调和）
e）垂直调和（同种色明度系列调和）　f）螺旋形调和（不同色相、不同明度、不同纯度秩序调和）

以上按各不同方向的选择，距离可以是连续的、等差的，也可按等比及不规则变化。

（二）确定配色的主色调

色彩组合形成的气氛或总的倾向（主色调）可以分成：浓、淡；亮、暗；艳、灰；

冷、暖各组对立的色调，以及黄色调、绿色调、红色调等。为构成主色调，可采用下面两种方法：

1）各色中混入同一种色彩，如混入红、橙、黄等色构成暖调；混入蓝、紫等构成冷调。

2）各色（或大部分色）中混入无彩色的黑、白、灰构成暗调、明调、含灰调。由于各色（或大部分色）中混入了同一种色素，使色彩之间发生了内在联系，增加了共性，就易于调和。

（三）从构图角度来调和的方法

由于色彩调和与色块的面积、位置、形状有密切关系，因此还可以从构图角度上来分析它的若干调和方法。

（1）渐变调和　各色在构图中采用明度、纯度、色相的级差递增或递减渐变构成，都能取得调和。由于各色按一定秩序有规律地变化，因此又称为秩序调和。渐变调和有：明度的明暗渐变、色相渐变（包括类似色相渐变、对比色相渐变、互补色渐变等）、灰艳渐变、互相混合渐变（如红/绿按照不同比例互相混合，即能取得中和调和）。

（2）空间混合调和　将各对比色彩用色点、色线互相在纸面上混合，使各色相互交融，取得调和，也称之为机械混合。点彩派的绘画远观可见和谐的不同色彩，而近看则是无数异相色点的混合。

（3）隔离调和　①可以在对比色中插入与双方都带有亲缘关系的色从而达到调和。如黄绿/黄橙色组中插入黄色，紫色/绿色组中插入蓝色等；②在对比色之中插入与双方都不发生利害关系的中间色：黑、白、金、银、灰中的任意一色，拉开两对比色的间距，取得调和；③运用无彩色黑、灰、白、金、银或用彩色勾勒形的轮廓，增加互相连结的因素；④把由于同时对比引起的强烈对比色拉开距离，避免相邻。

（4）比例调和（优势调和）　多色对比时可以扩大其中一色（或一类色组）的面积，使其在面积上占绝对优势，达成调和。例如在色彩构图中，有一组对比色过分刺目，则可缩小其一的面积。若构图中采用几组对比色，则应以一组为主，通过色彩的主从关系达到调和。如果配色运用冷暖两种调子，那么应该加强主色调的倾向性，或多用暖色少用冷色，或多用冷色少用暖色。一般所谓“三色法”即“二暖一冷”或“二冷一暖”，这样可得到良好的调和效果。

上述将色彩的对比与调和分析归纳为各种不同情况的方法，虽然条理清晰，一目了然，但不足的是容易割裂它们间的有机联系。色彩的问题经常是多元性的，如色的明度和纯度，就很难肯定说只有纯度变化而不包括明度变化的因素，而在分类时，却不得不把明度对比和纯度对比分列为单独的两类。希望读者能了解这一点，从而在学习过程中防止片面性。

第六节　产品色彩设计

工业产品的造型设计主要有两个方面：一是形态的设计；二是色彩设计。虽然产品的色彩是依附于形体的，但是色彩比形体对人更具有吸引力，色彩在产品造型中具有先声夺人的艺术魅力。根据有关的试验表明：人们在看物体时，最初 20s 内，色彩的成分占

80%；2min 后，色彩占 60%，形体占 40%；5min 后，色彩、形体各占 50%，以后这种状态就将持续下去。由此可见，色彩在造型效果中起着重要的作用。由于色彩具有主动的、吸引人的感染力，能先于形体而影响人们的情感，因此，研究产品的色彩设计有着重要的现实意义。

色彩对于有效地发挥产品的功能效用也起着一定的作用。例如机械设备都有一些信息显示仪表和操作控制件，为了使操作者易于辨读和引起注意，经常用红、黑、绿等颜色加以涂饰，从而使这部分器件的功能得以充分发挥。合理的色彩设计能对人的生理和心理产生良好的影响，可减轻疲劳，使人心情舒畅，精力集中，减少差错，提高工作效率。尽管各类产品技术日趋同步，质量也日趋相近，但产品色彩设计应用方案的差异，很容易区分不同品牌的产品，这是一个最简便的形成产品识别的办法。色彩战略被引入商品与服务领域，已成为竞争与革新的重要手段，这样色彩就有了自身的市场价值。它的价值有机地包含在商品之中，它不是商品的点缀，但可以为商品带来不同的符号、文化等内涵意义。当消费者购买商品时，起决定作用的可能就是它。

一、产品配色的主调

设计一个产品的色彩，在配色上须有主调才能得以统一。即应以一色为主，它色为辅。主色调占大部分面积，其位置也多在注目之处。一个产品用色不宜太多，一般二至三色为佳。色彩越少，越醒目，整体感越强。色彩过多，难以统一，易产生杂乱感，也显得俗气。一般主调色可以根据产品功能要求选定，一旦主调色选定后，其余色彩必须围绕这个主调色配置，以形成统一的整体色调。通常情况下，以红、桔红等红色调为主的产品，一般辅之以白色和黑色。红、白、黑配在一起，人们往往认为这三种色彩具有一种永恒的美。彩图 13 中的 M40D 型叉车，整机以橙色为主调，配以黑色的叉架和驾驶室框架给人一种稳定、强劲有力的感觉。彩图 14 是一辆自行式房车，车身以乳白色为主调，前脸用黑色透气栅条，车身配以蓝色线条的图案，使整车显得统一、生动。

二、配色技巧

产品的配色通常是指两个方面：一是颜料的调配；二是画面的用色安排。产品有些是采用一种颜色，有的产品以一种色为主调，另外再配以块状或带状的次要色构成。各种色彩只有通过恰如其分的对比及相互衬托，才能使产品得到较好的装饰效果。

纯度高的色彩比纯度低的色彩鲜明，中等纯度的色彩较柔和。一般小型产品使用纯度高的色彩相匹配较多，因其体积小，色块面积不大，对比强烈、鲜艳的色彩能起到美化环境、引起人们兴趣的效果。如彩图 15 所示的童车和彩图 16 所示的 F1 赛车即为此种匹配。而大、中型设备一般用中等纯度的色彩较多，这类产品有的采用蓝、白对比的色彩，有的以红色为主调，配以黑、白两极色形成对比，其特点是既强烈富丽，又调和悦目。

浅色调比较明快、淡雅，同时冷色调易与浅色协调，使人有安静感。在室内工作的机械，工作环境比较洁净，经常采用浅绿色。暖色调较能与浓暗的色彩协调，金、银、黑、白、灰可与任何色彩协调，尤其是能和原色调和。在室外工作的设备经常与泥土、加工物料、灰尘接触，容易受到污染，为了“耐脏”，往往采用暖色或低纯度的色彩，如紫红、墨绿、深蓝、橙色等。

同一机具上的色彩相互对比，有的有前进感，有的有后退感。像红、黄等高纯度的色彩有前进感，灰红、灰蓝、灰黄等低纯度的色彩有后退感。明度对比中，浅色、白色有前进感，深色和黑色有后退感，白色有扩张感，黑色在浅色、白色包围中有收缩感。一些轿车上部往往采用浅色，就有增强整车前进感的作用。

色彩的明显差异会产生不同的重量感，明亮的色彩显得轻，暗的色彩显得重。人们一般喜欢外观稳重的产品，但整机都使用深、暗、暖的色彩，就显得过于笨重。因此，在用色时既要产品稳重，又不能呆板，为此有些设备在上部用浅色，下部用深色或暖色，就可使机器显得既稳重又轻巧，使人们容易得到心理上的满足。

三、工作环境与色彩设计的关系

产品与环境协调带来的美感，就是将产品与环境看成一个整体，来评价其视觉感受是否协调。家用座椅就不能与城市公共场所座椅采用相同色彩。产品造型的色彩和形式风格与环境协调是设计最敏感的问题，把产品看作生存空间环境的一部分，产品自身的视觉审美与其空间环境的视觉审美，既结合又分离，把握从单个审美到系统审美，这是产品色彩设计的关键问题。

色彩设计时，应注意产品的使用环境。一般寒冷条件下以暖色为好，以增强人们心理上的温暖感。炎热环境下工作的产品则宜用较冷且较明快的色调，以中和气氛，使操作者感到心情平静。就沙漠地带来说，因见惯了漫漫黄沙，因而对绿有一种渴求，所以产品色彩偏绿色为好。此外，产品在室内或较暗处安置使用，应采用亮色（明度较高的色），温度高的场所宜用冷调亮色，温度低的场所宜用暖调亮色等。而对于较大的设备宜用中明度的颜色（如大型机床），以增加其稳定、坚实感。小巧的设备（如仪表、表盘）宜用浅色以增加其明快、轻巧感。对于工程机械与拖拉机等，由于在野外工作，常在绿色的田野和树林的衬托下，宜采用鲜艳的暖色调的色彩，以达到对比鲜明和谐且引人注意的目的。

另外，产品的用色要有利于操作者对工作状态的观察和对操纵装置的辨认，增加观察时的清晰度，尤其是在噪声高的工作环境中更要强调这方面的问题，因为在这种环境中工作，操作者的集中力、辨别力都会降低。人对明亮的暖色知觉感强，对明度低的冷色知觉感弱，但在有背景颜色对比时和在噪声环境中，颜色的知觉也会发生变化。如在白色的背景下，人眼感到蓝色块最清晰，绿色块次之。在噪声的环境中，眼睛对暖色的分辨能力下降，而对冷色（尤其是绿色）的分辨能力反而上升，这在机器的指示和操纵装置的设计中要必须引起重视的。

产品的外部用色分两种：一种是展览色，就是在样本上或展览会上所看到的颜色，暖色基调和冷色基调的都有，在展览会上你的产品涂什么颜色，主要决定于你产品周围展品的色调，尽量采用与周围产品成对比的颜色，以突出你的产品；另一种是生产色，即根据产品的使用环境或用户提出的要求用色，当机器出口时，还要了解进口国的消费者对颜色的爱好和禁忌。一般说来，在展览会中令人悦目的色彩未必适合使用环境；而适合使用环境的色彩，在展览陈列中，不一定是吸引人的。

四、色彩与材质

不同的材料和加工方法，会在视觉和触觉上给人以不同的形象感，从而影响产品的外观。比如用人造革做成驾驶座，人造革细密的纹理、圆滑的线条，以及光泽、弹性感、触感等，便是形象美的重要因素。

在产品中，过去为了表现材质美，往往用真实材料进行处理。比如要使机具侧壁有木质感，就用木板做侧壁；轿车座椅用皮革蒙制，使其具有软、弹性、光泽，或较好的触感。现在由于模具加工技术的发展和多种塑料、人造革、油漆工艺的发展，材质描绘多表现在模拟多种真实材料的特点上。比如有些驾驶室的门、窗把柄采用经过电镀、抛光的塑料制品来代替原来的金属把柄，同样产生光亮、坚挺的效果。机器的操纵手把，用塑料制造，在手触摸的部位处理成粗糙的或木质表面，这样一方面手握上去不易滑脱，另一方面由于材料质感的联想，给人以舒服的、适于抚摸的亲近感。再如日本插秧机的放秧板采用铝板压制而成，亚光的表面十分悦目，给人以时代感。对于其他材料，如对铝进行表面处理，同样可以造成平滑、光亮、粗糙、亚光等多种效果，以提高材料的表现力。

五、产品的流行色

流行色（Fashion colour）是指某个地区的特定产品比较流行的倾向性色彩。流行色与社会上流行的事物一样，是一种社会心理的产物。它受社会、经济、政治、文化艺术以至民族地区、自然环境等因素的影响。

人类具有好奇和善变的本能，千篇一律陈旧的事物不能引起人们的注意，大家总是喜欢新鲜的事物，有一种探究心理，而新总是和奇密切地联系着。“好奇务新”是人们普遍具有的一种情感，而且人们对色彩十分敏感，经常受到某种颜色或色调的视觉刺激，容易引起“感官接受饱和”而失去心理平衡，往往期盼见到新的色调。

影响人们色彩嗜好性的因素有三：首先是追随流行占40%，其次是自我与环境调和占40%，最后是个人嗜好占20%。流行色之所以流行，还因为大多数人有一种“从众”心理。流行在某种意义上说是一种广泛的模仿，当今人们选择色彩可不受任何约束和限制，然而色彩的一般知识并非人所共知，所以大多数人还都是在模仿别人的审美经验来区别美与不美。

提及流行色，人们总是想到与服装色彩的关系。其实很多工业产品也有自身的流行色。当前科技高速发展，工业产品的生命周期越来越短，市场竞争促使企业不断推出新产品，一方面在内在质量上不断增加新的技术含量，另一方面不断改变外观造型，而色彩的变换是种比较容易和成本较低的手法，且成效显著。市场生命周期越短的产品，其造型和色彩变化越快，例如手机的流行色就从黑色向银灰色、彩色变化。冰箱就经历了从白色到绿色，棕赭色再回到白色的流行过程，当然其变化速度比手机要慢许多。

产品色彩设计时，除了作理性分析之外，还需作市场调研，分析该产品流行色发展趋势，方可获得成功。对国际色彩流行趋势进行研究，并发布具有权威性流行信息的，首先是法国。1963年，巴黎成立了国际流行色委员会，意大利、前联邦德国首先成为研究流行色的重要成员国，以后流行色很快风行美国、加拿大、日本。时至今日，法国、意大利、德国仍是公认的流行色中心区域，尤以巴黎为最。

流行色的制定发布，表面看来是带有主观的随意性，然而它也绝非无源之水、无本之木。它是建立在社会、时代、政治、经济、文化、艺术以及自然环境等因素之上的，是一种社会心理的产物。流行色是综合了世界各个流行色协会成员国的提案制定出来的。

六、产品色彩设计实例解析

产品色彩设计的目的是将产品原来的信息放大后，准确地传达给消费者，关键在于如何抓住对方的心。色彩设计策略的制定应从两个角度入手，一是主动引导，二是被动附和。设计者首先要了解消费者喜欢什么颜色，他的使命是让人产生心情舒畅和愉快的情绪，是产品设计组成要素之一。色彩在产品内涵上更多的是在表达诚意与关怀，让消费者感觉产品及其服务的“人性化”。

产品色彩设计必须根据产品主题，并顾及设计战略的两个本质内容而定。一是产品本身的色彩必须以产品整体设计策略为中心，应明确该产品的功能、用途、价值等，在此基础上考虑产品整体形象。明确消费者对此类产品喜好习惯，以及需求倾向。市场色彩动向的分析一般从色彩流行，现场调整，杂志等传媒分析方面进行。色彩设计方案的确定与实施必须依靠科学的色彩理论，严谨地阐述色彩选择的必要性。另外，需通过色彩调研，了解人们喜欢什么色彩，通过色彩应该传达、暗示消费者怎样的生活方式，人们现在想要什么？想买什么？通过分析，从中找到答案。

（一）汽车色彩设计

汽车的色彩首先应以实用为目的，从而发挥其美观作用，提高使用价值。消费者在选购汽车时，色彩往往是重要的考虑因素，汽车种类较多，这里主要论及轿车与客车的色彩设计。

轿车在道路上高速行驶，一方面它的色彩有益于对周边环境的点缀，使色彩单调的环境显得生动，有生命力的跃动感；另一方面由于轿车色彩与环境的对比效果，易引起行人注意，避免发生事故。轿车色彩大多选用单色调，一般可采用较活泼的浅色，如浅蓝、浅绿、米黄、白色等。高级轿车一个重要的作用是显示乘坐者的身份与地位，需采用庄重的色彩，如黑、深灰、深蓝等，以显得汽车高贵、稳重、大方。

大客车为保持车身整体和谐的效果，配色仅一两种即可。由于车身的体面转折变化简单，车身两侧大平面仅一种色彩就显得单调，往往用彩色水平腰线加以装饰，以增加动感和美感。另一种方法是，在侧面设计各种独具匠心的彩色图案来显示汽车的性格。

人们使用汽车，欣赏汽车，设计师都力求使汽车色彩新颖、独特，这就需要经常关注时尚的步伐，创新出符合当代审美要求的汽车色彩。

（二）家用电器色彩设计

（1）电冰箱　它的功能是食品储存与保质，且大多放置在厨房，人们对它的感受是清洁、卫生、凉意，一般电冰箱色彩以白色、浅灰为主，也可用偏冷的色调，如浅绿。但又不能给人太冷的感觉（如浅蓝），使人失去在厨房工作的兴趣。

（2）洗衣机　应给人洁净的感受，同时希望它与放置场所的环境相融合，而不过分突出，以采用白色、浅灰等中性色为宜。

（3）空调机　空调的室内机部分最普遍的一种是挂在墙壁上方，功率较大的则以柜机形式立于室内角落，功率更大的中央空调，室内机安装在天花板上。从空调机与室内环境相协调、尽量“隐身”的总体原则出发，采用白色、浅灰色能较好地与各种室内色调形成良好的调和关系。室内挂机、柜机为避免一种色彩过分单调，可用小面积彩色商标或图案装饰，起到“点睛”作用。

（4）电视机、计算机显示屏　因它们能呈现多彩动态图像，因此是室内最受瞩目的物品。显示屏是功能主体，因此外围壳体用色明度应低调，以免在播放时喧宾夺主，且屏幕周边色彩明度过高，会使视线分散，故一般采用中性灰色、深灰和黑色。从电视机与室内色彩环境相协调的角度考虑，采用中性色也使它们能很容易地与室内环境协调。也曾有厂家将电视机壳体做成各种色彩，但消费者一考虑到与室内环境刺激的对比关系，就打消了购买意图。

(5) 抽油烟机　它在使用中尽受油烟熏蒸，外壳需经常擦洗，在设计时首先要考虑材料的耐蚀性和抗磨损与划痕性能，这其中表面强氧化处理的铝板和亚光拉丝不锈钢板最合适。它们不但有优良的加工工艺性和使用性能，而且银灰色的表面充分体现出产品的材质美感和现代感，再在控制键部分配以黑色玻璃面板，更透着玲珑的精致。

（三）数码信息产品色彩设计

(1) 手机　作为传统媒体的交互手段它的功能越来越广泛，除通信之外，可以发短信、摄影、听音乐、做游戏、上网、看电视、作遥控器等。手机已在现代社会形成一种文化，它象征着高科技、多功能、微型化、时尚、流行，表达着一种独特的技术文化和生活方式。对于手机的色彩搭配，一方面依靠设计师对色彩的感觉，能调配出赏心悦目的色彩组合；另一方面通过对色彩使用几率的统计，也能了解目前手机配色上的一些普遍规律。

在对手机主色调的选择上，蓝色、银色、黑色为第一组，白色、灰色为第二组，作为陪衬和烘托的色彩主要是银色，其次是黑色。展望当前手机市场，它将有集多种产品功能于一身的趋势，而银色无疑是体现多种产品最合适的色彩。黑色被作为第一配色来使用，使色彩的细微差别和质感也开始变得丰富起来。带有不同纯度的黑色，及表面亚光、镜面、漆面效果和免喷涂效果，为黑色带来不同性格的差异。而在与银色、白色、灰色、橙色、红色等进行搭配后，其视觉效果就显得既富于紧凑的冲击力又具有丰富的视觉语言。

(2) 数码相机　在数字化浪潮扑面而来的今天，新技术和新产品越来越多地影响着人们的生活，拥有一件数字化的产品已成为一种时尚，数码相机无疑是最贴近人们日常生活的用品。通过消费者对数码相机色彩喜好程度的调查，49% 的人喜欢金属银色，22% 的人喜欢珍珠白，21% 的人群喜欢香槟金色。柔和、精致是大多数人对数码相机所期望的审美感受，也正符合中国人传统的审美观念。高档、耐用、高科技感是对数码相机品质的追求，时尚、酷、炫则是年轻人群体的代名词，代表着追求新鲜感，与众不同，追求流行的生活方式。

但传统的带有皮革质感的黑色仍是高档数码相机的主色调，更易显示它稳重、高雅的气度，使产品透露出贵族气质，散发出一种古典美。

（四）仪器、仪表色彩设计

仪器、仪表种类繁多，用途各不相同，色彩选择也有差异。光学仪器一般要用眼通过镜头观察，为避免周边色彩对视线的干扰，选用灰色和黑色比较合适。仪器的刻度采用高明度的白色，与机体形成强对比，可以提高认读准确性。医疗仪器宜用较为宁静、淡雅的色彩，如天蓝、浅蓝、粉绿、灰白等，使仪器与医疗环境相协调，给人素雅、安宁、舒适的感觉。精密仪器宜选用明度较高和活泼的色彩，如浅绿、浅灰、米色，可使仪器具有精致、准确、现代化、高科技的感觉。航海、航天和汽车仪表，首先要让人能在明亮或灰暗的环境下方便、准确地认读，表面宜用深灰或黑色，而数字、刻度线和指针用白色或明绿色，使眼睛认读时舒适、清晰。

（五）机床色彩设计

机器外部色彩要求美观大方，谐调、柔和、简洁，要符合工作环境的要求，又能体现产品质量精致和具有现代感。机床是固定作业，工作时要使操作人员心情舒畅，色彩基调不应刺激，也不能沉闷，应以低纯度、高明度的冷色调或暖色调为主。对于大型机床，更不能采用纯度高的色彩，如橙色，这将会使人心神不定。很多数控机床在空调房间，环境整洁，噪声低，要求工作认真、精确、细致，一般宜用纯度低、明度高的灰色、绿色，以适应洁净的环境。南方地区宜用冷色调，北方地区宜用暖色调，以调节人的温度感觉。机床自身是沉重的金属件，保证人身安全十分重要，对于可能产生对人伤害的运动部分，应按安全色标准，涂上黄黑相间的条纹，起到警示作用。机床用色应突出主色调，一般用单色或两个颜色即可，三个以上的色相易产生杂乱的感觉，用同色相而明度不同的配色方法，可取得和谐统一又有变化的效果。也可在大面积单一色彩机身上，施加小面积标准色或色带的对比方法，增加机床的美感。

Industrial Design

第五章 标志设计

标志是一种大众传播符号，它运用独特的文字与图形以各种精练的形象表达一定的涵义，传达明确的、特定的信息。标志设计是视觉传达设计的重要组成部分。在原始社会，当人类会制造一些简单的生活及狩猎工具时，就开始在自己制造的器物上作简单的记号或符号。原始社会的“图腾”就是典型的标志，它反映了部落的传统和信仰。在现代生活中，由于标志具有超过语言和文字很强的功能性，所以被广泛地应用于人们社会生活的各个方面。例如，人们购买商品时要确认的商品标志。优美的标志图形，在产品造型中又起着重要的装饰作用，对产品有较大的影响。在冰箱门上的商标图案就起了“点睛”的作用。而一些安全，操作指示标志有助于人们正确使用产品，在造型设计中也是必不可少的。

第一节 标志的分类与特征

标志的形式与种类很多，分类方法也不相同，这里仅从标志的功用和构成形式两方面来介绍。

一、按功用分类

标志按功用分类主要有：商品标志、安全标志、纪念标志、社会团体标志、公共信息标志、操作指示标志、体育标志、运载工具标志等。

（一）商品标志

商品标志（简称商标）是区别不同生产者生产的商品标记，企业商标经注册后，就取得了专利权，它通常由文字、图形组成（图5-1）。商标是将企业哲学等肉眼看不见的理念用颜色和形状来表达的作品。商标是促进生产、繁荣市场、维护生产者和消费者利益的有力工具，对发展商品生产和流通具有重要作用，也是各类标志中运用最广泛的一种。商标由于图案简单、悦目，容易给人留下深刻印象，因此人们往往对于许多名牌产品，只知其商标牌号，而不知生产厂家的名称。现在企业已深知商标在产品营销中的作用，一切宣传均以商标为重点，将服务精神、商品特点，通过商标传播给消费者。

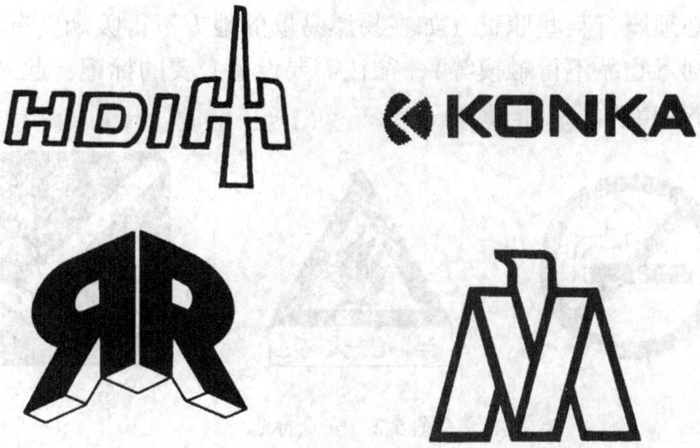

图 5-1　商品标志

商标具有促进生产、搞活流通的重要作用，这些作用是通过所具有的功能来实现的。

1）商标表示商品的来源（生产企业）。企业为了巩固自己在市场上的地位，必须生产质量优良、性能稳定可靠、价格合理的商品来树立自己品牌的信誉，这样才能吸引消费者认牌选购。

2）商标标志着商品的质量。同一商标的商品，应该保持相同的质量水平。消费者通过识别商标，选购他们所希望的商品。名牌产品所以畅销，就是由于它一贯保持高质量、高水平，在人们心目中建立了信誉。

3）商标具有宣传产品和扩大销售的功能。由于商标代表着企业的信誉，标志着商品质量，从而成为有效的宣传手段，使企业收到扩大销售的效果。商标不仅存在于商品、包装、产品样本上，而且建筑物、电视、体育场、汽车、橱窗、杂志、报纸、服装等都成了商标宣传的场所。

4）商标是现代企业建立品牌战略的首要因素。品牌是一个综合的概念，是产品的标志、性能、服务的综合体现，它不仅是标志和名称，还是一种象征，一种可积累的资产。优良的品牌意味着可靠的质量，优良的服务和较多的附加值，也蕴涵着对消费者的责任、尊重和关怀，使他们的权益得到确保。产品可以没有品牌，但每个品牌必须有产品，产品是品牌的载体，是企业品牌的重要表现形式。企业纷纷用品牌有意识地标榜自己的产品，树立自己的品牌，因此商标就成了产品造型设计的重要因素。但应注意，商标可以提升产品的品牌形象，但企业制订系统的强化品牌优势的产品设计策略，才是塑造产品形象更重要的手段，每个品牌都有自己个性鲜明、造型风格统一的产品系列。产品不仅依靠商标作为品牌标识，其产品形象本身就应有鲜明的品牌特征，从“奔驰”、“宝马”汽车和“苹果”手机上都可以看到这种品牌形象在产品造型上的特征。“耐克”品牌的形象关键词是“运动、明星、速度”。“世界冠军是穿着耐克牌跑鞋跑出来的”。运动场上 60% 的鞋是耐克鞋。它从创建以来，一直致力于追求创新，不断开拓新产品、新式样、新品质，使耐克鞋的弹性、贴切、质地和外观造型总是走在同行前面。

商标设计随着主流媒体的不断发展也在变化，在报纸、杂志当道的时代，商标设计最重要的是印在纸上的感觉。而现在则是以电视和电脑屏幕上完美呈现为前提，思考如何设计。以渐层、立体感，使用透明度高的色彩为主流。另外，运用行云流水般的动画是新商标的特征。

（二）安全标志

在生产活动中，为了人员和设备的安全，使操作者和生产场所其他人员严格遵守某些安全技术要求和必须履行某些职责（如在易燃易爆的地方不得吸烟、有明火；在建筑工地必须戴安全帽；剧毒物品不得触摸等），往往需要设置必要的标记，起到提醒和警示作用，这就是安全标志的功能所在（图 5-2）。

图 5-2　安全标志

国家标准 GB 2894—2008 所列的安全标志中，警告性标志为正三角形，黄底黑色图案；禁止性标志，图形为红边、白底黑色图案；指令性标志，图形为天蓝色，图案为白色。

（三）纪念标志

纪念标志是指为纪念某个活动、某次会议而专门设计的标志。这种标志具有很强的凝聚力，如在某地举行一次国际会议或活动，世界各国不同民族、不同信仰的人群，为了同一个目标，聚集在这个标志之下。

图 5-3a 所示是第 31 届奥运会会徽，它由三个连在一起的抽象人形手脚相连，组成了里约热内卢著名的面包山形象。通过会徽将全世界与奥林匹克追求卓越、互相尊重和友谊的观念连接起来，同时增强合作伙伴同奥运会的联系。体现了这座城市的特色和多元文化，展示了热情友好的里约人和这座美丽的上帝之城，会标基于四个理念——富有感召力量性，和谐的多样性，丰富的自然性和奥林匹克精神。图 5-3b 是 2010 年上海举办的综合类世界博览会会徽。它同样采用了中国传统的汉字“世”字书法创意为形，和世博会英文缩写“EXPO”相结合，图案下方标明了举办时间“2010 年”和地点“SHANGHAI CHINA”。图案主体的变形“世”字，又表现成三个合臂相拥、状似美满幸福、相携同乐的家庭，也可抽象为“你、我、他”广义的人类对美好和谐生活的追求，表达了世博会“理解、沟通、欢聚合作”的理念，凸显中国 2010 年世博会以人为本的积极追求。

a）　　　　b）

图 5-3　第 31 届奥运会和 2010 年世博会会徽

a）第 31 届奥运会会徽　b）2010 年世博会会徽

（四）社会团体标志

社会团体标志包括每个国家的国旗、国徽，城市的城徽、市徽，以及各人民团体、企业、学校的徽章、标志等。

图 5-4a 为中国工商银行标志，它以汉字“工”为主体，中国古代方孔圆币为外围结构。用正方形的“工”字替代了古代铜钱的方孔，工字在形式上又运用我国传统的回旋纹样，富有民族特色。工字上下断开，打破了封闭的格局，用分与合的处理，强化了标志的视觉表现力，表现出极强的中国气派。

中国文化的一个重要特点就是以“中”为核心，历史上较早地实现了中央集权，政治、地理和心理高度统一。图 5-4b 的中国邮政标志就是以“中”的形象和文化意境为出发点，在上下端融入翅膀的图案，使人联想起我国古代“鸿雁传书”的传说。横竖线相连的结构，寓意邮政服务四通八达。竖线稍向右倾斜的处理，体现出方向和速度，使图案充满动感。整个标志造型简洁、明快，从而达到了可视、可读、快速传达的效果。由此可见，社会团体标志的图案要有较强的象征性或寓意性，它能够将本团体的性质明确地表示出来。

a） b）

图 5-4 企业标志

a）中国工商银行标志 b）中国邮政标志

（五）公共信息标志

在信息社会的今天，随着生活节奏的加快，国际间的交往日益频繁，在许多公共场所都已普遍采用了各种公共信息标志来引导人们的各类活动，使公众很方便地就找到如洗手间、电话亭、餐厅、邮局、小卖部、急救站、出租汽车等服务设施。这些标志适合于不同文种和语言的人群，只要看到这些图形标志都能理解它的含义。我国已颁布了公共信息图形符号国家标准 GB/T 10001—2012，图 5-5 所示为部分标志图例。该标准规定标志的制作应严格遵守基本图形各元素间的比例及基本图形与正方形边框的位置关系。公共信息图形符号的颜色一般背景为白色，图形为黑色，必要时也可采用黑色背景和白色图形或使用其他颜色的背景和图形。

（六）操作指示标志

图形和符号操作指示标志应用在机器或仪器设备上，有利于操作者迅速观察和辨认，提高了信息传递的速度，在某些场合更显得经济和方便。例如在汽车上，由于车辆高速行驶，操作者的注意力主要集中在道路目标的观察上，对于仪表板上各种信息的观察，就只能在瞬间完成，这种情况下，大量采用操作指示标志，操作者就能直观而迅速地感知所显

图 5-5　公共信息标志

示的信息，从而避免了采用文字显示的繁杂。在国际间机器设备的贸易中，采用操作指示标志符号，能避免各国语言文字不同的障碍，为产品的使用者提供了世界性的共同语言。图 5-6 所示的是金属切削机床操作指示标志的部分图形符号。目前已为多种产品制定了操作指示标志的国家标准，因此在使用中都应严格按照标准规定印刷，不得另行自造。符号的大小，可按设计所选定的标牌、操作面板尺寸大小而定，以布置美观、匀称为原则。绘制图形符号应按标准各部位比例制作，避免图形失真。

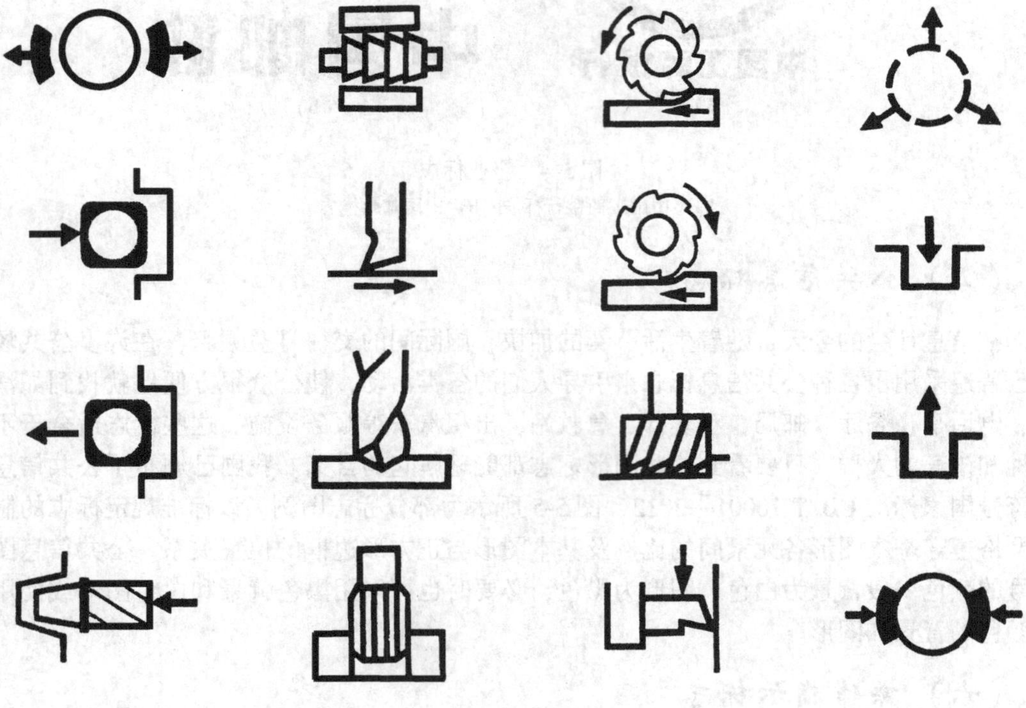

图 5-6　操作指示标志

（七）体育标志

体育标志大多是为各类体育比赛而设计的专用标志。这类标志要求形式信号化和艺术效果广告化，前者具有强烈刺激，易于识别辨认，后者具有赏心悦目的欣赏性。设计中要求图案简明、形象，直观性强，并且趋于通用化、简洁化和规范化（图5-7）。比如运动员的头部大都以圆来表示，这种通用的圆形在制作中既方便又不会失真。

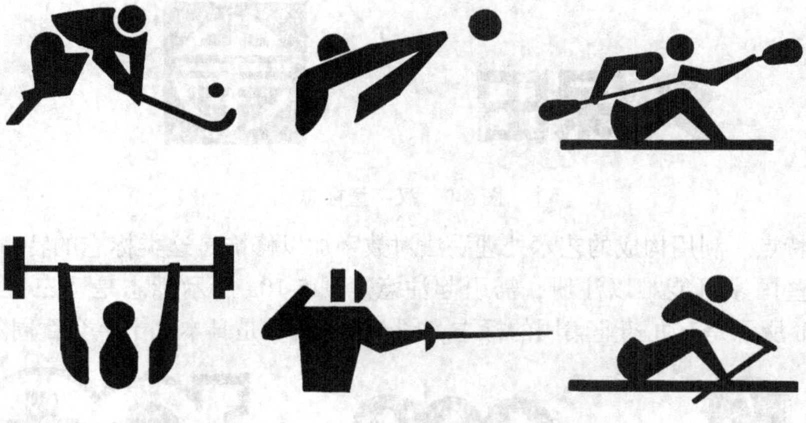

图5-7　体育标志

（八）运载工具标志

运载工具标志主要指车辆、船舶、飞机等交通运输工具上的各类标志。如图5-8中所示的公共汽车标志、出租车标志和客机的标志。

图5-8　运载工具标志

二、按构成形式分类

标志按构成形式分类主要有：汉字型标志、数字型标志、拉丁字母标志、几何型标志、形象型标志等。

（一）汉字型标志

汉字自古以来有正楷体、仿宋体、行书、隶书、魏碑等书法形式，如用美术字体更变化无穷，表现出独特的民族风格。不但国内许多企业的产品采用汉字商标，东南亚各国和日本的企业也使用汉字商标。汉字标志设计中以中文字体作为构思主题，采用平面构成的形式和其他理性的抽象形式来美化标志图形（图5-9）。

使用汉字标志也有局限性，在非汉字语言文字使用区域，人们就看不懂，因此有的汉字标志下又加注了拼音字母。

（二）数字型标志

在文字中人们对数字更为敏感，各民族对数字也有禁忌和喜好，用数字构成标志具有

图 5-9　汉字型标志

易读易记的特点。利用构成的艺术处理手法对数字加以修饰是这类标志的特点。但如作为商标，在一些国家可能难以注册，需引起注意。图 5-10a 所示标志是“三五”牌闹钟商标，图 5-10b 所示是三九药业集团的标志，图 5-10c 所示是日本红十字会百周年纪念标志。

a)　　b)　　c)

图 5-10　数字型标志

（三）拉丁字母标志

拉丁字母基本上和汉语拼音及英语字母相同。由于拉丁字母具有笔画简单的特点，故易于发挥，便于组合，在标志设计中可以千变万化。设计者可根据设计意图，把字母进行艺术加工而组成有寓意性和趣味性的各种图案（图 5-11）。国外大多数企业都用本公司名称作为商标的牌号，通常取其名称的字首设计成标志图案。有的甚至将公司全名作为商标。在拉丁字母中，每一个字母均可单独设计成商标，也可利用字母的变异，使几个字母连成一个完整图案。

图 5-11　拉丁字母标志

（四）几何型标志

由图形、文字组合成一定几何形状的标志，称为几何型标志。几何型标志具有图案性强，设计创意较为灵活、视觉效果较好等特点，是标志设计广泛采用的基本形式之一。图案周边封闭的几何图形如三角形、圆形和正方形，给人过于呆板的感觉，在设计中往往巧妙地打破封闭的外围，形成更加灵活的图形。有的标志往往不止运用一种几何图形，而是几种图形套叠组合，从而使图形更富于变化，如图 5-12 所示。但三角形在国际上含有警戒的意思，如果要采用，必须作些变化处理。

图 5-12　几何型标志

（五）形象型标志

以动植物、自然形态、机器工具或某些零部件的形象组成的标志属于形象型标志。它们最大的优点是看图知意，如图 5-13 所示的这些标志给人以丰富、形象、生动的直观效果。这类标志设计，优劣差异很大，有些形象过分逼真，不但线条复杂多变，不易复制，而且往往显得过于俗气。因此必须在形象化的基础上，大胆地进行概括、提炼，使形象特征更加突出，而具体的图案线型要尽量规范肯定，多采用圆、直线等便于复制，而比例形状又便于控制的图形。

图 5-13　形象型标志

在设计形象型标志时，必须使标志名称、图案与事物本身属性相协调。如一些传统产品的商标，运用复杂线型组成古色古香的图案，可显示其历史悠久，有“百年老店”正宗产品的传统。而对现代化的工业品，需体现信息时代的气息，图案应简洁明快。

第二节 标志设计的基本原理与形式

标志设计与其他图形艺术表现手段有相同之处，但又有自己的特点。它要求具有简练概括而又完美的造型，是富有装饰性的艺术语言，既要便于理解、记忆，又要便于制作和印刷，加之标志的类型和数量繁多，既要互不相同而又具有各自特点且受某些法规的制约，因此，标志的设计与构思比其他艺术表现手段要困难得多。

标志设计与设计师的审美情趣和文化素养有着密切的关系，但它又不是个人情感的恣意宣泄，只有深刻理解标志所代表事物的内涵，根植于文化的基础之中，把握住时代的脉搏，才能使标志意境独特，内蕴丰富，使其具有独特的识别性和时代气息，并具有使用和审美双重价值。

一、标志设计的原则

(1) 图案立意要新，富有创造性　图案不落于俗套，有自身的风格和特点，就容易引起人们的注意，鲜明的形象不用依赖文字说明，就能使人一看便知。随着现代科技的发展，标志设计强调一种理性的抽象构成形式。

(2) 图案简洁　作为视觉识别标志，图案越简洁越容易体现出自身的特征。现代人们生活节奏加快，生活日趋繁忙，从报刊、杂志、电视上浏览各种信息，注目的时间仅几秒钟，因此图案如不简洁强烈，就无法吸引人，也不能留下深刻的印象。

(3) 要与所代表的对象特征相适应　标志与所代表的对象性质和用途必须和谐，适合人们的心理，并代表对象的一定性质特征。如长虹牌彩色电视机、春兰空调、奔驰汽车等，它们的标志名称都与产品本身性质和用途比较协调。

(4) 应具有标准化、规范化和“全天候”特征　标志在应用时，有时可放大至几十平方米，如高层楼顶上的广告标志；小到几平方毫米，如名片上的标志。设计时应考虑到不论其放大或缩小都能清晰可辨，美观大方。一般用色宜少，以一至两色为准。标志应简洁精练，有明确的几何规范，这样在复制中不易变形走样。

(5) 应有强烈的时代感和前瞻性　标志要有时代气息，一经确定，应能长期使用，一般不作轻易改动。现代科技的发展带动了媒体技术的进步，目前普遍应用电视、电脑网络、报纸、霓虹灯和微机控制的声光技术，把光、声、色活动变化的特征同平面构成的艺术形式有机地结合起来，使标志更加生动活泼。正是这种艺术表现力，反映出时代气息。在标志设计中就要全面考虑这些因素，以便能用各种形式很好地表现它们的形象。

(6) 要考虑使用地区的宗教信仰和民族习惯　不同民族、国家和地区的人民有着不同的好恶和禁忌，设计标志时要充分注意，使之便于接受。如牛在印度是神圣的代表；东南亚各国喜爱象的图案；北非一些国家忌用狗作标志图案；日本喜爱樱花，忌用荷花和象征王室的菊花；法国禁用核桃作标志；瑞士把猫头鹰看作死亡的象征等。

上述基本原则是对标志设计总的要求，对于不同类型的标志，其强调的方面有所不同，因此应根据具体的标志设计要求，认真地调查研究，进行多方案的艺术设计，经过比较及评议后才能定出比较理想的设计方案。

二、标志设计的基本原理

标志由图形和文字组成，从某种意义讲，标志中的文字也具有图案的性质。因此，标志基本上是采用平面构成的艺术形式进行设计。现就其设计的基本原理介绍如下。

（一）正形象与负形象

在平面上形象通常被称为“图”，而它周围的空间称为“底”或“地”。如果图在前面，“底”是背景，这种形象就是“正形”（图5-14a）；反之，如果形象实际上是平面上的空白，这种形象在习惯上就被视为“底”，我们称它为“负形”（图5-14b）。

一般情况下，人们容易注意图的正形象，而不注意底的负形象。但在标志设计中，“图”与“底”的关系并非时常都显得很清楚，在设计填色上，往往“正”“负”交错，你中有我，我中有你，不易分清，从而也产生了趣味性（图5-15）。由此可见，在标志中，正形象与负形象都是同等重要的。

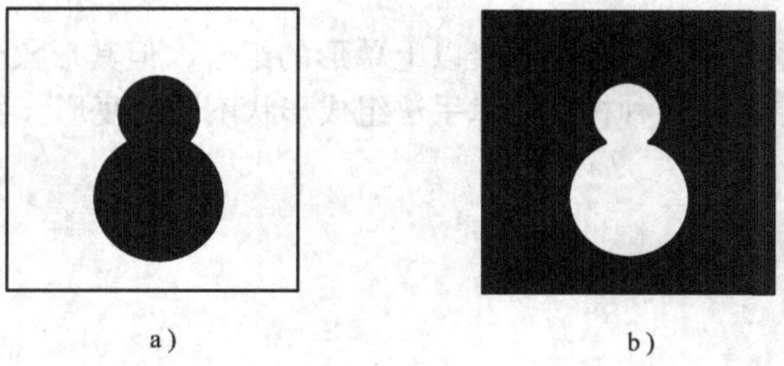

图5-14 图的正形与负形

图5-15 正负形的趣味性

（二）形象的遇合方式

在标志设计中，往往要将几个形象组合在一起，构成新的图案。一般来说，两形相遇时可产生下列各种不同关系。如图5-16a 所示，分离：形与形之间保持一定的距离而不接

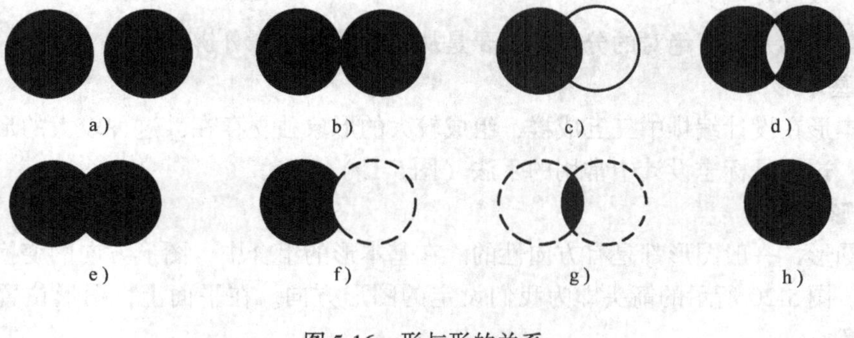

图5-16 形与形的关系

触。图 5-16b 所示，接触：形与形的边缘恰好接触。图 5-16c 所示，覆盖：一个形覆盖另一个形的一部分，覆盖的和被覆盖的形象产生“前与后”的空间关系。图 5-16d 所示，透叠：形与形相互交叠而不掩盖，彼此的轮廓似具有透明性。图 5-16e 所示，联合：形与形联合成新的较大的形，其色彩或肌理须一致或缓慢变化。图 5-16f 所示，减缺：一个形部分地被另一个形所覆盖后，覆盖的形不见了，而被覆盖的形则缺了一块而形成为新的较小的形。图 5-16g 所示，差叠：两个形互相交叠而得到交叠部分的新的形，其他部分的形消失。图 5-16h 所示，重合：两个相同的形彼此重合。

以上八种情况是形与形遇合关系中较为常见的几类，如果再加上其形状变化，相互关系的交叉运用、位置关系的不同安排，就能构成千变万化、多种多样的形。

（三）基本形

平面图案中如果是由相同或相似的形象组成，我们称这些形象为“基本形”。所以基本形在标志设计中是以大小形状相同的形象重复出现，或以相似形出现。基本形复杂程度又有以下几种。

1. 单形

单形是指一个能自成一体的形象，表现出形象的单一性、完整性与独立性，视觉效果中就只有一个，如正方形、圆、三角形等肯定的图形（图 5-17）。从本质上看，任何一个复杂的图形都可以分解成若干个单形。

2. 复形

复形在视觉效果中可以明显地感觉到是两个或是两个以上单形的组合，但其形象仍保持完整独立的效果。设计中可以将单形运用多种构成艺术手法组成形状不同的复形（图 5-18）。

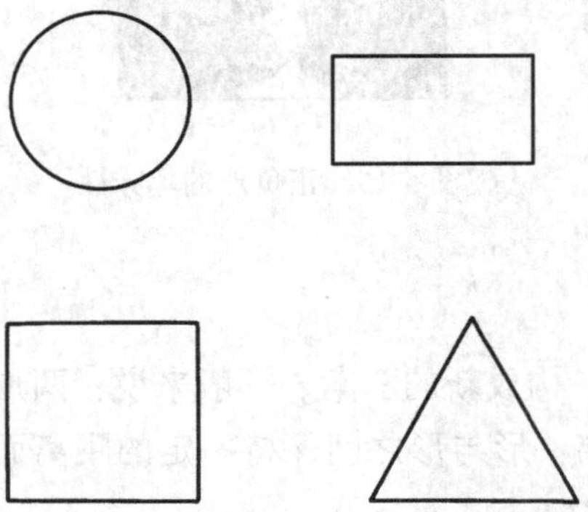

图 5-17　单形

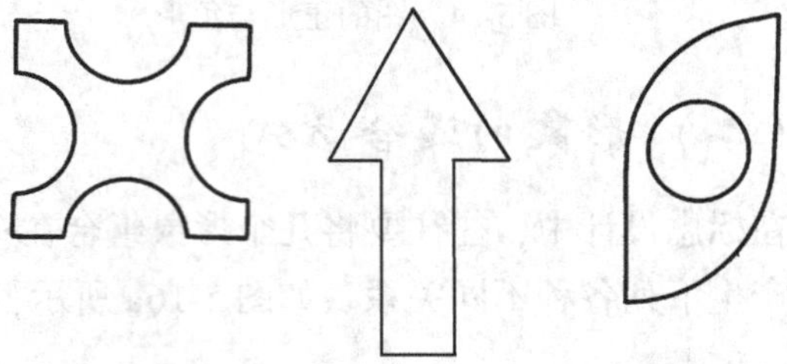

图 5-18　复形

单形与复形并没有绝对的分别，主要是从视觉效果上来分辨。

3. 超基本形

若基本形在设计编排中三五成群，组成较大的形象独立存在，这种较大的形象就称为超基本形，这也是标志设计中常用的手法（图 5-19）。

4. 图形的方向

除了圆形，一般图形都是有方向性的。在基本形的组合中，图形方向的变换是重要的构成因素。图 5-20 所示的箭头即为我们设定的图形方向。在平面上，图形位置一般可作 360°的变换。

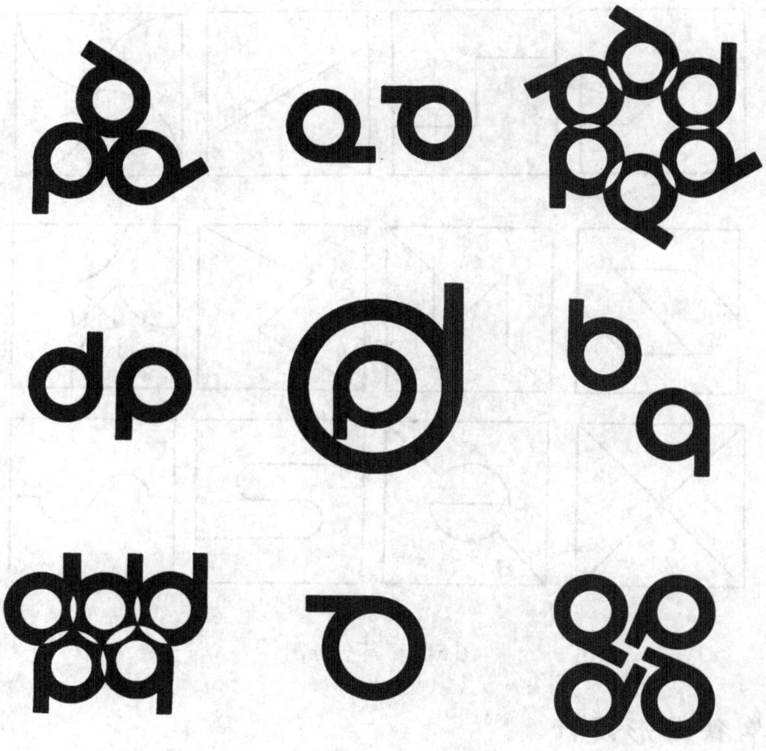

图 5-19 超基本形

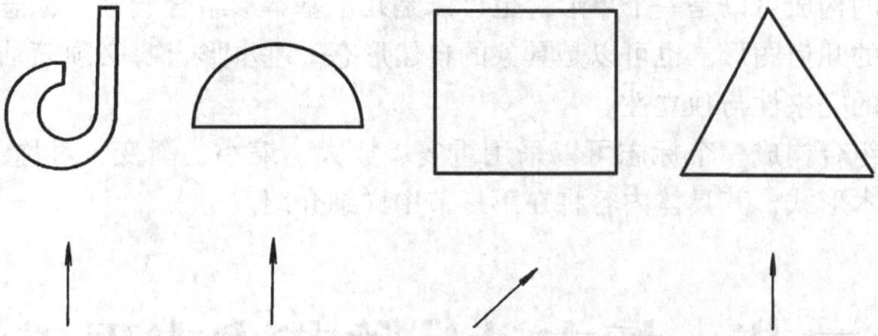

图 5-20 图形的方向性

（四）图形分割

分割是一种重要的构成形式，它是将一个平面图形变成若干个部分构成新的结构整体，使各个部分之间，部分与整体之间呈现良好的均衡关系。

分割构成主要研究分割的量与线型两方面。分割美观的图形，其各部分的比例应当是和谐的，尺度是适宜的，线型必须是协调的。

有规则的分割构成，一般是按照一定的数比关系进行的。因为数比关系体现着“秩序”，而秩序感是美感的重要因素。在标志设计中可借助于分割构成的艺术形式，进行图案的设计。从逆向思维的角度出发，分割的反面即为组合。

图案分割的方法有几种。标志设计中最常用的为等分分割，即指等量同形的分割，就是把一个图形分割成若干相等又相同的部分，这种分割体现出匀称的美，十分和谐得体（图 5-21）。

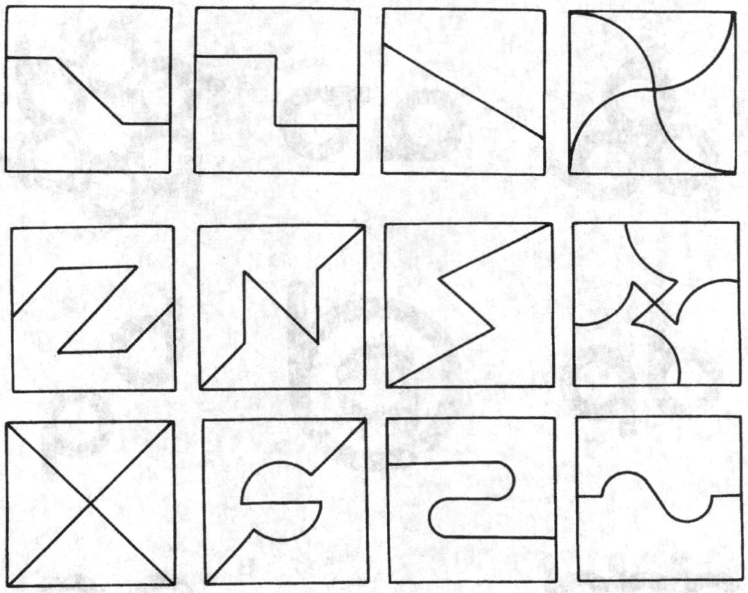

图 5-21 等分分割

（五）单独图形设计

单独图形是指具有独立性的完整图形，它可以作为一个简洁的标志。

单独图形的构成可以是一个单形，也可以是几个基本形组合起来。标志设计中的基本形可以是抽象的几何图形，也可以是具象的自然形态。基本形自身必须简洁美观，组合后还要注意图形的完整性与独立性。

用基本形组合构成一个标志可以采用重复、放大、缩小、渐变、对称、旋转、对比、发射等构成艺术形式，其具体内容将在第三节中详细介绍。

第三节 标志设计的艺术表现手法

一个完整的标志应具有新颖性，图案清晰美观，能确切地符合它所代表对象的属性。在创意阶段首先确定设计方案表现形式：用哪种类型的图案来表现主题；用具象图案还是抽象图案；用文字组合形式还是自然形象等。另一个重要方面是选择确定其艺术表现形式，按照平面构成的美学形式法则进行设计。现将常用的几种表现形式介绍如下。

一、重复

重复形式的标志，是将其所确定的基本形在图形大小不变的情况下，重复（上下或左右）平行排列或交错排列，有的标志仅在基本形方向上作有序的变化（图 5-22）。这种标志形式整齐、规则、稳重，具有节奏感和韵律美感。

图 5-22　重复形式的标志

二、渐变

渐变形式的标志是将所确定的基本形在形状上作有规律的由大至小或由小至大按比例的变化（图 5-23）。有的标志也允许基本形的图形作有序的渐变；有的在基本形渐变的同时，在图形方向、色彩、肌理等构成要素方面作有规律的变化。渐变形式的标志有强烈的节奏感、韵律感和动感。

图 5-23　渐变形式的标志

三、发射

发射是常见的自然现象，如太阳的光芒、盛开的花朵、孔雀开屏等均成发射状。

发射形式的标志其特征是基本形围绕一个中心，有如发光的光源那样向外发射所呈现的视觉形象（图 5-24）。这种标志具有渐变的效果，有较强的韵律感，是重复和渐变形式的特殊表现。由于图案具有光芒四射的效果，所以能给人以强烈的吸引力，在标志设计中是较为广泛的一种表现形式。

发射标志的构成要素，首先是一个发射中心，该中心位于图案中间，可以是一个图形，也可以将该发射点隐去，不表现出来。再就是由中心向外发射的基本形，这种长条状

图 5-24　发射形式的标志

和三角形基本形的对称线均通过发射中心。

四、旋转

旋转形式的标志具有较强的动态，能给人一种循环不止的心理感受。它容易吸引人的注意力，形成视觉中心。如图 5-25 所示是几种旋转形式的标志，其构成特点是基本形围绕旋转中心作轴对称分布。由于基本形的方向围绕中心依次变化，故能产生一种旋转运动的视觉效果。

图 5-25　旋转形式的标志

五、对比

对比是人们认识事物的重要方法。在设计中，要想使某个形象突出，就必须有与其相对的形象进行比较。要表现一个形象高，就要在它的边上放置一个矮的形象；要使形象显得白，就要在其旁放一个黑的形象。在设计中运用对比手法便可突出某种形象和内容，这是我们经常运用的一个重要手段。图 5-26 所示的是对比形式标志的几种图例，它们主要是运用“图”“底”转换，黑白对比的形式，具有清晰、醒目、视觉冲击力强的特点。

图 5-26　对比形式的标志

六、交叉

交叉形式的标志，其主要特点是在平面上创造出层次十分清晰的立体图形，使标志显得厚实起来，同时通过基本形的依次穿插，增加了图案的动感和趣味性。图 5-27 所示是几种交叉形式的标志。

从图形的寓意性看，交叉的图形具有联系紧密、团结一致、相互合作等含义。

图 5-27　交叉形式的标志

七、对称

对称一贯是形式美的重要法则，它符合人的生理、心理及自然规律。将这一形式用于标志设计中，可获得庄重、严格、稳定的效果。图 5-28 所示的对称标志都为左右对称形式。在上面所述的发射、旋转形式标志中，实际是对称的另一种形式。

以上是将标志设计的艺术构成形式分别予以阐述。实际上，往往在一个标志中采用几种构成形式进行设计，需要设计者灵活运用、具体分析才能取得理想的效果。

图 5-28　对称形式的标志

第四节　CI 设计简介

一、CI 的定义

CI（Corporate Identity，企业识别或企业形象）作为一种建立、传达企业形象完整、理想的方法，近年来已为越来越多的企业和专家所推崇，并在世界范围内广泛流行。目前，CI 系统已经成为企业的一种战略导向，并影响着企业的市场策略和管理方式。

CI 最早是由美国著名设计师莱蒙特・罗维、波尔和兰多等在 1930 年提出，但 CI 真正得到发展是在 20 世纪 50 年代后，美国的 IBM 公司首先实施了 CI 计划，并取得了成功。IBM 的成功又激发了其他许多美国先进企业纷纷导入 CI 计划。在 1970 年，可口可乐公司在世界范围内采用了统一的识别系统设计，此举轰动了全世界。随后，日本也开始研究并实施 CI 计划，并陆续在金融业、零售业以及制造业采用了 CI。我国的 CI 设计开始于 20 世纪 80 年代，经过 20 多年的发展，已经逐渐被企业所接受，全面导入 CI 的企业也日益增多。

所谓 CI，是指对与企业形象有关的一切要素（理念、行为、视觉等）进行全面系统的规划设计，并通过全方位、多媒体的统一传达，塑造出高人一等的一贯形象，以谋取社会大众认同的企业形象战略系统。

CI 是现代企业发展的一种全新的概念，而且由于世界各国以及各行各业采用 CI 设计及 CI 的工作千姿百态，往往都从各自的立场和实际来开展对 CI 的理论研究。

综合不同观点可以得出：CI 设计是一种不断地改变企业形象，注入新鲜感，使企业更能引起外界注意，进而提高业绩的经营技法；CI 设计能把所有宣传企业存在的媒体求得视觉传达统一起来，进而有效地利用注册商标、企业标准色彩等要素，从广告宣传物、产品、包装品以及产品说明书等，到企业的建筑物（工厂等）、车辆、信笺抬头和票据等都加以统一设计，由此求得企业具有统一的形象，从而使人们明确地意识到某企业的存在。

二、CI 系统的基本组成

企业识别 CI 由下列三个部分组成：理念识别（Mind Identity，MI）；行为识别（Behaviour Identity，BI）；视觉识别（Visual Identity，VI）。

（一）理念识别（MI）

理念识别是整个识别体系的总体规划和界定原则。它是确立企业独具特色的经营理念，是企业生产经营过程中对设计、研究、生产、营销、服务、管理等经营理念的识别系统，主要包括：企业使命、企业存在的意义与价值、企业精神、价值取向、经营目标、员工培训。对外影响企业的营销活动、公益事业、广告活动。理念识别要鲜明而有个性，能充分展现企业存在的价值和意义，建立良好的企业形象。

（二）行为识别（BI）

行为识别是非视觉化动态的识别形式。对内负责组织管理，包括：工作环境、生产设备、研究发展、生产福利及员工教育（礼貌仪表、服务态度、上进精神）等。对外负责开展各种活动，包括：市场调查、促销活动、公共关系、产品开发、流通对策、金融对策、公益性活动、文化性活动等。实施 CI 时，需要企业全体员工的协助进行，员工是将企业形象传递给外界的重要媒体。如果员工的素质有问题，将给公司带来很大的伤害。例如员工的态度、举止不像样；营业员对顾客态度不佳；秘书接电话不礼貌；有公司标志的车辆不遵守交通规则；和客人约谈的聚会无法准时赴约等，以上情况发生将对公司形象造成伤害。

任何营运状况正常的企业，都有两种不同的力量，其一是离心力，其二是向心力。离心力是指使企业向外扩展的作用力，如：销售、服务活动范围的扩大，商品的多样化等，离心力的作用是向外的。向心力则是指一种向内部集中，借以强化共同体的团结力。由此可见，离心力和向心力的作用方向相反。但对企业来说，这两种作用力必须相辅相成，合二为一。

（三）视觉识别（VI）

视觉识别是指企业视觉识别的一切事物，包括企业标志、名称、商标、标准字、标准色、事务用品、传播媒介、交通工具、制服等。

VI 是静态的识别符号，是 CI 最外露、最直观的表现，也是 CI 中分列项目最多、层面最广、效果最直接的向社会传递信息的部分。其作用是将企业理念、企业特质、服务内容、企业规范等抽象概念转化为具体的视觉符号，塑造出独特的企业形象。视觉识别系统最具有传播力和感染力，最容易被社会大众接受。其实质是用图形、文字、色彩对企业理念的一种深层次提炼，它将复杂多样的企业理念浓缩为一种耐人寻味的寓意，成为具有强烈视觉冲击力的符号，给人们留下深刻印象。同时，由于视觉系统本身的美学价值，给人的愉悦感受，又可艺术地提升企业形象。

三、CI 的功用

每一个企业都有一个形象，无论重视与否，它总是存在着。成功的企业都善于透过对企业形象的整体规划，以优秀的形象来突出与众不同的企业存在价值，进而引起消费者的关注、共鸣和回馈。成功的企业或品牌形象一旦树立，更需要多方位和长期化的培育。

在竞争激烈的当今信息社会中，能传达出有效且高品质信息的企业，才能在和社会关系的互动中屹立不倒。CI 正是结合现代企业管理理论与设计观念的整体性运作，是以刻画企业个性，突出企业精神理念，使消费者产生一致的认同感，从而达到促进销售目的的全案设计。它具有如下特点：

（1）象征性　CI 在本质上就是企业自我的同一性与同质化，企业必须先对自身具有的特质、经营理念、经营行为的同一性与连续性作一番自我认知，以此为 CI 构架之根本。

（2）凝聚力　在企业内部，CI 所确立的企业精神、工作规范可以激发员工的士气与自信心，增强凝聚力，提高管理效率。用 CI 可创造企业在创业之初的那种活力和环境，确立适合时代的认同感，进而从内部到外部树立企业形象。

（3）竞争力　对于企业或集团，良好的形象，除有助于力量的整合及化解风险外，更可以提携新生代的相关企业，发挥多元化的正面效果，提高沟通的效率和效果，使得企业的信息价值和设计水平得到提升，有利于企业形象的整体发展。

CI 活动的最终目的，是希望能建立良好的企业形象，博得消费者的好感，使企业产品更畅销。而宣传活动所建立的形象，再经由商品和消费者的接触而扩大效果，从而形成良性循环。因此，创造价值是 CI 设计的本质。

四、CI 系统的开发程序和方法

（一）调查研究阶段

在确认导入 CI 的方针和目的后，就有实行企业形象调查的必要。这是对本企业历史的回顾，现状的分析，为开发设计提供可靠的依据。

（1）企业自身研究　包括：历史沿革、企业组织机构、经营方针、营运能力、领导层经营理念、广告意识、员工素质，现行市场销售策略与对应措施，企业发展的潜力评估，近期与中长期既定发展目标，企业优势和缺陷的分析与评估。

（2）市场调查　包括：国内外市场产品的结构、产品的市场分布、产品的市场含量、销售价格、销售渠道的调查，竞争者的广告策略、广告预算、广告种类、广告特点的调查。

（3）代理商、经销客户调查　包括：经销代理商的分类、地域区别、营运能力、经销特点等的调查研究。

（4）消费者调查　包括：消费者的生活意识、购买动机、购买能力、地域区别、文化层次、审美观念等以及潜在的市场消费者的调查。

（5）产品自身研究　包括：产品种类、特点、功能、质量、价格、外观造型、成本的调查，调整产品结构的可能性与可行性评估，潜在价值与附加价值的调查。

（6）广告策略研究　包括：现行广告的战略思想与政策原则的再研究，广告种类与各自占有的比重，媒体的选择，发放频率，以及广告预算、广告主题、制作水平、大众反应如何等。

（二）设计开发阶段

当今社会是以“激烈化”、“多样化”、“专精化”等三轴为中心而不断地发展变化。

由于科学技术的不断发展，商品的品质、生产技术、销售价格均趋向“同质化”，唯一的差别就在于形象好坏。企业为了扩大“市场占有率”，提高士气，促进员工的向心力，利用信息传递活动来维持外界对企业的好感，而赖以运用 CI 来塑造企业形象，以增进差异化的竞争能量。

CI 的目的是与竞争对手产生差别化，形成适合本公司活动的环境。CI 竞争即是企业间的个性竞争，因此缺乏差异化的 CI 概念是没有价值的。在整个企业识别系统的视觉设计中，应用最广、出现频率最高的是商标，它是视觉设计的核心。商标在消费者心目中是企业、品牌的象征。由此可见，设计一个构思独特、格调清新、单纯强烈、简洁明确的标志是 CI 战略中关键性设计。

（三）实施管理阶段

CI 的设计与管理，必须从开发设计系统做起，将以上各项基本要素设计定型、规范（包括标准范例和禁止使用范例），再将它运用于应用项目中。一般的方法是：先制作具有代表性的应用项目和设计范例，再把它们规格化并制成企业识别手册，这样就可以以手册为标准，实施内部的管理和制作。

要使设计与管理准确，制订一份严格细致的 CI 手册十分重要。CI 手册一般由基本要素和应用要素两部分组成，可以编成一本手册，也可以分为两册。手册的编排形式并不重要，只要便于使用，说明清楚即可。

良好的设计与管理，是达成 CI 成效的最终条件。严格遵守手册内的规定虽然是必须的，但遵守规定的目的只是为了确保作业的水准。对于那些有工作能力的人，手册的规定非但不会阻碍其创造力的发挥，反可助一臂之力。CI 手册是企业界极重要的智慧资产。

CI 手册中有关视觉识别系统的内容：

A. 基本要素

- 标志与标志的制图法
- 标准字与标准字的制图法
- 标准色与标准色的标示法
- 标志、标准字、标准色的变体设计
- 企业吉祥物
- 专用字体
- 版面编排模式及规定

B. 基本要素的组合系统

- 基本要素的组合规定
- 基本要素组合系统的变体设计
- 禁止组合的范例

C. 应用要素

- 业务用品（名片、信封、信纸、账票等）
- 广告媒体
- 包装设计
- 招牌、旗帜
- 专用车辆外观
- 办公室用品
- 员工制服

● 建筑与环境

图 5-29 所示为某公司商务车车身色彩图案与标志设计的应用实例。图 5-30 所示为“苹果”专卖店设计实例，该店采用玻璃全透明的建筑风格，除了发光的“苹果”标志外，没有任何文字图案装饰，显出简洁、朴实的现代感。图 5-31 所示为尼康数码相机的包装盒设计。

图 5-29　企业商务车车身色彩图案与标志设计

图 5-30　“苹果”专卖店设计

图 5-31　尼康数码相机包装盒

企业识别体系（CI）引入我国，至今已有较长的历程，无论从理论层面或实践层面而言，都已取得长足进展。在产业界从“中国制造”向“中国创造”的转换中，为推动中国企业的现代化和国际化进程发挥了一定的作用。在 CI 实施过程中，人们一般重视视觉识别（VI）的外部视觉表现形式，而忽视理念识别（MI）、行为识别（BI）的文化内涵和内部管理；重视前期的策划、设计和导入，而忽视长期的企业品牌形象积累，使得 CI 实施达不到大幅提升企业形象的预期。应看到 CI 是个规模很大的动态体系，在实施过程中既需要各类专家的协调合作，进行适时调整和管理，也需要企业每一个成员的配合，才能实现整个体系的目标，营造和体现企业形象，最终通过提升企业形象力，以强化企业的市场竞争能力。

Industrial Design

第六章 人机工程设计

第一节 概　述

美在于适宜，在于事物的和谐。设计一台造型优美的产品，不但要满足人们视觉的审美需求，而且要适合于人的使用操作。如果工业产品在操作使用上不方便、不舒适，仍然不是完美的设计。工业产品要适合人的使用，要保证有高的生产率，必须有良好的工作环境和合适的操纵装置，各种仪表、显示器和信号装置也必须是清晰易辨且使用方便，这些都与产品造型有着密切联系。

在现代，正发展着特殊的“拟人化”技术和开展着技术对人影响的研究。“人的因素”在现代生产中有很大的意义。正如国外统计数字表明：生产当中 58% ~70% 的事故是与轻视“人的因素”有关。对交通事故的研究表明：在相同的行车条件下，有些人发生的交通事故明显多于其他人，这说明在驾驶者中确实存在着驾驶适宜性问题，也就是人具备圆满完成驾驶工作的素质。人机工程正是研究人的劳动过程的机能特点，以便为其创造较好的劳动条件，即不仅仅要保证提高劳动生产率及劳动安全，而且在劳动中要有必要的舒适条件，也就是要保持人的体力、健康和工作能力。操作条件可分为四种情况：令人难忍的、不舒适的、舒适的和非常舒适的。根据这些条件划定的舒适程度区如图 6-1 所示。按照舒适程度区便可拟定出免遭外界侵

图 6-1　舒适程度区

扰的环境防护措施。舒适与有效是人机工程学的核心，人机工程设计在产品造型设计中起着重要的作用。

一、人机工程学的命名和定义

人机工程学是一门新兴的边缘学科。该学科在美国称为“Human Engineering”（人类工程学）；西欧国家称“Ergonomics”（工效学）；日本称“人间工学”；前苏联称“人机工程学”；我国除了在机械工程领域中普遍用人机工程学命名外，目前常用的名称还有：人体工程学，工效学，人类工程学，人的因数工程学，工程心理学，应用试验心理学等。

同样，对该学科所下的定义也不尽相同。美国人机工程学专家查里斯.C. 伍德（Charles. C. Wood）对该学科所下的定义为：设备设计必须适合人的各方面因素，以便在操作上付出最小代价而求得最高效率；我国1979年出版的《辞海》中将人机工程学定义为“人机工程学是一门新兴的综合学科。运用人体测量学、生理学、心理学和生物学等研究手段和方法，综合地进行人体结构、功能、心理以及力学等问题研究的学科。用以设计使操作者能发挥最大效能的机械、仪器和控制装置，并研究控制台上各个仪表的最适合位置”；国际工效学学会（International Ergonomics Association，IEA）给本学科下过一个最全面的定义：是研究人在工作环境中的解剖学、生理学、心理学等诸方面的因素，研究人－机器－环境系统中的交互作用着各个组成部分（效率、安全、健康、舒适等）在工作条件下、在家庭中、在闲暇时间内如何达到最优化的一门学科。

随着学科的发展，2000年IEA又发布了新的人机工程学定义：人机工程学是研究系统中人与其他组成部分交叉关系的一门学科，并运用其理论、原理、数据和方法进行设计，以优化人的健康幸福与整个系统效能；研究领域分为以下三方面：

（1）身体工效学　研究人体解剖、人体测量、生理和生物力学等与身体活动相关的特征。相关课题包括工作姿态、物质搬运、重复运动、肌肉骨骼疾患、工作空间布局、安全和健康等。

（2）认识工效学　研究心理过程，如知觉、记忆、推理和运动反应，影响系统中人与其他因素的交互作用。相关课题包括脑力负荷、决策、技术效能、人机交互、人的可靠性、工作压力以及培训等人机系统设计有关的方向。

（3）组织工效学　研究优化社会技术系统，包括组织结构、政策和过程，相关课题包括沟通、机组资源管理、任务设计、工作时间设计、协作、参数式设计、团队工效、合作、新工作范式、组织文化、虚拟组织、远程工作，以及质量管理。

二、人机工程学的发展史

人机工程学起源于欧洲，形成于美国，作为一门独立的学科已有近60年的历史。第二次世界大战前，它已经历了经验人机工程学和科学人机工程学两个发展阶段，其后便进入了现代人机工程学阶段。

在古代虽然没有系统的人机工程学研究方法，但从人类所创造的各种器具和原始文化以及实际操作的可能性来看，是符合人类工程学原理的：旧石器时代所制造的石刀、石枪等狩猎工具，大部分呈直线形状；到新石器时代，人类所制造的锄头、铲刀及石磨等的形状，就逐渐变得更适合人使用了；青铜时代以后，人类所创造的工具更是大大地向前发展了。这些工具由于人的使用和改造，由简单到复杂并逐步科学化。这种实际存在的“人－

机”关系及其发展的最初阶段被称为经验的人机工程学。如指南车的设计，被认为是经验的人机工程学的典型案例。

经验的“人－机”学一直延续到工业革命时期，这时，人们所从事的劳动在复杂程度上和负荷量上都有了很大变化。因此改革工具以改善劳动条件和提高劳动效率成为最迫切的问题，从而使人们开始对经验的人类工程学所提出的问题进行科学研究，并促使经验的人类工程学升华为科学的人类工程学。这一转变过程以几个比较有名的研究实验为代表。

1. 肌肉疲劳试验

1884 年德国学者 A. 莫索（A. Mosso）对人体劳动疲劳进行了研究。当人作业时，将人体通以微电流，随着人体疲劳程度的不同，电流也随之变化，然后再用电信号将人体的疲劳程度测量出来。这一研究为后来形成的“劳动科学”学科打下了基础。

2. 铁锹作业试验研究

1898 年美国工程师泰罗从人类工程学的角度出发，对铁锹的使用效率进行了研究。他用形状相同而铲量不同的四种铁锹（每次可铲重量分别为 5kg、10kg、17kg 和 30kg）去铲同样一堆煤，如图 6-2（铁锹作业试验）所示：虽然 17kg 和 30kg 的铁锹每次铲量大，但试验结果表明，用 10kg 的铁锹铲煤效率最高。经过多次试验，终于找出了铁锹的最佳设计和搬运煤屑、铁屑、砂子和铁矿石等松散粒状材料时每一铲的最适当重量，这就是被称人类工程学著名的第一次试验“铁锹作业试验”。

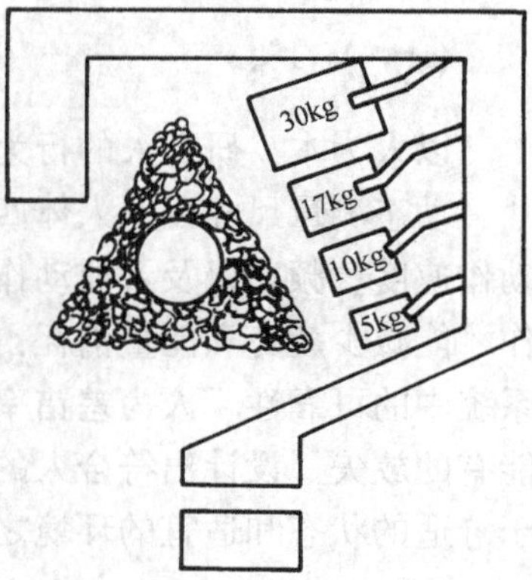

图 6-2　铁锹作业试验

3. 砌砖作业试验

1911 年 F. B. 吉尔伯勒斯对美国砌砖工人进行了试验，他用快速摄影机拍摄砌砖工人动作，然后对砌砖动作进行分析研究，去掉无效动作，提高有效动作的效率，使工人的砌砖速度由当时的每小时 120 块提高到 350 块。

第二次世界大战期间，一些国家，特别是美国，大力发展高效能和威力大的新式武器和装备。可是只片面地注重这方面的研究和发展，而忽略了对使用者操作能力的训练，因此，失败的教训屡见不鲜。以飞行来说，由于飞机座舱及仪表位置设计不当，造成驾驶员误读仪表盘和误用操纵器时发生意外事故，尤其是驾驶战斗机作战时，由于操作不灵活，命中率降低等现象经常发生。这些事故发生的主要原因，归结起来有两个方面：一是这些控制仪器的设计，没有充分考虑人的心理和生理特征，致使仪器的设计和配置不当，不能适应人的要求；二是操作人员缺乏训练，不能适应复杂机器系统的操作要求。这些教训，引起了决策者和设计者的高度重视。他们深深感到“人的因素”在设计中实在是不能忽视的一个重要条件，同时认识到，要设计好一个现代化设备，只有工程技术知识是不够的，还必须有其他学科方面的知识，如生理学、心理学等方面的知识。由于他们重视了对这些相关学科的综合应用，从而使科学的人类工程学应运而生。这一阶段被称作科学的人类工程学研究阶段。

从 20 世纪 70 年代开始，由于各种新技术、各种自动装置以及电子计算机的应用，促进了生产领域的革命。同时，在科学领域中，由于系统工程学、控制论、信息论、仿生学等学科的迅速发展，使系统理论的研究应运而生，这给人机工程学又提出了许多的课题，如人－机－环境系统的最佳化、劳动条件的舒适化、管理制度科学化等。这类课题的研究促使人机工程学进入了系统的研究阶段。

三、人机工程学的研究对象和范围

人机工程学研究的主要内容就是“人－机－环境”系统，简称人机系统（Man－Machine System）。构成人机系统“三大要素”的人、机，环境，可看成是人机系统中三个相对独立的子系统，分别属于行为科学、技术科学和环境科学的研究范畴。以这三大要素作为基本结构，不仅着重三大要素本身性能的分析，而且更重视三大要素之间的相互关系、相互作用、相互影响以及三大要素间协调方式的研究，以便有效地发挥人的作用，并为操作者提供安全和舒适的环境，从而达到提高工作效率的根本目的。围绕这一目的，着重研究以下几个方面的问题。

（一）人

以人为本，研究人的行为特征及器官的功能限度为前提。例如，研究人体静态测量尺寸、动态测量尺寸以及人体四肢向不同方向伸展时达到的范围；研究人体各部分的出力、动作速度、频率以及习惯动作等；分析人体对各种负荷的反应速度、适应能力以及怎样工作才能减少疲劳和能量消耗；研究人体对各种环境因素的生理反应和承受限度；研究人在系统中的可靠性、人为差错率及其影响因素，以及人在劳动中的最佳心理条件等。这样才能有的放矢，设计出符合人的生理、心理特点的设备、机械或工具，使操作者在操纵时处于舒适的状态和适宜的环境之中，使人能更有效地做功。

（二）机

研究机器系统中直接由人操作或使用的部件设计。如各种显示器、操纵器、控制台、座椅、环境照明等，都必须适合于人的使用。如怎样设计仪表才能保证操作者看得清晰、认读迅速、误读率低；又如怎样设计操纵器才能使操纵者使用时得心应手、方便、省力而又高效等，这都要提供必要的人机工程学参数和具体的要求。

（三）环境

随着现代化技术和工业生产的发展，作业现场将会出现各种各样有害的环境条件，例如：高温、低温、照明、振动、噪声、污染、辐射以及气压变化等作业环境。为了控制作业中有害的环境因素，以保障操作者的安全、健康、舒适，并保证生产的高效，需要采取一系列的措施来改善和控制这些有害的环境条件。因此，必须研究和设计各种有害环境控制设备和保障人身安全的装置。

（四）研究人机系统的整体设计

为了提高整个人与机所构成的系统效能，除了必须使得机器系统的各个部分（包括它的环境系统）都适合人的要求外，还必须解决整个人机系统中人和机器的职能如何合理分工和相互配合的问题，即研究机器和人的各自特点，分析人机系统中哪些工作适合于机器承担，哪些工作适合于人担任，两者如何合理配合，人和机器之间如何交换信息等。不论人和机的结合方式如何，人与机之间的关系都可以用一个简化模型加以描述，如图6-3所示。又如汽车驾驶者的年龄差距是很大的，设计师就面临着怎样使得人体特征差异如此巨大的驾驶者群体中的大多数人，对轿车的使用性能都感到满意的挑战。

“人－机”间的配合与分工（也称“人－机”功能分配），应全面综合考虑人与机的

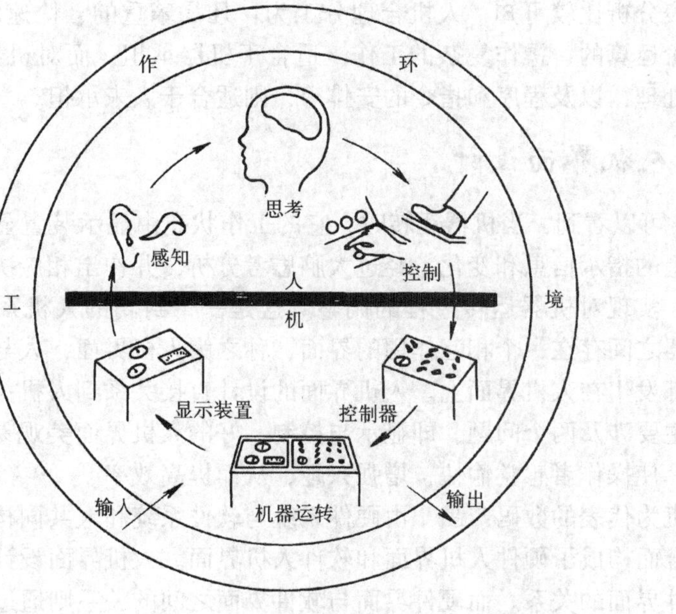

图 6-3 人机系统简化模型

特征及机能，使之扬长避短、合理配合，充分发挥人机系统的综合使用效能。表 6-1 列出了人与机的特征机能比较，可供设计时选用参考。

表 6-1 人与机的特征机能比较

比较内容	人 的 特 征	机器的机能
感受能力	人可识别物体的大小、形状、位置和颜色等特征，并对不同音色和某些化学物质也有一定的分辨的能力	接受超声、辐射、微波、电磁波、磁场等信号，超过人的感受能力
控制能力	可进行各种控制，且在自由度、调节和联系能力等方面优于机器，同时，其动力设备和效应运动完全合为一体，能"独立自主"	操纵力、速度、精密度，操作数量等方面都超过人的能力，但不能"独立自主"，必须外加动力源才能发挥作用
工作效能	可依次完成多种功能作业，但不能进行高阶运算，不能同时完成多种操纵和在恶劣环境条件下作业	能在恶劣环境条件下工作，可进行高阶运算和同时完成多种操纵控制，单调、重复的工作也不降低效率
信息处理	人的信息传递率一般为 6bit/s 左右，接受信息的速度约 20 个/s，短时间内能同时记住信息约 10 个，每次只能处理一个信息	能储存信息和迅速取出信息，能长期储存，也能一次废除。信息传递能力、记忆速度和保持能力都比人高很多
可靠性	就人脑而言，可靠性和自动结合能力都远远超过机器。但工作过程中，人的技术高低、生理及心理状况等对可靠性都有影响 可处理意外的紧急事态	经可靠性设计后，其可靠性高，且质量保持不变。但本身的检查和维修能力非常微薄，不能处理意外的紧急事态
耐久性	容易产生疲劳，不能长时间地连续工作，且受年龄、性别与健康情况等因素的影响	耐久性高，能长期连续工作，并大大超过人的能力

根据列表分析比较可知，人机合理分工为：凡是笨重的、快速的、精细的、规律的、单调的、高阶运算的、操作复杂的工作，适合于机器承担；而对机器系统的设计、维修、监控、故障处理，以及程序和指令的安排等，则适合于人来承担。

（五）人机界面设计

由图6-3可以看到，当机器运转时，它的工作状态由显示装置显示出来，操作人员感知到显示器上的指示信息和变化，经过大脑思考分析，并作出相应决策，再通过手、脚等操作控制器，实现对机器运转过程的调整。这是一个封闭的人机系统，在这个系统模型中，人与机器之间存在一个相互作用的界面，称之为人机界面，人与机器之间的信息交流和控制活动都发生在人机界面上。人机界面的设计直接关系到人机关系的合理性，而研究人机界面则主要涉及两个问题，即显示与控制。好的人机界面美观易懂，操作简单，且具有引导功能，使操作者感觉愉快，增强兴趣，从而提高效率。

以计算机为代表的数码产品，由硬件系统与软件系统和人共同构成人机系统，人与硬件、软件结合而构成了硬件人机界面和软件人机界面。人机界面设计处理的是人与硬件界面、人与软件界面的关系。而硬件界面与软件界面之间的关系则通过计算机技术来解决。

硬件人机界面设计主要指在人机交互过程中硬件产品的设计，包括计算机和数码产品的造型设计，其中信息输入设备有键盘、鼠标、光笔、跟踪球、触摸式屏幕、操纵杆、图形输入仪、声音输入设备、数据手套、视线跟踪器等，信息输出设备有屏幕显示器、投影仪、头盔显示器、声音输出设备、电视眼镜、打印机等（图6-4）。软件人机界面设计传统的有命令语言、菜单、填表界面等。随着多媒体技术的发展，出现了图形用户界面，用自然语言进行人机交互的方式等，其设计要求是人机界面应保持简单、自然、友好、方便、一致。

图6-4　手机的硬件界面

现在计算机与数码产品已普及到人们的日常生活中，因而人机界面设计就成为人机工程学重要的研究内容。

四、人机工程学的研究方法

人机工程学涉及的学科很多，研究范围甚广，常用的研究方法有以下几种。

（一）实测法

实测法是通过实际测量人体各部分静态和动态数据，测量各种机械设备的性能参数，测量人在劳动前后或劳动过程中各种生理指标的动态变化等。实测所得的资料为机械和装置的设计、作业空间的布置以及人机系统的设计提供科学的依据。

（二）实验法

实验法一般是在试验室进行，但也可以在其他环境下进行。例如，研究室内照明与认读速度之间的关系，可以设法使室内的照度作有规律的变化，同时测量被试者在每一单位时间内的认读字数。此试验中，室内照度是试验变量，而认读速度则属因变量。获得一定数量的实验数据后，便可研究两种变量之间的关系。又如在研究色彩环境对人的生理和工作效率的影响时，可对各种色彩环境下人的不同反应进行长时间的观察，以便获得比较真实的实验数据。

（三）分析法

分析法是在前两种方法的基础上进行的，如对人在操作机器时的动作分析，首先要用实测的方法，或用轨迹摄影及高速录像技术，将人在操作过程中的每一连续动作逐一记录下来，然后再进行分析研究，通过这种分析研究，以便排除操作中的无效动作，减少人的重心移动，纠正不良的姿势，从而有效地减轻人的劳动强度，提高工作效率。

第二节 人体参数特征

利用人体参数可以定量地设计出合理的产品。人体特征参数测量包括的内容很多，但与产品设计有关的主要方面有人体静态尺寸、人体动态尺寸以及人体的机能限度。

一、人体静态参数

人体尺寸是人体测量学工作者辛勤劳动的结晶。我国于 1988 年 12 月 10 日发布了《中国成年人人体尺寸》标准（GB/T 10000—1988），于 1989 年 7 月开始实施该国家标准。它适合于工业产品设计、建筑设计、工业的技术改造、设备更新，以及劳动安全保护装置和用品的设计。

该标准共提供了七大类共 47 项人体尺寸基础数据，标准中的数据是代表从事工业生产的法定中国成年人（男 18 ~60 岁，女 18 ~55 岁）人体尺寸，并按男女性别分开列表。

表 6-2 为我国成年人人体主要尺寸，其测量部位见图 6-5a。

表 6-2 我国成年人人体主要尺寸 （单位：mm）

年龄分组	男：18 ~60 岁							女：18 ~55 岁						
测量项目 \ 百分位数	1	5	10	50	90	95	99	1	5	10	50	90	95	99
1.1 身高	1 543	1 583	1 604	1 678	1 754	1 775	1 814	1 449	1 484	1 503	1 570	1 640	1 659	1 697
1.2 体重/kg	44	48	50	59	71	75	83	39	42	44	52	63	66	74
1.3 上臂长	279	289	294	313	333	338	349	252	262	267	284	303	308	319
1.4 前臂长	206	216	220	237	253	258	268	185	193	198	213	229	234	242
1.5 大腿长	413	428	436	465	496	505	523	387	402	410	438	467	476	494
1.6 小腿长	324	338	344	369	396	403	419	300	313	319	344	370	376	390

表 6-3 为我国成年人立姿人体尺寸，其测量部位见图 6-5b。

表 6-3　我国成年人立姿人体尺寸　　（单位：mm）

测量项目 \ 百分位数 \ 年龄分组	男：18～60 岁							女：18～55 岁						
	1	5	10	50	90	95	99	1	5	10	50	90	95	99
2.1 眼高	1 436	1 474	1 495	1 568	1 643	1 664	1 705	1 337	1 371	1 388	1 454	1 522	1 541	1 579
2.2 肩高	1 244	1 281	1 299	1 367	1 435	4 155	1 494	1 166	1 195	1 211	1 271	1 333	1 350	1 385
2.3 肘高	925	954	968	1 024	1 079	1 096	1 128	873	899	913	960	1 009	1 023	1 050
2.4 手功能高	656	680	693	741	787	801	828	630	650	662	704	746	757	778
2.5 会阴高	701	728	741	790	840	856	887	648	673	686	732	779	792	819
2.6 胫骨点高	394	409	417	444	472	481	498	363	377	384	410	437	444	459

表 6-4 为我国成年人坐姿人体尺寸，其测量部位见图 6-5c。

表 6-4　我国成年人坐姿人体尺寸　　（单位：mm）

测量项目 \ 百分位数 \ 年龄分组	男：18～60 岁							女：18～55 岁						
	1	5	10	50	90	95	99	1	5	10	50	90	95	99
3.1 坐高	836	858	870	908	947	958	979	789	809	819	855	891	901	920
3.2 坐姿颈椎高点	599	615	624	657	691	701	719	563	579	587	617	648	657	675
3.3 坐姿眼高	729	749	761	798	836	817	868	678	695	704	739	773	783	803
3.4 坐姿肩高	539	557	566	598	631	641	659	504	518	526	556	585	594	609
3.5 坐姿肘高	214	228	235	263	291	298	312	201	215	223	251	277	284	299
3.6 坐姿大腿厚	103	112	116	130	146	151	160	107	113	117	130	146	151	160
3.7 坐姿膝高	441	456	464	493	523	532	549	410	424	431	458	485	493	507
3.8 小腿加足高	372	383	389	413	439	448	463	331	342	350	382	399	405	417
3.9 坐深	407	421	429	457	486	494	510	388	401	408	433	461	469	485
3.10 臀膝距	499	515	524	554	585	595	613	481	495	502	529	561	570	587
3.11 坐姿下肢长	892	921	937	992	1 046	1 063	1 096	826	851	865	912	960	975	1 005

表 6-2、表 6-3、表 6-4 是用百分数表示人体某项测量尺寸大小所处的位置。

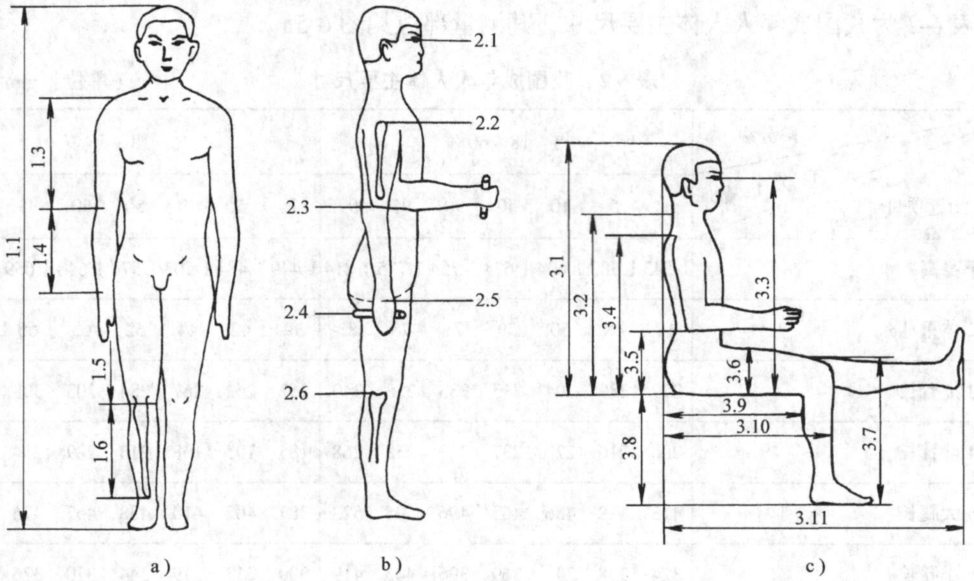

图 6-5　人体尺寸测量部位

a）测量部位　b）立姿人体尺寸　c）坐姿人体尺寸

二、人体动态测量参数

动态测量数据可为设计合理的操作活动范围和舒适的操作姿势提供资料。人体动态测量数据是指在被测者活动状态下测取的各种活动范围，主要是测定成年男、女在坐姿或站姿时，上下肢体、头部以及身体各部位的活动角度和伸展长度。图 6-6、图 6-7 分别为肢体和头部的活动范围，图 6-8 中并列的三个数字，分别表示最小值、平均值和最大值。

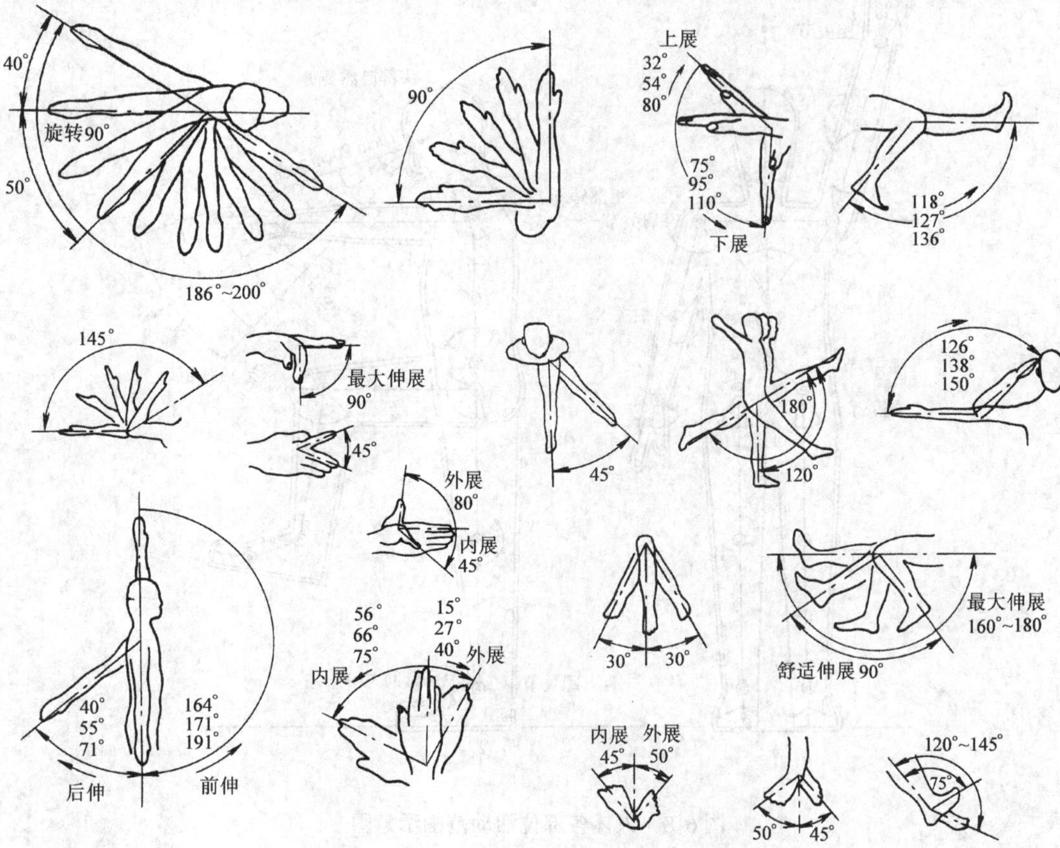

图 6-6 肢体活动范围尺寸

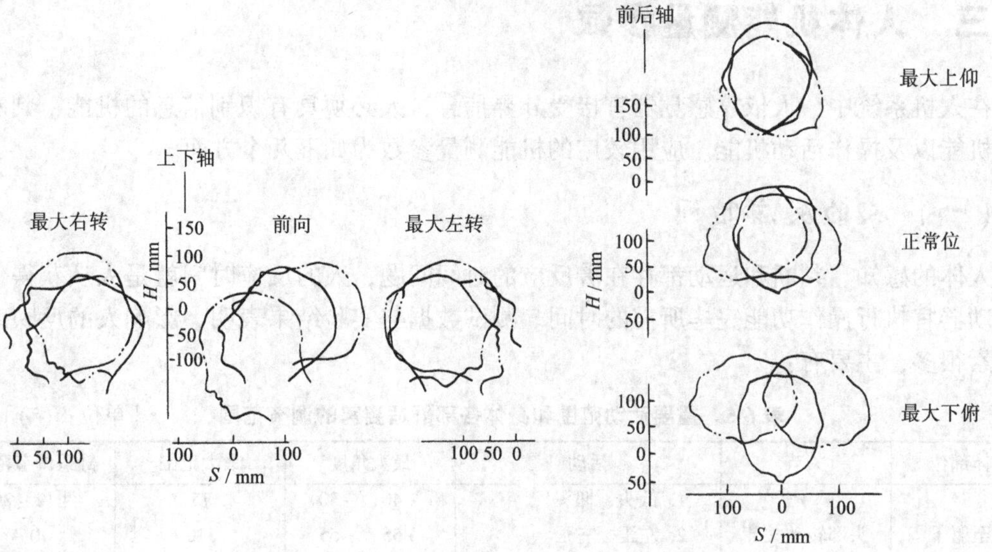

图 6-7 头部活动范围尺寸

在设计中，为了保证系统的高效率，一般要求各种操纵器都处在人体躯干不活动时手足所能及的范围之内；为了保证操作者的舒适和不易疲劳，必须保证人的操作活动处于人体各部活动舒适姿势的调节范围内。因此，在有关的人机工程学设计标准中，又规定了人体各部位舒适姿势的调节范围，见表6-5。

该表中的身体部位及关节名称可参考相应的示意图，见图6-8。

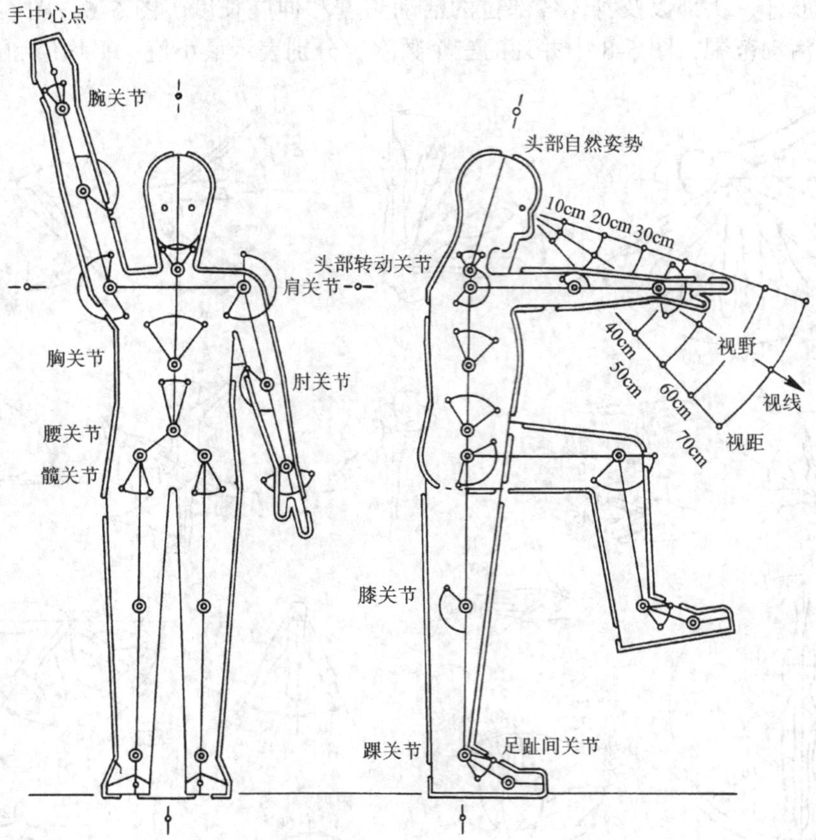

图6-8　人体各部位活动范围示意图

三、人体机能测量参数

在人机系统中，人依靠感觉器官接受外界信息，人必须具有识别信息的机能、判断思考的机能以及操作活动机能。应用较广的机能测量参数为如下几个方面。

（一）人的反应时间

人体的感知、判断和运动都存在着反应的时间问题，人的反应时间就是人从获得信息到运动器官执行操作功能完毕所需的时间。测试数据与实验结果表明，影响人的反映时间的因素很多，主要有：

表6-5　重要活动范围和身体各部舒适姿势的调节范围　　［单位：(°)］

身体部位	关节	活动	最大角度	最大范围	舒适调节范围
头至躯干	头部转动关节	1. 低头、仰头	+40、−30	75	+12～25
		2. 左歪、右歪	+55、−55	110	0
		3. 左转、右转	+55、−55	110	0

（续）

身体部位	关节	活动	最大角度	最大范围	舒适调节范围
躯干	胸关节 腰关节	4. 前弯、后弯 5. 左弯、右弯 6. 左转、右转	+100、-55 +50、-50 +50、-50	150 100 100	0 0 0
大腿至髋关节	髋关节	7. 前弯、后弯 8. 外拐、内拐	+120、-15 +30、-15	130 45	0 0
小腿对大腿	膝关节	9. 前摆、后摆	+0、-135	135	0
脚至小腿	膝尖关节	10. 上摆、下摆	+110、+55	55	+85～95
脚至躯干	髋关节	11. 外转、内转	+110、-70	180	+0～15
上臂至躯干	肩关节	12. 外摆、内摆 13. 上摆、下摆 14. 前摆、后摆	+180、-30 +180、-45 +140、-40	210 225 180	0 0 +40～90
下臂至上臂	肘关节	15. 弯曲、伸展	+140、0	145	+85～110
手至下臂	手腕关节	16. 外摆、内摆 17. 弯曲、伸展	+30、-20 +75、-60	50 135	0 0
手至躯干	肩关节、下臂	18. 左转、右转	+130、-120	250	-30～-60

1）反应时间随感觉器官而异，见表6-6。

表6-6　各种感觉器官的反应时间

感觉器官	反应时间/ms	感觉器官	反应时间/ms
触觉	100～160	温觉	180～240
听觉	120～160	嗅觉	210～390
视觉	150～200	痛觉	400～1000
冷觉	150～230	味觉	330～1100

2）反应时间随执行操作的运动器官而异，见表6-7。

表6-7　人体各部位动作—反应的最少平均时间

动作部位	动作特点		最少平均时间/s
手	抓取	直线的	0.07
		曲线的	0.22
	旋转	克服阻力	0.72
		不克服阻力	0.22
脚	直线的		0.36
	克服阻力的		0.72
腿	直线的		0.36
	脚向侧面的		0.72～1.46
躯干	弯曲		0.72～1.42
	倾斜		1.26

3）反应时间与刺激的性质、方式有关，见表6-8。

表 6-8　各种刺激的反应时间

刺激	反应时间/ms	刺激	反应时间/ms
光	176	光和声音	142
电击	143	声音和电击	131
声音	142	光、声和电击	127
光和电击	142		

4）反应时间与刺激的数目有关，见表 6-9。

表 6-9　可选择的刺激数目对反应时间的影响

刺激选择数目	1	2	3	4	5	6	7	8	9	10
反应时间/ms	187	316	364	434	485	532	570	603	619	622

5）反应时间与刺激的辨别难度有关，见表 6-10。

表 6-10　刺激的辨别难度对反应时间的影响

要辨别的刺　激	白和黑	红和绿	红和黄	红和橙	红和橙（加 25% 红）	红和橙（加 50% 红）	红和橙（加 75% 红）	10mm 和 13mm 线段	10mm 和 12.5mm 线段
平均反应时间/ms	197	208	217	246	252	260	271	295	298
要辨别的刺　激	10mm 和 12mm 线段	10mm 和 11.5mm 线段	10mm 和 11mm 线段	10mm 和 10.5mm 线段	相差 16Hz 纯音	相差 12Hz 纯音	相差 8Hz 纯音	相差 4Hz 纯音	
平均反应时间/ms	305	313	324	345	290	299	311	334	

6）反应时间与人的肌肉张力有关，见表 6-11。

表 6-11　肌肉张力对反应时间的影响

肌电水平/散伏	80	40	20	10	5
平均反应时间/ms	640	700	890	970	1150

7）反应时间与信息量有关，而且两者之间有恒定关系，即：刺激越复杂，反应时间越长。

8）反应时间与操作器、显示器有关（如操纵器与显示器的形状、位置、大小、颜色以及操纵器的用力方向、大小等都会影响反应时间）。

9）反应时间还与人的主观因素有关（如人的智商、年龄、性别以及健康状况等）；主客观综合因素同时影响反应时间。实验测得：连续工作时，人的神经传递有 0.5s 左右的不应期，所以间断操作的间隙期应大于 0.5s；复杂的选择性反应时间达 1～3s，要进行复杂判断和认知的反应时间平均达 3～5s。一般情况下，条件反射反应时间为 0.1～0.15s，听觉反应时间稍高。

（二）人的视觉特征

人在认识物质世界的过程中，大约 80% 的信息是由视觉得到的，因此研究人的视觉生理特征对产品设计有着重要的意义。

1. 视野

一只眼睛的视野称为单眼视野；两只眼睛视野称为双眼视野；头部固定而转动眼球后所能看到的范围称为注视野。图 6-9 所示为这几种视野的垂直面概念。在图中可以看出：水平方向的单眼视野为双眼内侧 60°、外侧约 100°；垂直方向的双眼视野为视平线上方为 50°（注视野为 60°）、视平线下方为 65°左右（注视野也基本相同）。由此可见，视野是外侧宽于内侧，下方宽于上方。

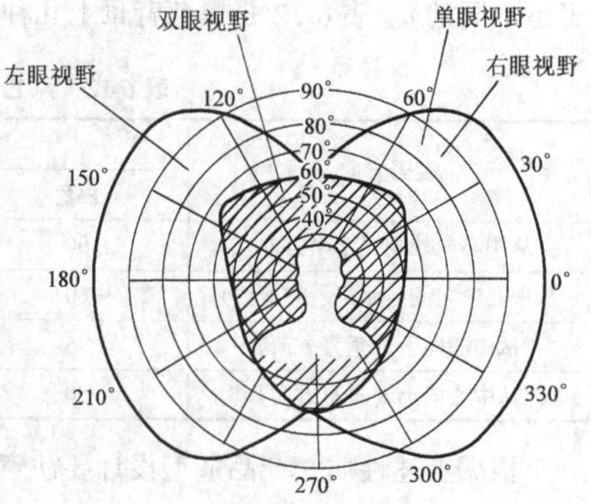

图 6-9　视野的垂直面概念

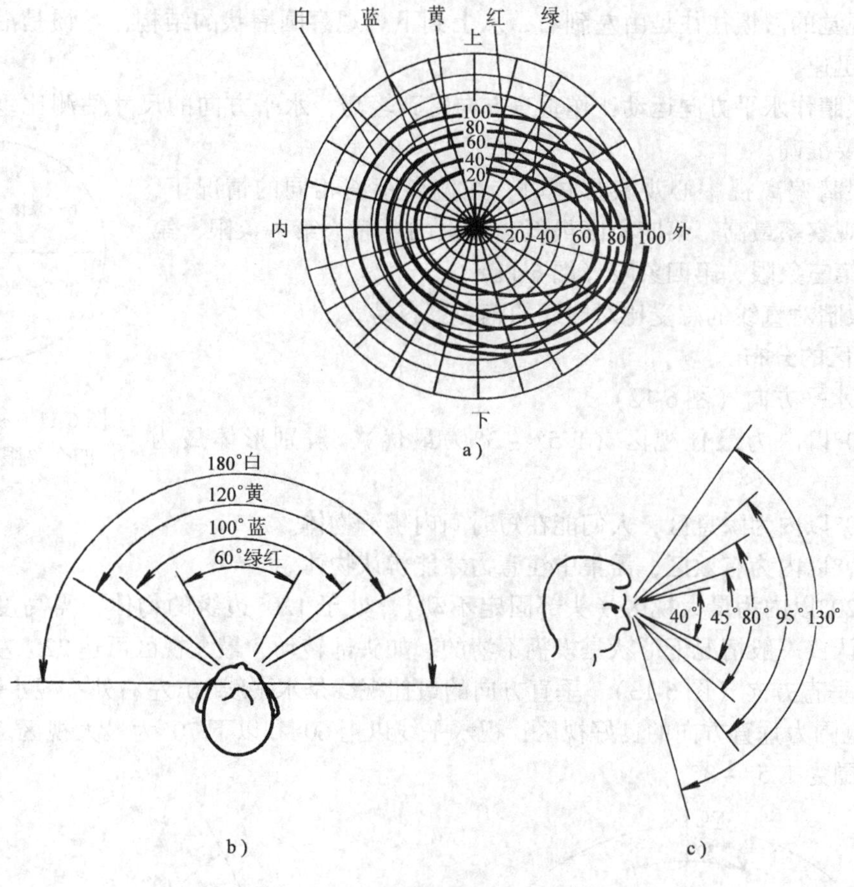

图 6-10　色觉视野

a）垂直面上的色觉视野范围　b）水平方向视野角度　c）垂直方向视野角度

任何物体都是通过光与色作用于人眼的。由于各种颜色对人眼的刺激不同，所以视野也就有了许多差别。图 6-10 所示为色觉视野反映的视差变化。图 6-10a 为各种颜色在视线垂直面上的视野范围。图 6-10b、c 为水平面、垂直面方向的视野角度。从图中可以看出，白色的视野最大，依次为黄、蓝、绿。绿色视野最小。

色觉视野和被观察对象的颜色与其背景色的对比有关（如白底衬黑与黑底上衬白，视野是不同的)。表6-12是黑色背景上几种颜色的视野。

表6-12 黑色背景上的几种色觉视野

视野方向	视野/(°)			
	白色	蓝色	红色	绿色
从中心向外侧(水平方向)	90	80	65	48
从中心向内侧(水平、靠鼻侧)	60	50	35	25
从中心向下(垂直方向)	75	60	42	28
从中心向上(垂直方向)	50	40	25	15

根据上述性质,产品造型设计要注意不同色彩的配置设计。

2. 视觉的特征

视觉的运动可遵循以下规律:

1)眼睛沿水平方向运动比沿垂直方向运动快,因此先看到水平方向的形体,后看到垂直方向的形体。许多机器与设备设计横向的长方形适应了人的视觉的这一特征。

2)视觉的习惯往往是由左到右,从上到下。观察圆周状的结构,习惯是沿顺时针方向看最为迅速。

3)眼睛作水平方向运动比作垂直方向感到轻巧,水平方向的尺寸估测比垂直方向尺寸的估测要准确。

4)眼睛偏离视中心观察形体时,在偏离距离相同的情况下,第一象限观察率最高,第四象限最低。依次的顺序为第一象限、第二象限、第三象限、第四象限(图6-11)。

5)眼睛对直线的感受比对曲线的感受更容易。

图6-11 视觉目标四个象限的划分

3. 视区的分布

(1)水平方向(图6-12)

1)10°以内为最佳视区(1.5°~3°为最优),辨别形体最为清晰。

2)20°以内为瞬息区,人们能在短时间内辨清物体。

3)30°以内为有效区,需集中注意力才能辨认物体。

4)120°以内为最大视区(头部固定不动),处于120°边缘的物体,需高度集中注意力才能辨认,一般情况下形状是模糊不清的。如头部转动,最大视区可达220°左右。

(2)垂直方向(图6-13) 垂直方向的最佳视线是水平线10°左右处;视水平线上10°和下30°范围为垂直方向的良好视区;视水平线以上60°和以下70°为最大视区。垂直方向的最优范围为1.5°~3°。

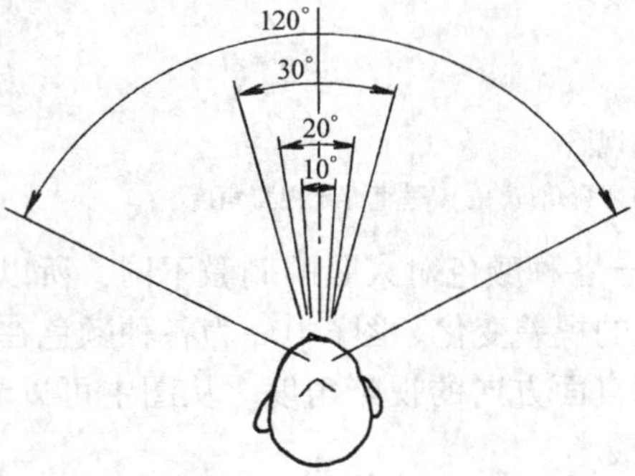

图6-12 水平视区

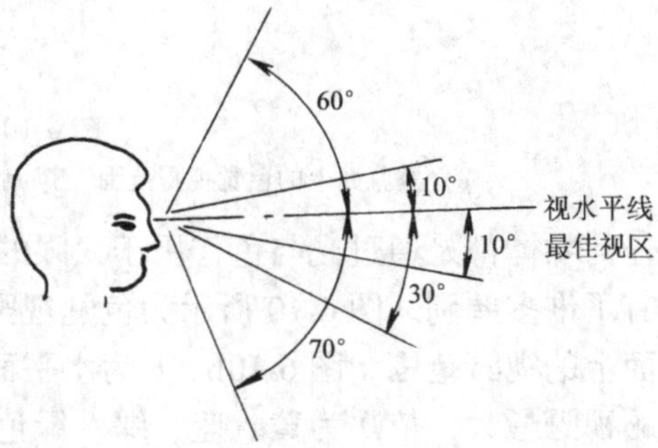

图6-13 垂直视区

物体离开人眼的最佳视距为560mm，超过760mm与不足380mm的视距，对形体的辨认速度和辨认准确度都有影响。

同样，光的照度不同，也会影响人眼对颜色的分辨能力。表6-13给出了一天中不同时间分辨颜色的情况。

表6-13　颜色分辨情况

时　间	分辨颜色情况	时　间	分辨颜色情况
白　天	能分辨各种颜色	夜　间	不能分辨颜色
黄昏或黎明	能分辨各种浓的颜色，对淡颜色分辨不清		

第三节　产品显示装置的造型设计

工作过程实际上是操作人员对生产中的信息进行传递和处理的过程。因此，信息传递与处理速度、质量直接影响工作效率。由于显示器的设计决定着操作者接受信息的速度和准确度，所以现代工业产品设计必须重视显示器的设计。

一、显示器的种类

按照作用对象不同，显示器可分为视觉显示器、听觉显示器、触觉显示器及动觉显示器等。其中，视觉显示在人－机系统是最主要的。通过视觉通道接受外界信息量可达人接受总量的85%，另外15%的信息量则是通过听觉、触觉、嗅觉等感觉通道获得。因此视觉显示器是显示器设计的主要部分。三种显示器传递信息的特征见表6-14，设计者可根据产品工作特点，选择适合的显示形式。

表6-14　三种显示方式传递信息的特征

信息显示方式	传递信息特征
视觉显示器	1. 比较复杂、抽象的技术术语、符号、文字、图表、公式等信息 2. 可传递时间或内容很长需延时以利监控的信息 3. 需用方位、距离等空间状态说明的信息 4. 所处环境不适宜听觉传达的信息 5. 不需急迫传递的信息
听觉显示器	1. 简单且快速传递的信息 2. 所处环境不宜用视觉通道传递的信息 3. 强迫人接受所传递的信息 4. 听觉信息传递不宜种类过多
触觉显示器	1. 视、听信息负荷过重的场合 2. 强迫人接受与传递的信息 3. 可快速传递信息

视觉显示器按指示方式分类，有如下三种：

（1）指针式显示器　这种显示器最普通，通过各种形式的指针指示有关的参数或状态。

（2）数字式显示器　这种显示器不用指针指示有关数值，而是直接用数码来显示有关参数或状态。常见的有条带式数字显示器、荧光屏显示器、数码管或液晶呈现数码等。

(3) 图形式仪表　这种显示器用形象化图形指示机器的工作状态，具有直观、明显的特点。随着电子技术的发展，在自动化设备、医疗仪器、飞机、轮船导航设备等方面已广泛采用这种显示装置。

指针式显示器与数字式显示器有着它们各自的特点：数字式显示器的判读过程比较简单，只需辨认数字即可，判读速度快，准确度高；指针式显示器显示形象化，使人清楚地了解显示的值在全过程范围内所处的位置，而且对于偏差值不仅指出数字，还可表示出偏差处于定值的哪一侧（正或负）。指针式显示器还能显示数字显示器无法显示的情况，如容器中的液面高度等。

二、显示器的选择

1）显示器所显示的精确程度应符合要求。比如，显示的精确度不应超过需要，否则会造成阅读困难和误差上的增大。

2）信息要以最简单的方式传递给操作者，并易于识别和换算。比如，应避免多余的信息以减少读者的视觉疲劳；尽量避免换算，不得已时，建议只使用10～100的简单换算系数。

3）根据不同的功能要求，选择不同的显示装置。比如，当要求反映开和关、是和否、有和无时，要选择速度快的指示灯或警报器；当要求反映被控制对象的参量方向时，应选择指针式显示器，通过指针移动表示出增加、减少以及比正常值的偏离量；当要求反映正确数量、测量值或变化值时，应选用数字显示器，因为它的精确度高。

三、显示装置的设计

（一）视觉显示器设计

视觉显示器设计类型很多，就机械产品而言，目前最广的还是指针式显示器。下面从显示器刻度盘形状和大小、字符、指针，以及色彩等方面来着重探讨指针式显示器的设计。

1. 盘的设计

(1) 形式　主要取决于设备的精度要求和使用要求。通过比较得出：

1）窗式为最佳，这是由于开窗式刻度盘外露的刻度少，观察范围小，视线集中。

2）水平方向观察准确度要高于垂直方向的准确度。因眼睛水平方向运动要比垂直方向快，故水平方向视觉传递快，水平方向判读的准确度高于垂直方向；竖直直线型最差，竖直直线型显示器判读速度为最慢，且准确度也低，判读错误率为最高。

斯莱特（R. Sleight）曾就竖型、水平型、半圆型、圆型、开窗型等五种形式的刻度盘的读数误差做过调查测试，其结果如图6-14所示。

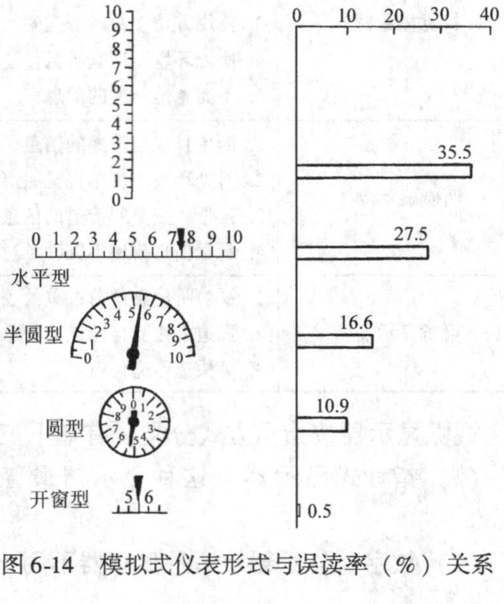

图6-14　模拟式仪表形式与误读率（%）关系

（2）大小　刻度盘的大小和人眼睛观察距离及刻度数量有关。表6-15是对圆形刻度盘的测试结果，可以看出，刻度盘的大小一般是随视距与刻度数量增减而改变的。

当刻度盘尺寸增大时，刻度盘、指针和字符量也相应增大，但如果尺寸过大，观察者眼睛扫描的线路必然增长，在一定的时间内对读数的速度和准确度也要受到影响。当然也不宜过小，过小效果同样不好。

表6-15　刻度盘直径与观察距离及标记数量的关系

刻度的数量	刻度盘的最小允许直径/mm		刻度的数量	刻度盘的最小允许直径/mm	
	观察距离为50cm时	观察距离为90cm时		观察距离为50cm时	观察距离为90cm时
38	25.4	25.4	150	54.4	98.0
50	25.4	32.5	200	72.8	129.6
70	25.4	45.5	300	109.0	196.0
100	36.4	64.3			

对直径为25~100mm圆形刻度盘通过试验分析：当直径从25mm开始增大时，认读的速度和准确率也随之提高，读错率低；当直径增加到80mm后，读错率高；直径处于35~70mm的刻度盘，认读准确度没有什么差别。可见，当直径为中间值时其效果最好。但是，对刻度盘的认读速度和准确度不仅与刻度盘尺度有关，还与观察者的视距的比例（视角大小）有关。根据有关试验，刻度盘的最佳视角为2.5°~3°。所以当确定视距之后，即可标出刻度盘的最佳尺寸。根据试验，圆形刻度盘在视距为75cm时，其最优直径为44mm。

2. 字符设计

字符包括数字、拉丁字母和一些常用符号。它们的形状、大小、高宽比及笔画粗细对辨认效率有很大影响。

（1）形状设计　形状设计要注意下列几点：

1）设计时，要加强字母和数字特有成分，即加强这一字母或数字与其他字母数字相区别的成分。对与其他字母或数字相混淆的成分则要加以减弱。

2）设计中多用直线和尖角，尤其是在能见度较差和需要快速分辨等情况下，具有尖角较多的字母、数字较易辨认。图6-15所示为不同设计的数字形式。在需快速分辨及能见度差的情况下，图6-15c的形式比图6-15a、b、d为好；在视觉条件良好的情况下，则图6-15a、b、d的形式比图6-15c的形式分辨率高，其中尤以图6-15d的分辨率为最高。

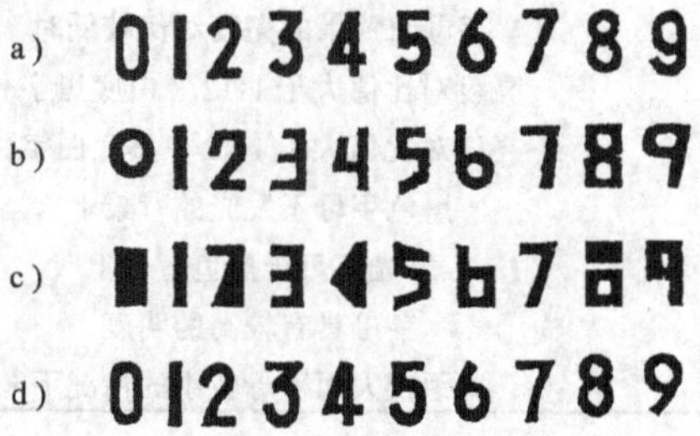

图6-15　数字形式

3）适当调整字母和数字中的各个组成部分，使它们达到最清晰。如：调整各个组成部分之间的空间关系；调整笔画之间的粗细，如横线细，竖线粗；改善各部分的混合关系，如"4"字的头采用45°角比其他角度为好；在有许多数字的情况下，数字外围加方框可以提高清晰度；在字母数字允许占有的空间内，字母数字尽可能大，相互之间可只留小量间隙（相当于一个笔画的宽度）；字母数字的左上角在眼睛辨认中有着很重要的作用，在设计时，必须注意防止削弱这一部位的字母数字特征；印刷体的大写字母比小写字母分辨率高，所以在设计时，应多考虑使用大写字母。

（2）高宽比设计　狭长形状的字母比扁平形状的字母分辨率要高。高宽比以5∶3为宜，其次也可采用1:1或3:2的比例。

（3）大小设计　字母数字的面积越大，所占有的视角也越大，因此，单个字辨别效果也清晰。但是当有许多字母数字组合在一起时，占有的面积较大辨认效果会降低，所以字母数字的大小应适当。在视距71cm情况下，仪表板上使用的字母数字大小可按表6-16选用；其他场合的字母、数字可按表6-17选用。

表6-16　字母数字合适的大小　　（单位：cm）

字母数字的性质	低亮度下	高亮度下	字母数字的性质	低亮度下	高亮度下
重要的（位置可变）	0.51~0.76	0.30~0.51	不重要的	0.02~0.51	0.02~0.51
重要的（位置固定）	0.36~0.76	0.25~0.51			

表6-17　一般用途的字母数字建议选用的大小

视距/m	字高/cm	视距/m	字高/cm
<0.08	0.23	1.8~3.6	1.73
0.08~0.9	0.43	3.6~6	2.87
0.9~1.8	0.86		

如视距增大（或减小），则表中数值可按下式所得的比例增大（或减小）：

增大(或减小)的比率=视距(cm)/71(cm)

（4）笔画宽度设计　实验证明，要获得良好的认读效果，字体的高宽比应为3:2，拉丁字母高宽比为5:3.5；字体的笔画宽度与字的高度比一般应以1:8~1:6为宜。必须说明的是，照明情况和字符与底色的色彩明度的对比度等，对观察和认读的速度、准确度等都有很大的影响。当照明较强时，笔画可稍细；照明弱时，笔画可稍宽。黑底白字或发光情况下笔画可稍细一点。照明和背景亮度情况对字符粗细的影响见表6-18。

表6-18　不同照明和背景亮度情况对字符粗细的影响

照明和背景亮度情况	字　体	笔画宽：字高
低照度下	粗	1:5
字母与背景的亮度对比较低时	粗	1:5
亮度对比值大于1:12（白底黑字）	中粗至中	1:6~1:8
亮度对比值大于1:12（黑底白字）	中至细	1:5~1:10
黑色字母于发光的背景上	粗	1:5
发光字母于黑色背景上	中至细	1:8~1:10
字母具有较高的明度	极细	1:12~1:20
视距较大而字母较小的情况下	粗至中粗	1:5~1:6

3. 指针的设计

指针是人认读刻度的主要基础，所以对于指针的设计应从如何使人迅速而又准确的瞄准刻度这一原则出发。一般主要从下列几方面考虑。

（1）形状　指针形状应单纯、明确、轮廓清晰，不宜作任何艺术性装饰。这不仅符合当代人的审美观点，而且也易于形成视觉中心。指针的针身以头顶尖、尾部平、中间宽或狭长三角形为好，如图6-16所示。

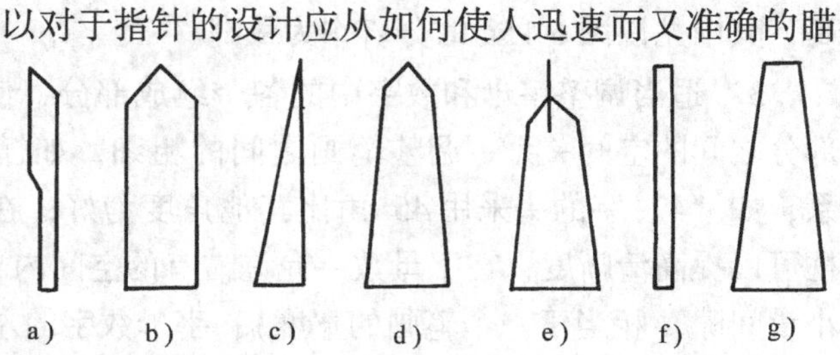

图6-16　指针的基本形状
a）刀形　b）剑形　c）直角三角形　d）塔形
e）带指示线塔形　f）杆形　g）梯形

（2）宽度与长度　指针的针尖宽度应与最小刻度线等宽，以保证在阅读最小刻度值时的准确度。指针长度一般距离刻度符号 1.6mm 左右，针尖不可覆盖刻度符号，但也不能远离刻度。圆形刻度盘的指针长度不宜超过它的半径，需要超过时（如需平衡重量时），其超过部分的颜色应与度盘面的颜色相同。

（3）指针零点位置　根据人的生理特点和习惯，一般说来，追踪用显示器的指针零点位置大都在时钟 9 点或 12 点的位置上较好；若指针不动、显示器表面运动的，其指针应固定在 12 点的位置为佳；警戒用显示器的警区应设计在 12 点或靠近 12 点附近的位置，危险区及安全区可放在它的两侧，见表 6-19。

表 6-19　指针零点位置

显示装置情况	零点位置	显示装置情况	零点位置
指针固定而刻度盘运动	时钟 12 点位置	跟踪用显示装置	时钟 12 点或 9 点位置
圆形刻度盘	时钟 12 点或按需要定	警戒用显示装置	时钟 12 点位置范围

许多检查用显示器排列在一起时，应当使它们指针的正常位处于同一方向，且位置为时钟 9 点处为佳，如图 6-17a 所示；也可采用上下相对方向，如图 6-17b 所示；也可将显示器垂直排列成一直行，使其正常位处于同向 12 点位置，如图 6-17c 所示。

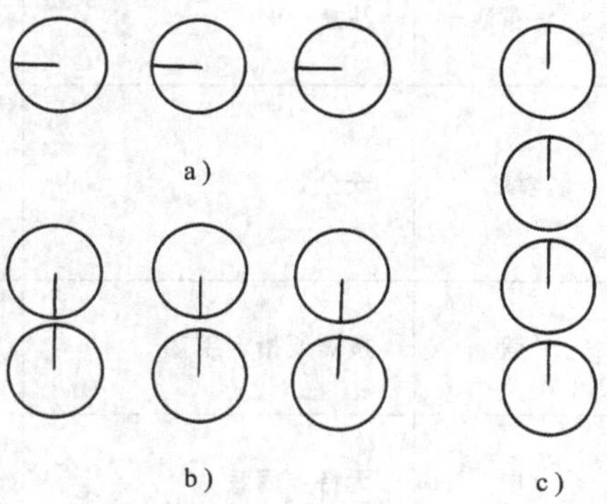

图 6-17　按标准读数校核误差的指针零点位置

4. 刻度盘、刻度线，指针和字符的颜色配置

在近代设计中，盘面通常设计为黑色，主要指针为白色或黄色、橙黄色等。而刻度线与字符应和指针同色，次要指针可为其他颜色，但应为对比色。在光线较差的照明条件下，显示器盘面应以白色为宜，而刻度线等采用黑色。总之，色彩的配置应采用对比色，但不能产生眩目现象。

5. 信号灯设计

信号灯产生光信号，是最常见的一种信息显示方式。由于它具有占据空间小、视距远、醒目、简单明了等优点，所以在交通和科研设备上，特别在机电产品的大量操纵控制系统中都广泛采用。如汽车上的制动灯，用于向车辆后方的其他道路使用者表明该车正在进行制动，其主要功能是防止后车追尾碰撞；转向灯用于向车外人员表明车辆转动方向；超高、超长车辆还有示廓灯，以显示车辆过大的轮廓，防止碰撞。

根据使用功能，信号灯可分为：警戒信号灯、运行信号灯、故障信号灯等。

信号灯设计的原则如下：

（1）信号灯的视距与亮度的设计　信号灯必须满足在一定视距的情况下，其视觉效果的清晰与醒目。例如驾驶舱的信号灯要保证看清信号，又不致眩目而影响司机夜间对舱内的观察。大部分信号灯是用来指示机器的某种运行状态和要求。如警戒信号灯是用来指示操作者注意某种不安全的因素等，这就要求信号灯必须具备清晰、醒目的特点，使操作者能及时发现，采取紧急措施。指示灯的亮度与人的视觉效果密切相关，是清晰和醒目的先决条件。强光比弱光更易形成视觉中心，提醒操纵者注意，一般情况信号灯亮度至少是背景亮度的二倍，并且背景以无光为好，以免产生眩目。

（2）信号灯色彩设计　色彩本身就有先声夺人的视觉效果，不同色相，其效果也不同。因此，对信号灯的色彩设计必须从两点着重考虑：一是色彩醒目，不眩目；另一是易于分辨。通常人们能较准确地分辨出10种以内的色相，它们是：黄、紫、橙、浅蓝、红、浅黄、绿、紫红、蓝、淡黄。它们之间的分辨度与色彩的对比强弱有关，对比强者分辨度高。

信号灯色彩的设计必须满足其使用目的，应使其色彩功能与使用功能相一致。如作为警戒、禁止、停顿或指示不安全情况的信号灯，应使用红色；提醒注意的信号灯用黄色；表示正常运行的信号灯用绿色；其他信号灯则用白色或别的颜色。表6-20列出了目前我国电工成套装置中的指示灯颜色。

表6-20 指示灯的颜色及其含义

颜色	含 义	说 明	举 例
红	危险或告急	有危险或应立即采取行动	1. 润滑系统失压 2. 温升已超（安全）极限 3. 有触电危险
黄	注意	情况有变化或即将发生变化	1. 温升（或压力）异常 2. 发生仅能承受的短时过载
绿	安全	正常或允许进行	1. 冷却通风正常 2. 自动控制运行正常 3. 机器准备起动
蓝	按需要指定用意	除红、黄、绿三色之外的任何指定用意	1. 遥控指示 2. 选择开关在“准备”位置
白	无特定用意	任何用意。例如作正在“执行”用	

当设备上的信号灯不止一个时，应在色彩或形状上加以区别，并标有相应的功能标记。如用“→”表示方向；用“×”表示禁止；用“!”表示警觉或危险；用较快的闪光表示高速运行；用较慢的闪光表示低速运行等，使闪光在视觉上的节奏与人们的心理感受合拍。

(3) 信号灯位置设计　重要的信号灯必须设置在视野中心3°的范围内，一般的信号灯可安排在离视野中心20°以内，只有相当次要的信号灯才允许设置在离开视野中心60°~80°以外，但总的范围均不能超出操作者不转动头部和身体所能观察到的视野范围。

(4) 信号灯与控制器和其他显示器的协调关系　当信号灯的含意与某种操作反应相联系时，就必须考虑信号灯与控制器和操作者反应的协调关系。如指示某种操作的信号灯最好设置在相应的控制器的上方或下方，信号灯的指示方向最好和操作活动方向一致。如开关往上推，上面灯亮；开关向下拉，下面灯亮。这样布置可使操作者的视觉与操作功能合拍，否则易使操作者失误而酿成重大故障。

(二) 听觉显示器设计

听觉通道传递简单和短促的信息效果较好，而视觉通道用于传递复杂和较长的信息效果较好。如果把视觉信号与听觉信号结合起来，就会使信号觉察率高很多。实验表明：听觉反应正确率是91%；视觉反应正确率是89%；两者同时输入时，反应正确率为95%。

表6-21列出了视觉和听觉感受信息的特点比较，可供设计参考。

表 6-21 视觉和听觉感受信息的特点比较

比较内容	听 觉	视 觉	比较内容	听 觉	视 觉
接 收	无需直接探索	需要注意和定位	符 号	有旋律的、语言的	图形的、文字的
速 度	快	慢	灵活性	可塑性最大	有可塑性
顺 序	最容易保留	容易失去	适合性	时间信息优势 有节奏的资料 警戒信号	空间信息优势 已存储的资料 常规多通道核对
紧急性	最容易体现	难于体现			
干 扰	受视觉影响小	受听觉影响大			

听觉显示器具有反应快、方向无限制的特点。听觉信号具有强迫注意的性质，所以特别适合报告紧急情况。听觉显示器用于报警时，为了使其效率提高，应该采用人耳最敏感的频率范围。采用听觉报警器时应注意声音的频率、强度和时限。表 6-22 列出了不同报警装置的强度范围和主要频率。

表 6-22 一般音响报警装置的强度范围和主要频率

使用范围	装置形式	平均声压级/dB		可听到的主要频率/Hz
		距装置 2.5m 处	距装置 1m 处	
用于较大区域或高噪声场所	1in[①]铃	65 ~ 77	75 ~ 83	1 000
	6in 铃	74 ~ 83	84 ~ 94	600
	10in 铃	85 ~ 90	95 ~ 100	300
	角笛	90 ~ 100	100 ~ 110	5 000
	汽笛	100 ~ 110	110 ~ 120	7 000
用于较小区域或低噪声场所	低音蜂鸣器	50 ~ 60	70	200
	高音蜂鸣器	60 ~ 70	70 ~ 80	400 ~ 1 000
	1in 铃	60	70	1 100
	2in 铃	62	72	1 000
	3in 铃	63	73	650
	钟	69	78	500 ~ 1 000

① 1in = 2.54cm。

声音的强度是用声压级（dB）来表示的，表 6-23 列出了不同环境下的声压级（dB），表 6-24 列出了不同声压级给人耳的感觉及对人体的损伤，以供设计时参考用。

人耳辨别声音频率变化的能力从低音调起，随音调的增高而加强，到极高音调时又降低。人耳对 400 ~ 800Hz 频率的音调敏感性最高，因此听觉信息应采用这一范围的频率。声音模糊时，对低频声音强度的分辨力降低。在这种情况下，对响度变化的最大敏感性在 2 000Hz 处。正常人耳对所有频率的中等强度声音（约 40dB）的响度变化都很敏感。

应避免连续的声音，它能令人烦恼和情绪紊乱。听觉信号应尽可能短，然而，也必须有足够长的时机以分辨音调和响度。在一台仪器、设备或显示面板上，不同的听觉显示器设置以 1 ~ 2 个为宜，数量过多，易使听觉发生混淆，效果反而不佳。

表 6-23　某些环境的声压与声压级

环　　境	声压/Pa	声压级/dB	环　　境	声压/Pa	声压级/dB
刚能听到的微声	0.000 03	0	繁华街道	0.063	70
农村静夜	0.000 063	10	在公共汽车上	0.2	80
树叶沙沙声	0.000 2	20	纺织车间	2	100
轻声耳语	0.000 63	30	脚　步　声	0.002	40
心脏跳动声	0.000 063	10	喊　叫	2	100
安静房间内	0.000 2	40	冲床附近	2	100
普通交谈	0.02	60	安静办公室	0.006	50
急行火车	0.63～2.0	90～100	一般车间	0.2	80
汽车喇叭（距1m处）	2	100	百货商店	0.02	60
大　炮　声	20	120	锻造车间	0.63～63	90～130
喷气飞机（距5m处）	200	140	图　书　馆	0.002	40
火箭、导弹	>200	>140			

表 6-24　声压级与人耳感觉

声压级/dB	对人体的影响	人耳主观感觉	声压级/dB	对人体的影响	人耳主观感觉
0	安全	刚能听到	90～100	听觉慢性受损	很吵闹
10～20	安全	很安静	110～120	听觉较快受损	痛苦
30～40	安全	安静	130～140	其他生理受损	很痛苦
50～60	安全	一般可以	150～160	其他生理受损	听觉损伤
70～80	安全	吵闹			

（三）触觉显示器的设计

人虽然对形状和大小的触觉感受能力要比视觉差得多，但它可以作为视觉显示器的补充，以减少操纵控制器时的误差。使用不同形状的按钮可以加强视觉信息的作用。在不可能得到视觉信息时（如黑暗中或盲目操作），则采用不同形状的按钮和把手的意义更大。如图 6-18 和图 6-19 所示各种手柄和旋钮，由于形状结构不同，操作者即可通过对不同形状的触觉而感知其不同的用途。

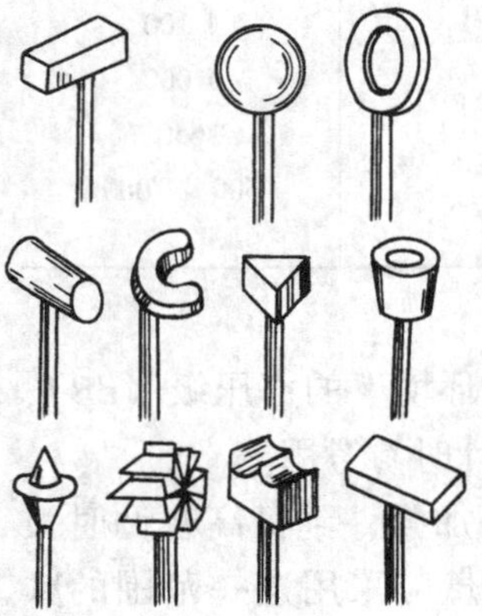

图 6-18　操纵杆握柄的形状编码

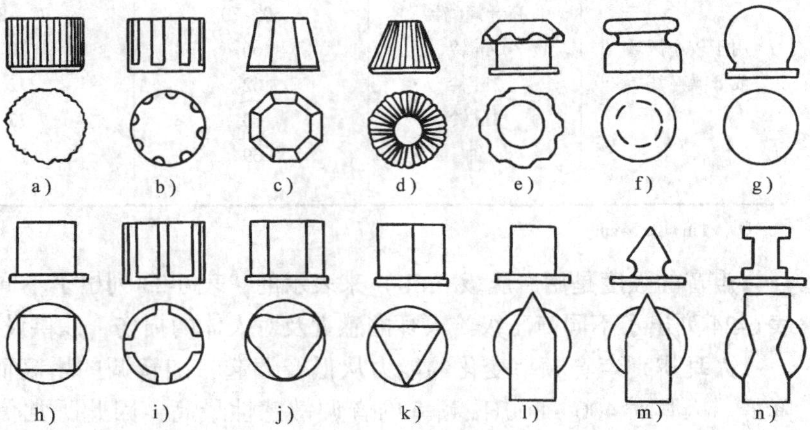

图 6-19　旋钮的编码

四、显示面板总体设计

显示面板总体设计主要涉及各显示器的排列和显示面板的位置。

（一）显示器排列

常用的主要显示器应尽可能配置在视野中心3°范围内（因为这一视野范围内人的视觉效率最好，也最能引起注意）；一般性的显示器可放置在20°～40°视野范围；次要的显示器可考虑放在40°～60°的视野范围；80°以外的视野，视觉效率很低，一般不放置显示器。所有视觉显示器的位置设计的总原则应是不转动头部和移动身体即能观察到仪表。根据人的视觉规律，显示面板的总体外形应为水平长方形。面板上的显示器排列顺序最好与操作者的工作认读顺序一致。彼此有联系的或同一功能的显示器应靠近，而且可采用分隔线的方式或不同的色彩进行按功能分割，以形成一个完整的整体，使面板布置得简洁、明确、美观（如图6-20所示面板的分区）。

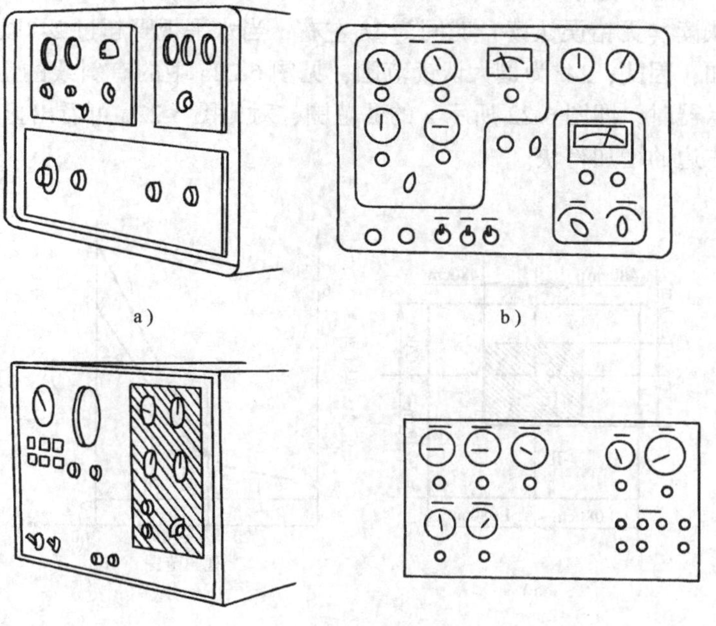

a）　b）　c）　d）

图6-20　仪表控制面板的分区方法

a）分装在小块控制板上　b）用分割线分区　c）用颜色分区　d）用间距分区

根据人的视区分布，视野3°为最佳视区。因此，应该把最常用、最重要的显示器布置在这个视区内，其他显示器可按其常用程度和重要性分别设在瞬息区内或有效区内。由于人眼的水平运动比垂直运动快而且幅度宽，因此，显示器的水平排列范围可以宽于垂直范围，以符合人的视觉特点。从方向上来说，从左至右，从上至下，顺时针方向圆周运动，都是人的视觉习惯，因此，显示器排列的顺序及方向也应遵循这一规律，这给操作者开、停设备或处理紧急情况提供了方便。在偏离视觉中心同等距离的范围内，人眼观察效率以右上方位最优，其次左下，而以右下方位最差。仪表排列时，也应注意到这一点。

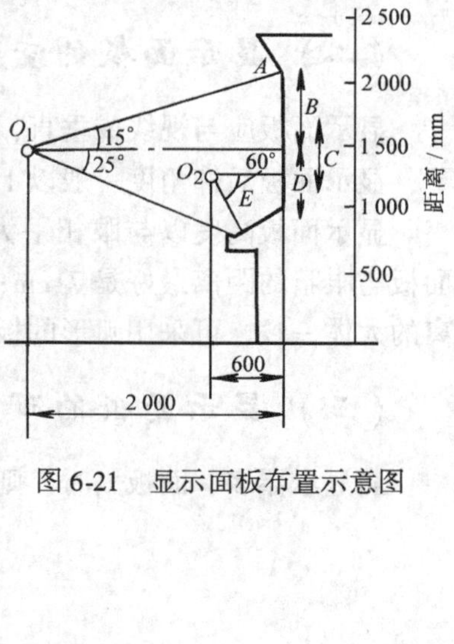

图6-21　显示面板布置示意图

图6-21所示为显示面板布置的一个示意图，图中的编号区域适宜布置的显示器见表6-25。

显示器的位置应当照顾到与相应控制器的关系，如显示器与控制它的旋钮或开关应安置在一起，以形成逻辑上的联系。

表6-25　显示面板各区域适宜布置的显示器

编号	适宜布置的显示器
A	可布置反映全企业、全厂或全局性的，对生产过程有指导性意义的管理仪表，位置应在人身高以上较醒目的地方
B	可布置反映整个生产过程运行情况的仪表和反映各主要设备和机器运转情况的仪表
C	可布置操作者需经常观察的各类指示仪表和记录仪
D	可布置指示调节器和记录仪，以及有关操作部件
E	可布置电源开关、显示转换键和电话等辅助装置

根据实验：眼睛离显示板80cm的情况下，若眼球不动，水平视野20°范围为最佳认读范围，其正确认读（无错误认读）时间为1s左右；当水平视野超过24°以后，正确认读时间开始急剧增加，因此，24°为最大认读范围，见图6-22a中的有斜线的Ⅰ范围；认读24°以外范围的显示器时，即图6-22所示a的Ⅱ范围，对比图6-22b可看出显示板Ⅱ区左边正确认读时间比右边的增加得快。

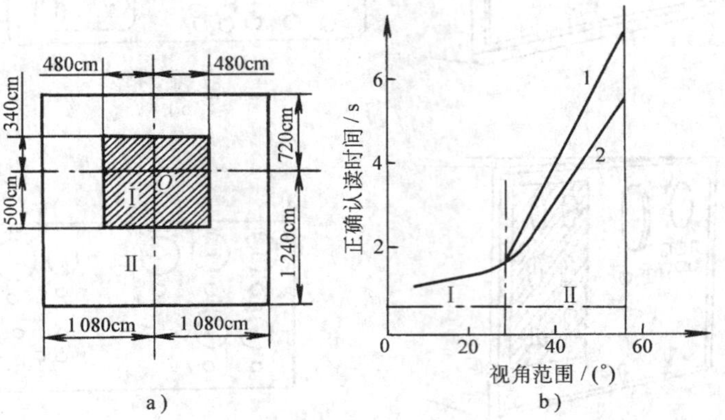

图6-22　认读实验图线

a）仪表盘面的尺寸范围　b）正确认读时间与视野中心的关系

O—视野中心点　Ⅰ—水平视野24°时最大认读范围　Ⅱ—24°以外的认读范围

1—对仪表盘面左部仪表的认读时间曲线　2—对仪表盘面右部仪表的认读时间曲线

Ⅰ区与Ⅱ区中，视水平线以上部分小于以下部分，是因为垂直视野在视水平线的以上部分小于以下部分的缘故。

（二）显示面板的空间位置

显示面板应与视线成垂直，以保证判读的准确性及视觉的工作效率。在正常坐姿条件下，显示面板后仰角度一般以15°~30°为佳，即与地面最好成60°~75°的交角（图6-23）。

显示面板高度以与眼相平为最佳，高于眼不得超过10°，低于眼不得超过45°；显示面板与眼睛的距离最好是71cm；当显示面板很大时，为保证显示板面上下左右对人眼距离的大体一致，可采用弧形的板围成弧形板面。

（三）显示面板的布置形式

当显示器多、面板大时，则视距不等。一般离面板中心部分的视距最短，视力最好，最清晰、认读效率也最高。一般布置显示器时，应尽量避免操作者转动头部和移动座椅，以减少精神上的疲劳，提高工作效率。根据显示器数量和控制室的容量，推荐选择如图6-24所示的几种布置形式。

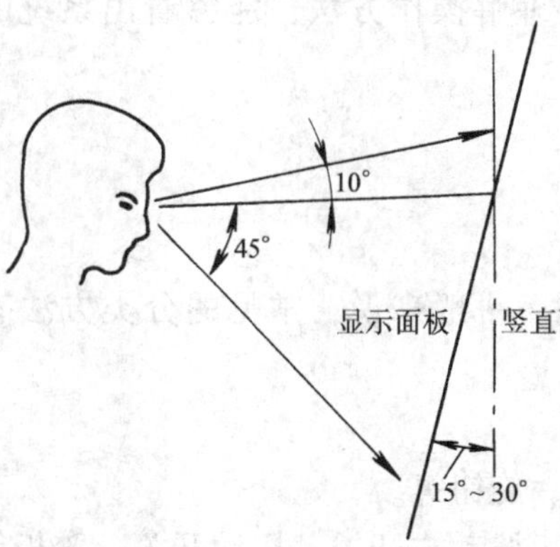

图 6-23　显示面板的位置示意
（显示面板与人的视线应相垂直）

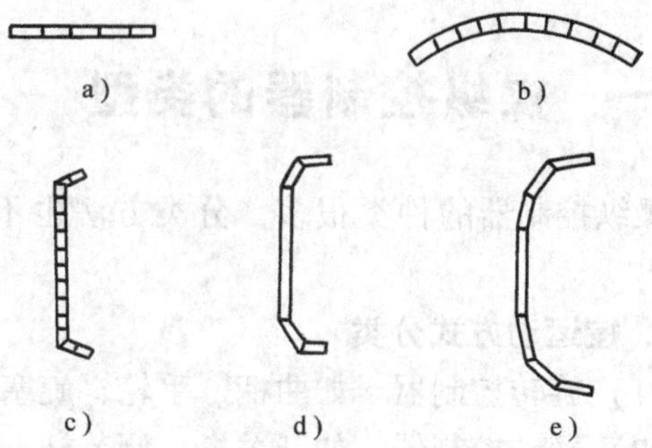

图 6-24　显示面板的布置

（1）直线形布置　如图 6-24a 所示，此形式结构简单，安装方便，但面板不宜过长，适用于显示器较小的小型控制台。

（2）弧形布置　如图 6-24b 所示结构，各显示器组合呈圆弧形，其结构和安装较复杂，但视觉条件较好，一般用于 10 个以上显示器的中型控制台。

（3）弯折式布置　如图 6-24c、d、e 所示，此形式一般是组合成型，其结构和安装比较简单，视觉条件较好，一般适用于大、中型控制台。

第四节　产品操纵器的造型设计

视觉显示装置起着传递信息的作用，而操纵控制装置则起着执行信息传递的作用。这里所述控制装置为手柄、旋钮等。设计控制装置时，首先要考虑操作者的性别和人的生理尺寸，使之适应人体的生理结构特点，从而达到提高工效及使操作者能准确、迅速、安全、连续的操作目的。

要使产品使用起来方便，几乎不出差错，最好的办法，是让操纵器具备单一功能，从而限制使用者的选择范围。正确设置操作部位，使其显而易见，而且要向用户传达出正确信息，比如开关向上是开还是关，操纵杆向前或向后起什么作用，以免出现误操作。在设计中应尽量减少差错发生的可能性。车辆的油门、离合器踏板、制动器踏板应按常规设置，使驾驶员习惯动作不出现误操作。一些设备、飞行器发生的灾难性事故，表面上看是因操作人员错误判断和操作失误造成的。究其根源，往往是因为显示或操纵系统设计不合理，易使操纵者犯错误的结果。

产品造型设计必须反映它的核心功能、工作原理、可能的操作方法，以及反馈产品在某一特定时刻的运行状态。设计实际是一个交流过程，设计人员与用户之间的交流要靠产品来体现。产品本身必须说明问题，使用户一看就明白每一个操纵器的功能。如果设计者没有提供这种概念，用户只得自己琢磨，结果容易出错。设计人员对自己的产品非常熟悉，也就难以觉察到陌生的用户在使用过程中会遇到的困难，也无法了解到产品的哪些方面会造成使用上的困难。唯有与用户交流，并让用户对设计的产品进行试用，才能预知产品可能存在的弊端，因此，提倡以用户为中心的设计，以用户的需求和利益为基础，以产品的可理解性为侧重点。造型设计应保证用户能够理解操作方法，能够看出系统的工作状态。

一、操纵控制器的类型

操纵控制器的种类很多，分类方法也不尽相同。一般来说，常见的分类方法有如下几种：

1. 按运动方式分类

（1）旋转控制器　如曲柄、手轮、旋塞、钥匙、旋钮等。

（2）摆动控制器　如开关杆、调节杆、杠杆键、拨动式开关、摆动开关、踏板等。

（3）滑动控制器　如手闸、指拨滑块等。

（4）按压控制器　如钢丝脱扣、按钮、按键、键盘等。

（5）牵拉控制器　如拉环、拉手、拉圈、拉钮等。

2. 按功能分类

（1）开关控制器　用简单的开或关实现起动或停止的操纵控制。如按钮、踏板、手柄等。

（2）转换控制器　把系统从一个工作状态转到另一个工作状态。如手柄、选择旋钮、操纵盘等。

（3）调整控制器　系统的工作参数稳定地增加或减少。如手柄、按钮、旋钮、操纵盘等。

（4）紧急停车控制器　用于要求在最短时间内产生制动效果，起动要十分灵敏。所用的控制器与开关控制器基本相同，但一定要与开关控制器分开布置，以免紧急操作时发生混乱，造成事故。

3. 按人体操作部位分类

（1）手动控制器　如按键、开关、旋钮、手柄及转轮等。

（2）脚动控制器　如脚踏板、脚踏钮等。

（3）其他　如声控、光控等这些利用敏感元件的换能装置来实现起动或关闭的机件。

二、操纵控制装置的选择

控制装置的选择主要是按使用功能和操作要求进行选择，这对于安全生产、提高工作效率非常重要。一般应遵循如下几个原则：

1）快速、精细的操作，主要采用手动或指动控制器。用力的操作应采用手臂及下肢控制。

2）手动控制器应安排在容易接触到和易看到的空间。

3）对于按钮，它们的边距应为15mm。

4）手揿按钮、旋钮适用于费力小、移动幅度不大及高精度的阶梯式或连续式调节。

5）长臂杆、手柄、手轮、踏板则适用于费力、幅度大和低精度的操作。

各种控制器的使用情况，见表6-26。

表 6-26 各种控制器的使用情况

使用情况	按钮	旋钮	踏钮	旋转选择开关	钮子开关	手摇把	操纵杆	手轮	踏板
需要的空间	小	小至中	较小	中	小	中至大	中至大	大	大
编码	好	好	差	好	较好	较好	好	较好	差
视觉辨别位置	可	好	差	好	好	可	好	较好	差
触觉辨别位置	差	可	可	好	好	可	较好	较好	较好
一排类似控制器的检查	差	好	差	好	好	差	好	差	差
一排控制器的操作	好	差	差	差	好	差	好	差	差
合并控制	好	好	差	较好	好	差	好	好	差

三、操纵控制装置的设计

控制器的设计质量直接影响整个系统的运行。往往生产中出现的事故，从表面看，似乎是操作者缺乏训练或思想不集中而引起的，但如果作进一步的分析就会发现，造成事故的原因主要是由于控制器设计没有充分考虑人的因素而造成的。因此，对“人－机”系统中人的因素的考虑和重视，是提高工效和避免事故的关键所在。一般地，我们可从以下几个设计的基本要求来考虑：

1）任何控制器，都要适应人体生理特征的要求。如控制器的安装位置、排列方式、操纵速度和操纵力的大小都要符合人体的生理特征，以便使操作者都能舒适而满意的进行操作。

2）控制器要与设备系统的工作状态结合起来。控制器的运动方向应和显示器指针或设备的运动方向相适应，并使之符合人的习惯。如设备某部分是上下直线运动时，此部分的控制器的操作方向也应上下直线运动；又如汽车的方向盘操作的方向与汽车转弯的方向应该是一致的。

3）控制器的形态应体现其操作方式，以利于辨认。

4）控制器的造型设计要求外形尺寸大小适当，适应人体生理特点，而且造型应美观大方，且便于操纵。

5）反馈操作的结果是设计中的重要方面，如有一定的阻力产生操作手感，或有相应显示器显示操作效果，操作员就获得了肯定的信息。如果没有反馈信息，操纵者便会自己琢磨操作是否产生预期效果。因为没有反馈，操纵者会在不合适的时间关闭或重新起动机器或设备，从而丢失刚完成的工作，或重复指令，造成不利后果。

（一）手动控制器设计

手是人体进行操作活动最多的器官之一。长期不合理的手动操纵，能使人产生手部痛觉、出现老茧，甚至变形；同时也能引起大脑疲劳、影响劳动情绪、降低工作效率、影响劳动质量。因此，设计时应充分研究人手与物的关系。比如：首先操纵控制器的形状应与手的特点相适应。就手掌而言，掌心部位肌肉最少，指骨间肌和手指肌是神经末梢满布的区域，而指球肌、大鱼际肌、小鱼际肌是肌肉丰满的肌肉部位，是手掌上的天然减振器（图 6-25 为手的生理结构示意）。因此，设计手

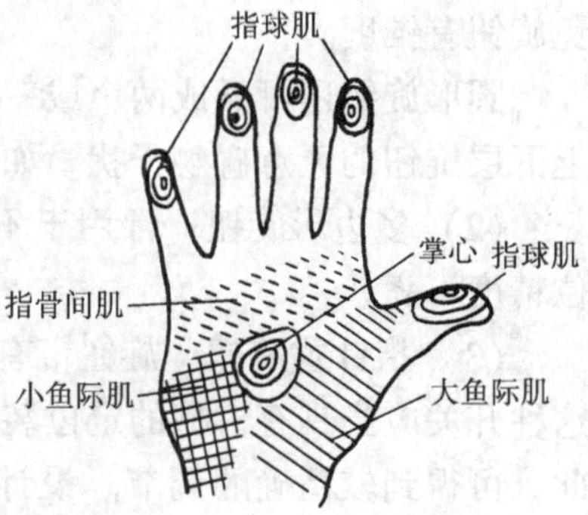

图 6-25 手的生理结构

的接触物时应避免将受力集中于掌心和指骨肌，防止受压受振而引起难以治愈的痉挛，至少也减少了手的疲劳和操作不准。其次，形状应便于触觉对它进行识别。再者就是手动控制器尺寸应符合人手尺度的需要。

人手的运动有着一定特征，研究手的运动规律，对于手动控制器的设计是很重要的。比如：①手的垂直方向运动速度比水平运动速度快；②手从上往下运动的速度比从下往上运动的速度快；③在水平面内，手的前后运动速度比左右运动速度快，同时旋转运动又比直线运动快；④对一般人来说，右手活动比左手快，顺时针活动比逆时针活动快；⑤单手操作比双手操作既快又准。

手动控制器设计中，人手的接触物有旋转、按键、操纵手把等。

1. 旋钮

根据功能要求，旋钮可以旋转一圈（360°），一圈以上或不满一圈，可以连续多次旋转，也可作定位旋转等。其形状可分为圆形旋钮、多边旋钮、指针旋钮和手动转盘等，如图 6-26 所示。显然，根据设计的形状不同，旋转的用力和旋转量的大小也有区别。如图 6-26a 所示的旋钮适于微调；图 6-26b 所示的旋钮力量可大些；图 6-26c 所示的旋钮上带有指示刻线；图 6-26d 所示为带有刻度盘的旋钮。

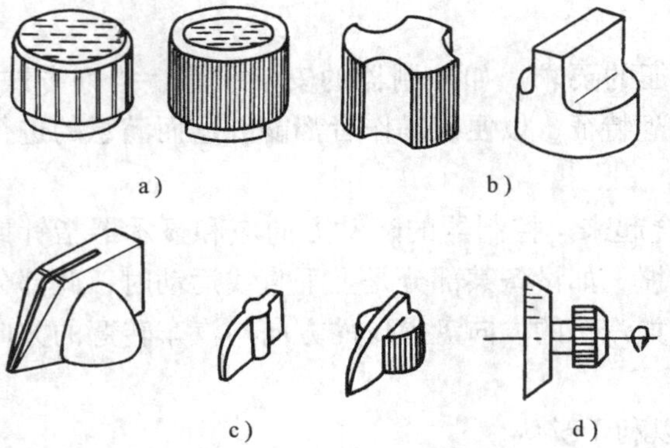

图 6-26　旋钮

a）圆形　b）多边形　c）指针形　d）转盘

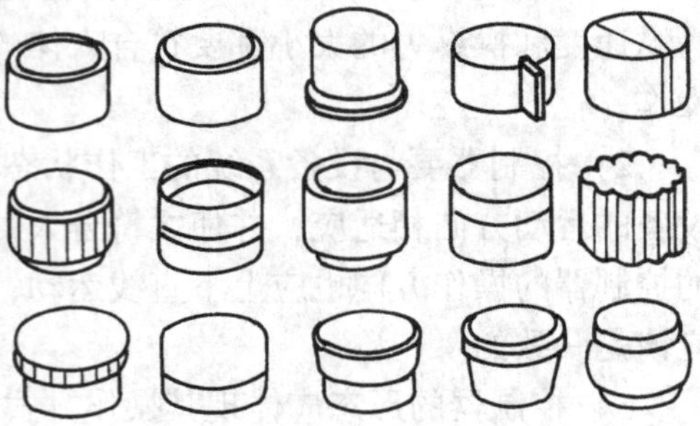

图 6-27　常见的旋钮形式

（1）圆形旋钮　圆形旋钮最常用（图 6-27 所示为常见的旋钮形式）。圆形旋钮可用于作连续、平稳的旋转（0°~360°）及用于多重旋转，可作微量旋钮，精度较高。为了满足旋转要求，往往在其表面上加工出直纹或网纹滚花，旋钮的边缘可做轻微的倒角，但应避免旋钮有锥度。

圆形旋钮还可做成两个或三个同心多层旋钮，但必须设计得当，否则操作时容易产生上下层旋钮的无意碰触干扰。如图 6-28 所示为多层旋钮的形式及尺寸。

（2）多边形旋钮　常用于不需要连续旋转的场合。一般调节范围不足 360°，旋转定位精度不高。

（3）指针式旋钮　旋钮带有指针的形状，当旋转旋钮时，可靠指针确定旋钮的位置。这种开关应当具有机械的定位装置，当旋钮刚好到位时，操作者应能感觉到或者听到，因此，可得到较精确的调节。设计时应突出指针的形状，以便使操作者了解旋钮的最终位置，并且该旋钮应当有足够的长度、深度，从而使操作者充分地握住，甚至可以设计一种附加长度以便协助操作者使用更大的力使旋钮旋到定位。

图 6-29 提供了旋钮的适宜直径与操作活动的关系，可供设计时参考。

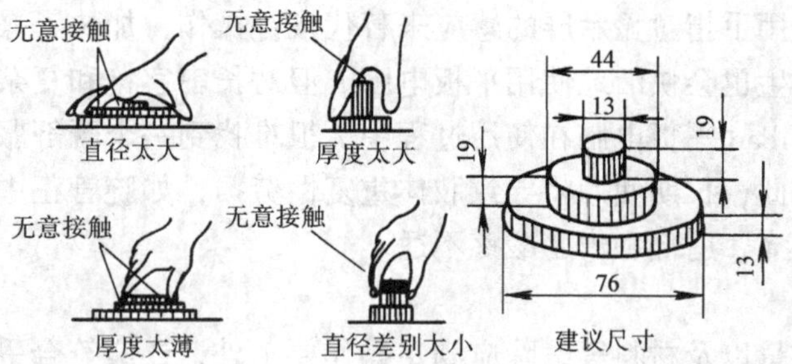

图 6-28　多层旋钮形式及尺寸

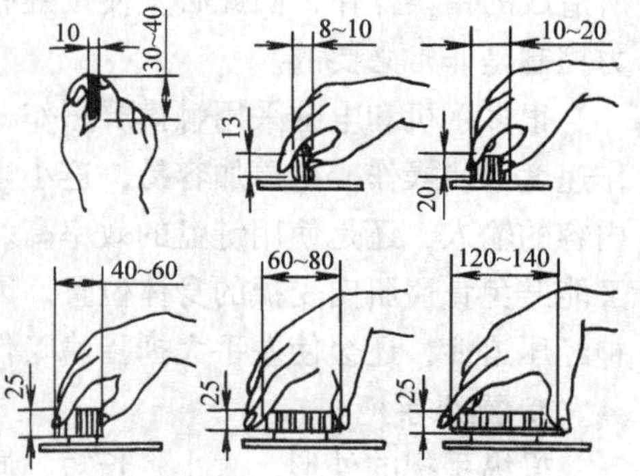

图 6-29　适宜操作的旋钮尺寸

2. 按键

在现代工业产品中，按键用得日益广泛，如计算机的键盘、打字机、传真机、电话机、自动控制设备等，都大量使用按键。它的好处是可以节省空间，便于操作，便于记忆，熟练者不用视觉就能迅速操作，一个熟练的操作者平均击键频率是 5 次/s。在按键的设计中，应考虑人手按压键盘的力度、回弹时间及使用频率、手指移动的距离等。

在设计中经常使用的按键以四角钝圆的四方形最方便，不常用的可采用圆形。按键表面应稍有凹陷或纹理粗糙，以便揿时手指不易滑脱。以手掌揿压的按键表面应为蘑菇形，这样有利于手掌用力均匀。

图 6-30a 所示为外凸弧形按键，其操作手感不好，一般用于轻小型而操作次数较少的设备上；按键形式以中凹型（图 6-30d）为佳；按键应凸出面板一定的高度，过低则不易感觉位置是否正确（图 6-30b）；按键之间应有一定的间距，否则容易同时接触两个键（图 6-30c）；适宜的尺寸可参考图 6-30e 所示；密集的按键可做成如图 6-30f 所示的形式。

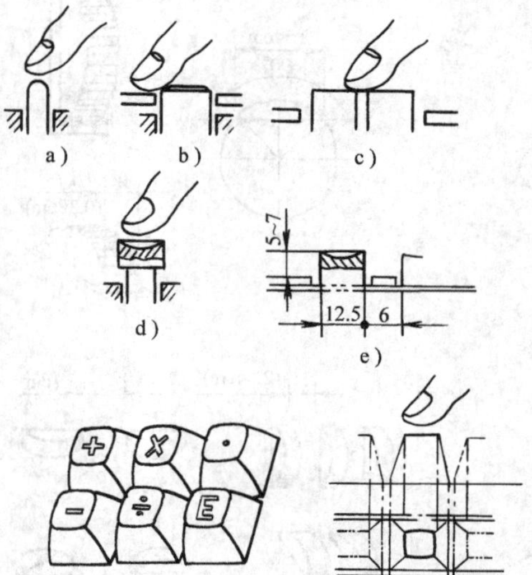

图 6-30　按键
a）外凸弧形按键　b）按键凸出面板　c）按键间距
d）按键中凹　e）适宜尺寸　f）密集按键

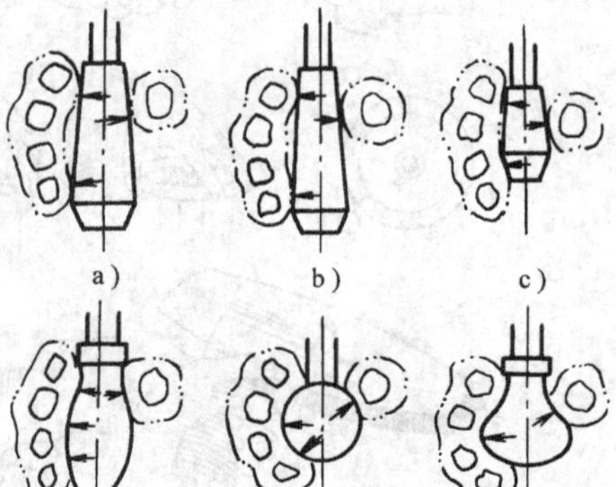

图 6-31　纵手把与手掌的关系

在设计按键时除要合理地确定出其所需压力之外，还要注意为了减少不注意时的按键所造成的错误操作，因此必须使按键有一定的阻力，特别是对于机械设备，一个合适的压力控制是非常必要的。

很多手机和电脑采用触摸屏操作，用手指对显示屏的感应来替代按键操作，加快了操作速度，使操作变得更加容易，连小学生也会快活地使用平板电脑。但对长串字符和复杂内容的输入，还是使用键盘的效率高。iPad平板电脑在使用过程中，很难找到一个既舒服又能避免骨骼肌肉受损的身体位置。因此，长期使用将导致肢体重复性劳损，如腕管正中神经压迫症，还会使左手大拇指隐隐作痛，肘部和肩膀酸疼不适。

3. 操纵手把

操纵手把的外形、大小、长短、质量以及材料等，除应满足操作要求外，还应符合手的结构、尺度及触觉特性。图6-31给出了手把形状设计，其中图6-31a、b、c为好；图6-31d、e、f为差，它们反映了操纵杆握杆与手掌的关系。

要设计一种合理的手把，必须考虑手幅长度、手握粗度、握持状态和触觉舒适性。通常，手把长度必须接近或超过手幅长度，使手在握柄上有一个活动和选择的范围。手把的径向尺寸必须与正常的手握尺度相符或小于手握尺度。如太粗，手就握不住手把；太细，手部肌肉就会过度紧张而疲劳。另外，手把的结构必须能够保持手的自然握持状态，以使操作灵活自如。手把的外表面处理，应以保证操作者的触觉舒适性为主。图6-32所示是各种不同手把的握持状态。

4. 拇指轮

操作者利用拇指或食指进行操作的一种旋钮，它们只适用于平稳、连续的旋转，而不需要精确的调节场合，例如：音量、光强等，其形状及尺寸如图6-33所示。

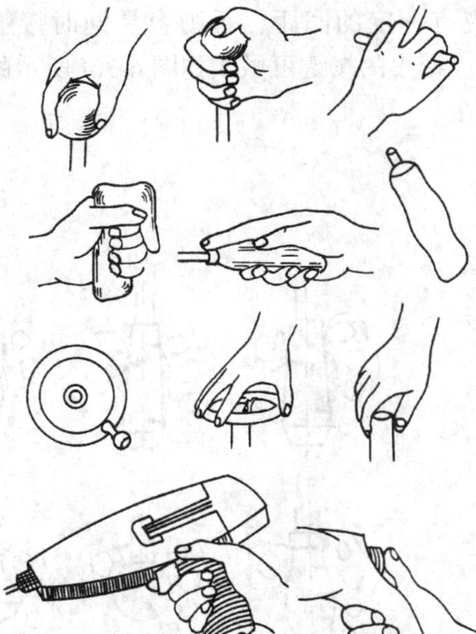

图6-32　各种不同手把的握持状态

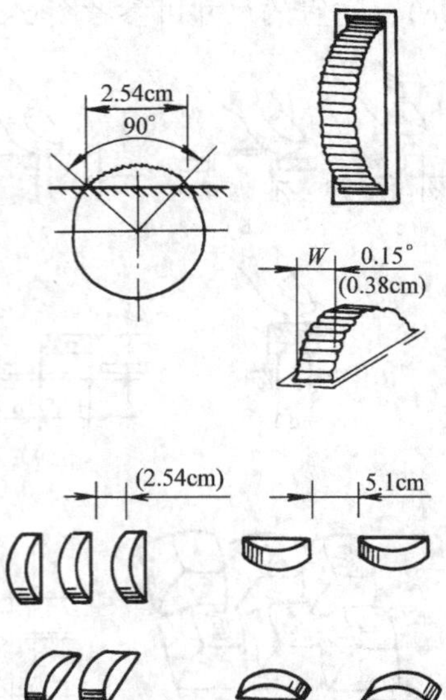

图6-33　适宜操作的拇指轮尺寸

设计这种拇指轮的阻力一般在1.7～5.79N之间，若采用多个拇指轮时注意水平布置时不要一个在一个之上，或一个在一个前面，通常该轮向上或向右旋转为“增加功能”。

（二）脚动控制器的设计

用脚操纵的控制器也是比较多和常用的控制装置。如汽车的离合器踏板、制动踏板以及其他机械（如冲床、蒸汽锤）的脚踏板等。一般在下列情况时考虑选用脚动控制器：①需要连续进行操作，而用手又不方便的场合；②无论是连续性控制，还是间歇性控制，其操纵力都在超过50～150N的情况下；③手的控制工作量过大，不足以完成控制任务时。

在设计和选用脚动控制器时，首先要确定人的操作姿势。一般来说，在立姿和坐姿的选择中应尽量采用坐姿。因为坐姿状态下人体容易保持平衡，而且容易出力。用于精确操作时，坐姿显然优于立姿。为了使操作者在操作时，既省力又舒适，就必须处理好控制器相对于人的位置，否则操作起来不但费劲，而且还容易疲劳。

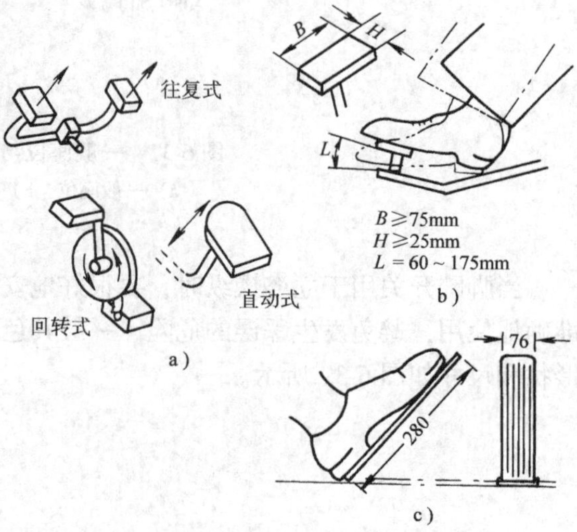

图6-34　脚踏板

a）往复式、回转式、直动式　b）脚踏板尺寸

c）以鞋为转轴的踏板

脚动控制器主要有脚踏板和脚踏钮两类。

1. 脚踏板

脚踏板可分双脚操作踏板和单脚操作踏板。双脚操作的脚踏板主要有往复式和回转式；单脚操作的脚踏板是直动式、分脚踏式和脚踩式，如图6-34所示。

脚踏板典型的例子，如汽车的制动踏板。这种踏板人腿与脚的舒适角度为90°，其位置有三种情况，如图6-35所示。

其中，图6-35a是座位较高，小腿与地面几乎垂直的情况，脚的下压力不能超过90N；图6-35b是座位较低，小腿倾斜的情况，此时踏力不能超过180N；图6-35c是座位很低，小腿较平的情况，此时一般蹬力能达到600N。

为了便于施力，必须提供一个牢固的座椅支撑，如图6-36所示。

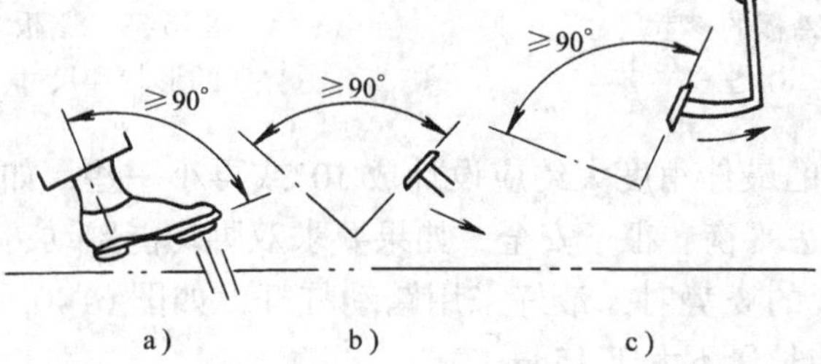

图6-35　制动踏板的三种位置

a）小腿与地面几乎垂直　b）小腿倾斜　c）小腿较平

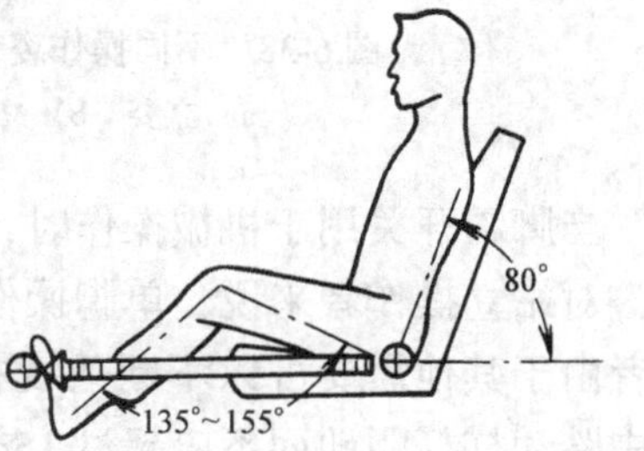

图6-36　最大蹬力踏板

脚踏板的高度，应设在脚能出最大力的位置处。在坐姿时，操作力为蹬力，座椅的高度要低于一般座椅的高度，这样当操作力很大时，踏板的高度可与椅面相平或稍低，但不得超过椅面高度，如图6-37所示。

若是站立操作，则脚踏板的高度不得超过地面25cm，最佳为20cm或稍小些。图6-38

列出了立姿、坐姿、立坐交替操作时的脚踏板设计参数，可供选用。

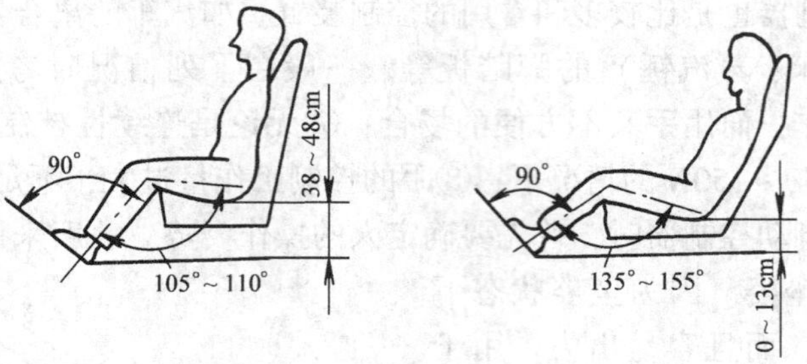

a） b）

图 6-37　一般座位与脚操纵座位的比较

a）一般座位　b）脚操纵时的座位

当脚踏开关用于立姿操纵时，要很好地安排其位置，使操作者在不影响稳定性的情况准确地使用，避免发生踩误的危险，一般其色彩设计为黄色或橙黄色以引人注目。踏板的形状和尺寸如图 6-39 所示。

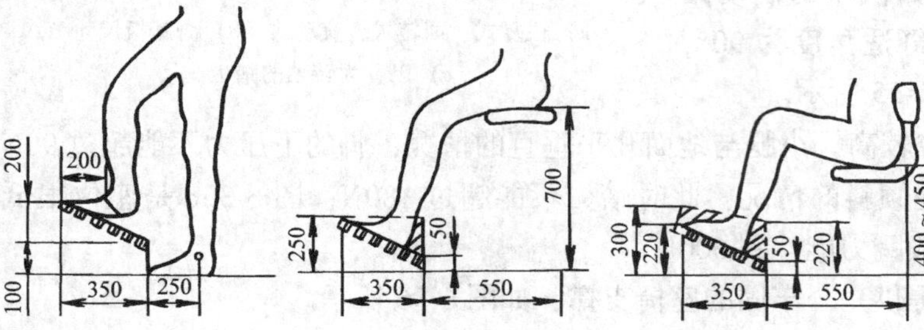

a） b） c）

图 6-38　不同操作姿势下脚踏板的参考尺寸

a）立姿　b）立坐交替　c）坐姿

图 6-39　踏板的形状和尺寸

当脚踏开关用于机械操作时，脚踏的最佳角度大约应设计成 10°或再小一些，如果过大，对站立操作者来说，单脚操作易失去平衡，很不安全。如果要求双脚均能踏动，或操作者由于其他需要可以不断改变操作者的姿势时，最好采用踏动杠杆，如图 6-40 所示。其中踏动杠杆距地面不应超过 15cm，伸长量不大于 15cm。

2. 脚踏钮

在某种情况，当手操作不便时，可采用脚踏钮来代替手动按钮的迅速操作。图 6-41 所示为常用脚踏钮的尺寸供参考。

脚踏钮的使用一般仅限于开或关的简单操作。由于脚踏钮的尺寸较小，在盲踏场合不易踏准，因此仅限于操作空间过小，而又不易采用脚踏板的情况下使用。例如汽车起动马达脚踏钮。

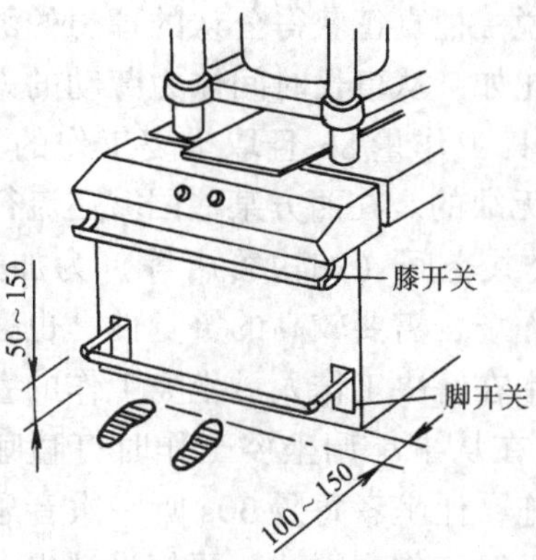

图 6-40　踏动杠杆

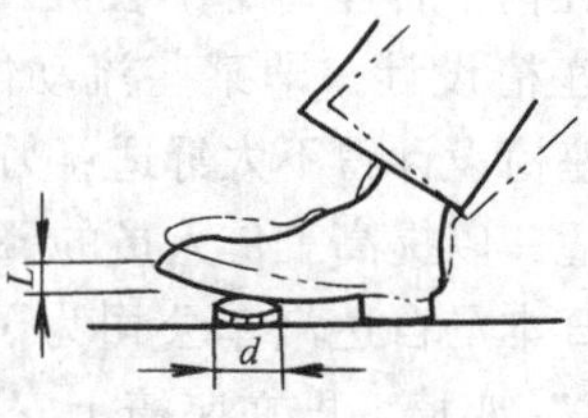

图 6-41　脚踏钮

第五节　座椅设计

一、座椅概述

座椅与人们的生活息息相关，无论是工作、学习、出门旅行、在家休息都离不开座椅。座椅伴随人们的生活已经有几千年的历史了，但是关于座椅的设计问题至今仍是值得研究的课题。

最早用人体解剖学的观点研究椅子舒适性的是瑞典整形外科医生 B. 阿盖布罗姆 (B. Akerblom)。他在 1948 年发表的专著《站与坐的姿势》中，系统地论述了人体不同姿态对肌肉及关节的影响。1954 年他完成了著名的阿盖布罗姆椅背曲线，如图 6-42 所示。

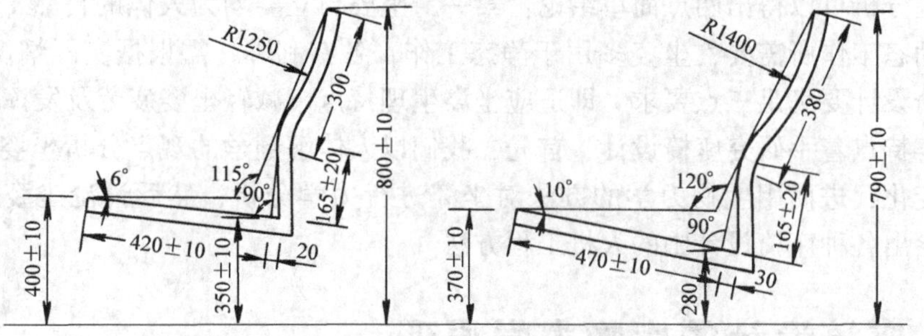

图 6-42　Akerblom 椅背曲线
a）座椅　b）沙发

1968 年国际人机工程学会在瑞士召开了以座椅为主题的国际学术讨论会，这次会议在全世界掀起了座椅研究的高潮。许多国家在 20 世纪 70 年代已将座椅研究的成果制定成标准指导工业生产。有关的标准有：学校课桌椅、办公用椅、工作椅、飞机座椅、汽车座椅、火车座椅等。我国于 2002 年制定了《学校课桌椅功能尺寸》（GB/T 3976—2002）供设计时参考。

50 多年来关于座椅的设计问题已有多位学者进行过系统科学的研究，各种设计参数也相继见于诸多资料。但就目前来看，尚不能说一把真正获得公认的理想的舒适座椅已经问世。这是因为人体的坐姿是个复杂的问题。比如，从事长时间体力劳动的人能坐上一只木板凳休息，则会感到非常舒适，而对于常年日工作量 8h 且取坐姿工作的人（如秘书、打字员等）任何一种座椅都不会被认为是完美无缺的。在西方某些国家还流行一种“适度不舒适”的座椅设计，即某些流动性较大的公共空间（如快餐店等）为加速人员流动，有意识地把座椅设计得不太舒适；另有一些工作场合需要较高的警觉性，也通过把座椅设计得不太舒适，以提高工作人员的警觉性。日本在解决工作人员坐姿工作的警觉性问题另辟新招：如日本马自达汽车公司为了防止人们在从事单调坐姿工作时打瞌睡，推出一种“功能音乐式”座椅，即在座椅上安装附加设施，让坐者每隔 30s 听一次音乐，同时振动坐者的腰部，以驱赶睡意，使人员集中注意力从事工作。因此，要想设计出一把相对理想的座椅必须根据使用目的进行多种因素的考虑。

关于坐姿与座椅有关的一般特点有：

1）坐姿可最省力地保持上体铅直，并可相对地固定脚、膝、髋和脊柱各关节，有利于减轻全身肌肉的静负荷，减少人体能量的消耗。

2）坐姿比站姿更有利于促进血液循环。站立时血液和组织液均向腿部汇集，而坐下之后，放松了腿部肌肉，腿部血液得以畅流，有利于消除疲劳。

3）坐姿可使体位稳固，减少无意识的身体摇摆，有利于双手精确地操作，同时也解放了双脚，有利于脚发挥更多的作用。

4）坐姿可以利用靠背发挥腿脚向前方的蹬力。

5）当座椅有强烈的摇摆运动时，坐姿人体用以减弱摆动对身体影响的能力远远小于立姿。立姿可以发挥双腿的减振功能，双腿有一定的长度，由多道关节与上体相连，具有很好的变形能力，可以吸收摆动的能量。

6）研究证明：坐姿时腹部肌肉放松且脊柱前弯，除影响消化系统及呼吸系统的功能之外，长时间就座（如超过 60min）还会引起血管静压力增加，血液回流受阻，由此会出现小腿肿胀、疼痛。

由以上分析可以得出两点简单结论：第一，坐姿与立姿均为人体的自然工作姿态，而立姿多为动态工作所需要，坐姿多用于静态工作，各有利弊，需根据实际情况进行选取；第二，座椅设计要满足三点要求，即适应坐姿生理特点、减轻坐姿疲劳及发挥坐姿优点。

从坐姿特点着手研究座椅设计，首先，我们以人体解剖学的观点分析坐姿时人体骨骼和肌肉的变化，进而用生物力学的方法对坐姿进行力学分析，然后讨论坐姿舒适性的概念，最后给出各种座椅设计中的人机工程方法。

二、座椅设计的生物力学原理

人的生活离不开座椅。理想的座椅对人的工作和休息都是十分有益的。因此，了解人在坐姿状态下的有关解剖生理特征，并依据人的坐姿生理特征进行座椅设计，才能减轻坐姿疲劳程度，提高工作效率。

（一）坐姿对人体脊柱形态的影响

不同形式的座椅会使就座者采取不同的坐姿，即使是同一把椅子也可以有不同坐姿。坐姿时人体的支撑结构为：脊柱、骨盆、腿和脚。其中脊柱最关键，脊柱由 33 块脊椎骨靠复合韧带和介于其间的椎间盘连接组成，如图 6-43 所示。

从侧面观察人体脊柱是由7节颈椎、12节胸椎、5节腰椎，以及骶骨和尾骨组成，它们由软骨组织和韧带联系，使人体能进行屈伸、侧屈和回转等活动。脊柱是人体躯干的中轴和支柱，其四个区段的作用如下：

1）颈椎支承头部，既是头部的运动关节，又是头部的缓冲环节。

2）胸椎与肋骨相连接构成胸腔。

3）由于人体的重量由脊柱承受且由上至下逐渐增加，因而椎骨也是由上至下逐渐变得粗大。腰椎支承全部上体的重量，又是保证上体活动的万向关节轴，上体的受力也都要由腰椎承担，因此腰椎特别粗大而有力。

4）骶尾段与髋骨等构成骨盆，坐姿时腰椎将受力传给骨盆，由髋骨下部的坐骨传给椅面，骨盆是支承上体重量、受力、缓冲、振动，适应体位变化等的基础部分。

图6-44所示为坐姿与腰椎压力示意图。当人体自然站立时，脊柱呈理想的“S”形曲线状，腰椎不易疲劳（图6-44a）；当人体取坐姿工作时，往往会因座椅设计的不科学而促使人们采用不正确的姿势，从而迫使脊柱变形，疲劳加速，并产生腰部酸痛等不适症状（图6-44b）；如果座椅设计得能让腰部得到充分的支撑，使腰椎恢复到自然状态，那么疲劳就会得到延缓，从而得到轻松舒适感（图6-44c）。

实验研究证明：如果自然放松状态下的人体曲线能与座椅靠背曲线充分吻合，座椅舒适度评价值就高。

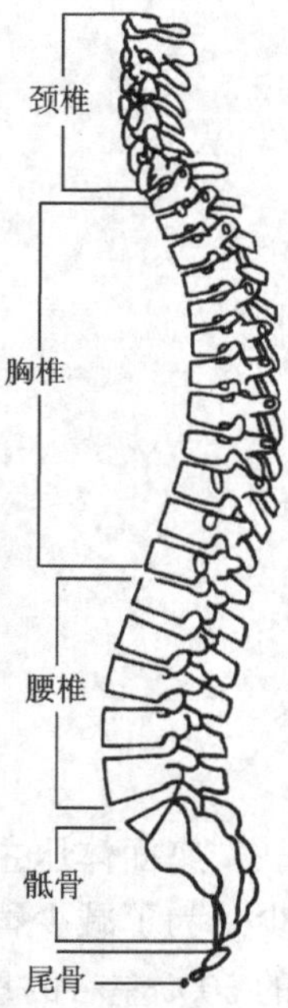

图6-43 脊柱的构造

（二）体压分布与坐姿疲劳

人在坐姿状态下，体重作用在座面和靠背上的压力分布称为坐态体压分布。它与坐姿及座椅的结构密切相关，是设计座椅时需要掌握的重要参数。不论座椅设计如何适应人体的形态及其受力的需要，如果长时间保持一种固定的坐姿，也会产生静力疲劳。

就座者的骨盆可以比喻为倒立的椎体，与椅面接触的主要是臀部两块薄肌肉层下的坐骨。人体大约75%的重量需由骨盆下两块面积为25cm^{2}左右的坐骨支点（薄肌肉层支承）承受。1963年登普西（Dempsey）从他的实验中得到图6-45所示的结果，也证明了上述结论。他还支持了随着持续时间的延长，臀部血管的血液循环受阻，会引起痛感和麻木等“挤压疲劳”观点。

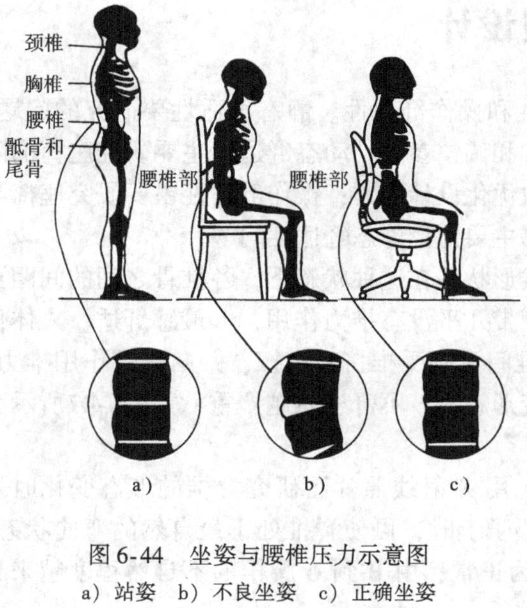

图6-44 坐姿与腰椎压力示意图

a）站姿 b）不良坐姿 c）正确坐姿

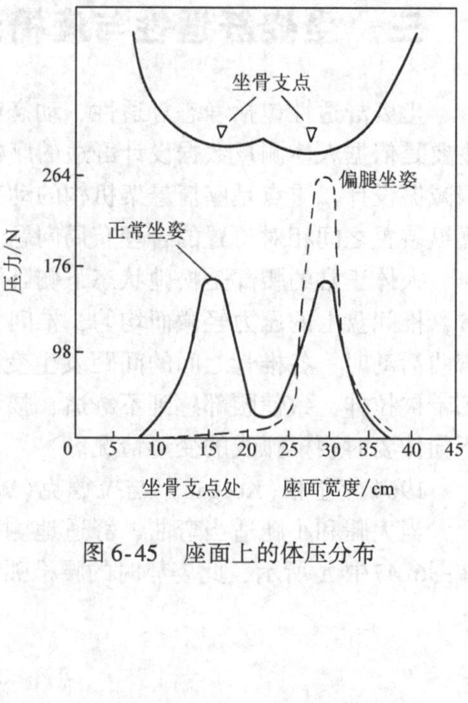

图6-45 座面上的体压分布

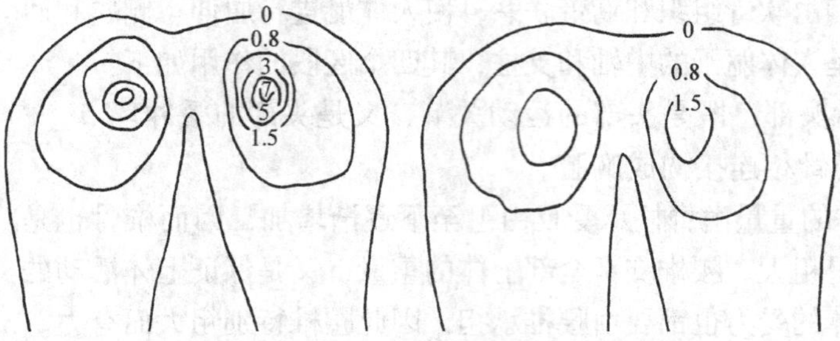

图 6-46　不同坐垫的压力分布（单位：N/cm^2）
a）硬坐垫　b）软坐垫

座面体压主要分布在臀部，并在坐骨部分产生最大的压力。由坐骨向外，压力逐渐减少。为了减少臀部下部的压力，座面一般应设计成软垫，其柔软程度以使坐骨处支承人体的60%左右的重量为宜。采用软性坐垫，增大臀部与座面的接触面积，就改善了这种压力集中的现象，使整个臀部均承担体重的压力，减缓坐骨下支点处的疲劳，从而可以延长就座时间。迪布希莱（Diebschlag）和马勒－林罗斯（Mull－Limroth）于 1980 年记录了被试者在硬座和泡沫软垫上的体压分布曲线，结果如图 6-46 所示。软垫与臀部的接触面积由 $900cm^2$ 增加到 $1\,050cm^2$，而压力峰值却减少了 40%。

但是，不论什么座面，保持一种固定的坐姿时间过长，臀部细血管内参加循环的血液量就会减少，控制身体下部生理机能的功能将会下降，这种持续的负荷作用在肌肉上会引起挤压疲劳。只有不断地活动身体才能使身体的各个部分延迟疲劳的到来，因为不断地改变重量分布，变化肌肉的负荷，就能使肌肉在变化中得到能量的调节。

对于腰肌也是这样，尽管不同的坐姿对腰椎弯曲形状的影响不同，有的小些有的大些，但不论是哪种姿势，长时间的采取一种坐姿总会产生静力疲劳。只有不断地调整坐姿变换脊椎的形态，变换椎间盘、韧带、肌肉等受力情况，才能改善血液循环，缓解腰部的静力疲劳。因此，任何一种座椅在设计时都应考虑变换坐姿的可能性。

三、坐姿舒适性与座椅造型设计

坐姿舒适性包括静态舒适性、动态舒适性和操作舒适性。静态舒适性要研究的问题，主要是依据人体测量数据设计舒适的座椅尺寸和调整参数；动态舒适性主要研究座椅的隔振减振设计，重点是座椅悬架机构的动态参数优化设计问题；操作舒适性主要研究座椅与操纵装置之间相对位置的合理布局问题。本书主要讨论静态舒适性问题。

人体正常的腰部是松弛状态下侧卧的曲线形状，在这种状态下，各椎骨之间的间距正常，椎间盘上的压力轻微而均匀，椎间盘对韧带几乎没有推力作用，人最感舒适。人体作弯曲活动时，各椎骨之间的间距发生变化，椎间盘则受推挤和摩擦，并向韧带作用推力，韧带被拉伸，致使腰部感到不舒适，腰弯曲变形越大，不舒适感越严重。如图6-47所示为不同体姿时腰椎弧线的变形情况。

1964 年基根（Keegan）与拉德克（Radke）用 X 射线照片图研究脊椎的形态变化时发现，当大腿和小腿适当弯曲、舒适地侧卧在垫子上时，可使脊椎处于最自然的弯曲状态，如图6-47中 A 所示，此姿势时的腰椎弧线 A 为正常；由 B 到 G 腰椎的不自然程度越来越大，其间各种坐姿（包括延伸为直立姿时）的腰椎弧线均会产生或多或少的变形，均会有一定程度的不舒适感。因此，尽量使腰椎弧线接近正常的生理弧线是舒适坐姿的前提，也是座椅设计中应遵循的基本原则。

研究坐姿舒适性的目的是为座椅设计服务的。通常情况下，座椅主要是供人们休息或工作时使用的。图 6-48 所示是有关人机学者推荐使用的“休息坐姿”和“作业坐姿”的有关人体关节角度参数，可供设计座椅时参考使用。

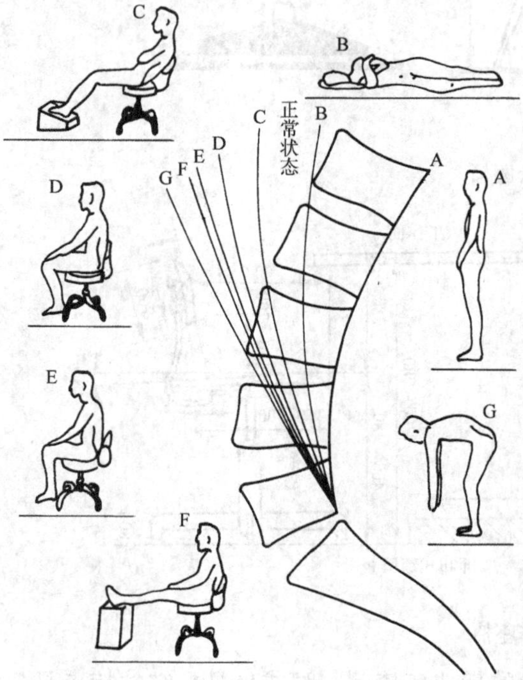

图 6-47　不同体姿时的腰椎形状

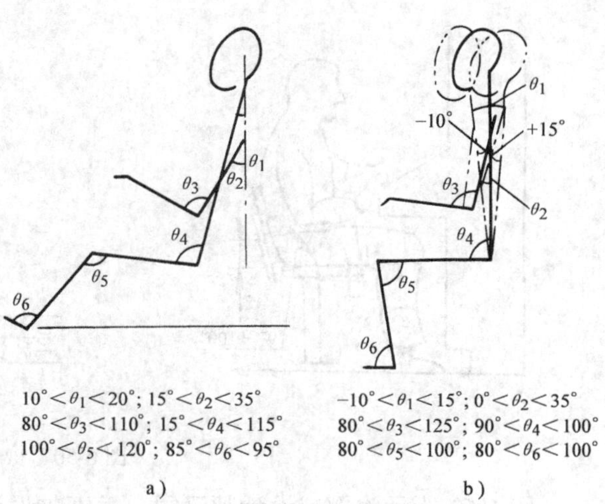

图 6-48　舒适坐姿下的关节角度
a）休息坐姿　b）作业坐姿

现代工业生产和日常生活中使用的座椅各式各样，但概括起来可分为两类：即休闲型座椅和作业型座椅。休闲型座椅主要是供人们休息用的，如沙发、靠背椅、安乐椅，以及医疗座椅等，火车、汽车、飞机等交通工具上的乘客座椅也属这一类。这类座椅的最大特点是强调坐姿状态下的舒适性。而作业型座椅是为了满足人们某项工作需要而专门设计的，根据不同的工作性质，座椅的造型尺度也有不同的要求。一般来说，作业型座椅可分为办公用座椅、操作用座椅和驾驶用座椅。

1. 办公用座椅

办公用座椅大多指在办公室内与办公桌配套使用的座椅。这类座椅设计时要强调舒适性和短距离移动的灵活性，座椅可以旋转，椅脚上安装万向轮，椅背应有腰靠和肩靠的“两点支撑”。必要时，可加扶手，以便小憩时手臂有支撑，如图 6-49 所示。

2. 操作用座椅

操作用座椅是指操作微机所用座椅，以及与控制台、某些装配检验工作配套的座椅。它的特点是人坐在座椅上主要是为了完成某些操作动作。由于操作人员多为换班制，因此这类座椅的坐高应为可调节的，其调节范围为工作台面下方 24～30cm 之间，以适应各班次工作人员的不同身高要求，如图 6-50 所示。

随着微机的逐步广泛使用，人机学者对微机的工作座椅曾作了多种形式的研究设计，图 6-51 所示的座椅则是所推荐的形式之一。

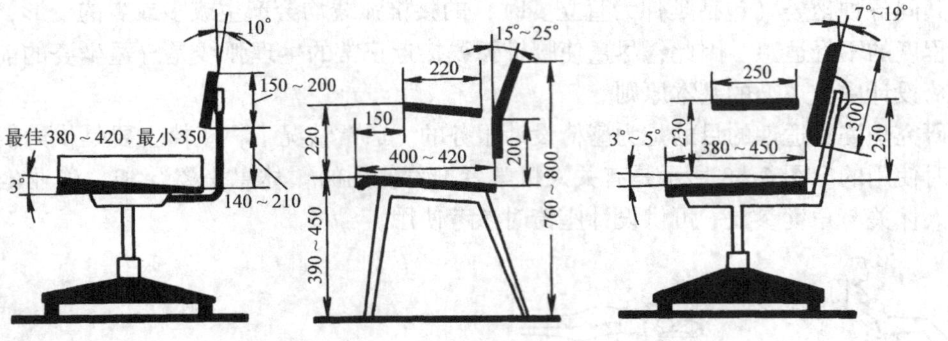

图 6-49　办公座椅

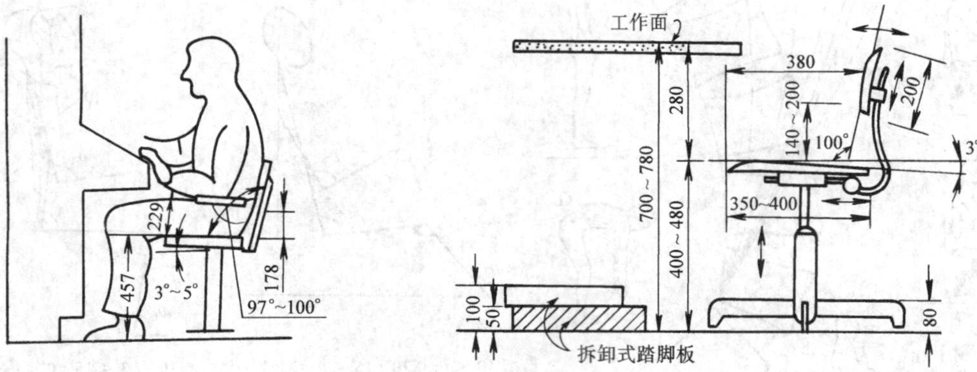

图 6-50　操作座椅

图 6-52 所示为挪威设计师汉司·孟索尔设计的新式座椅——跪式坐具。它的特点是：座面前倾，在座面前下方有一个托垫来承托两膝。人坐时，大腿与腹部自然形成理想的张开角度，可避免躯干压迫内脏而影响呼吸和血液循环；两膝跪在托垫上，大大减轻了臀部的压力，足踝也得以自由。它的最大好处是使脊柱挺直，骨节间平均受压，避免变形增生，使人体的躯干自动挺直，从而形成一个使肌肉放松的最佳平衡状态；它没有靠背，背部可以自由活动，但不能后靠休息，且下肢活动不便。

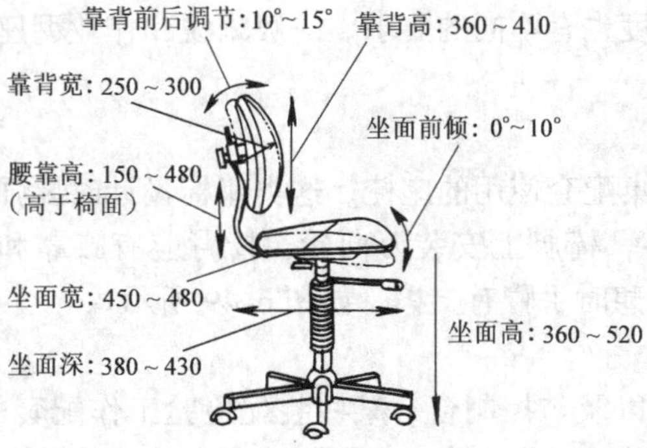

图 6-51　微机操作椅设计尺寸

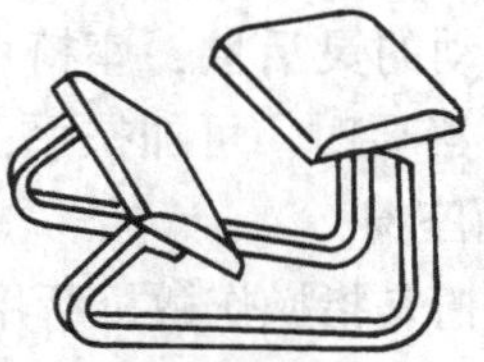

图 6-52　汉司·孟索尔的跪式坐具

在跪式坐具的基础上，有关人机学者又研究设计出一种称之为“云椅”的坐具，它是将跪式坐具和微机工作台组合在一起的，如图 6-53 所示。

3. 驾驶用座椅

交通运输设备涉及范围很广，驾驶用座椅的基本要求相差也较大。但它们的共同特点是：作业空间有限，连续作业时间较长，操作频繁，要求精力集中等。因此，驾驶用座椅又不同于前述座椅的形式。图 6-54 所示是轻便小汽车驾驶座椅的形式。图中给出的尺寸是以身高 1 690 ~ 1 800mm 的人体形为基础，对于比这种身材高或低的人，可以调节座椅位置，在水平面上可以调节 ±100mm，在垂直面上可以调节 ±40mm。

图 6-53　云椅

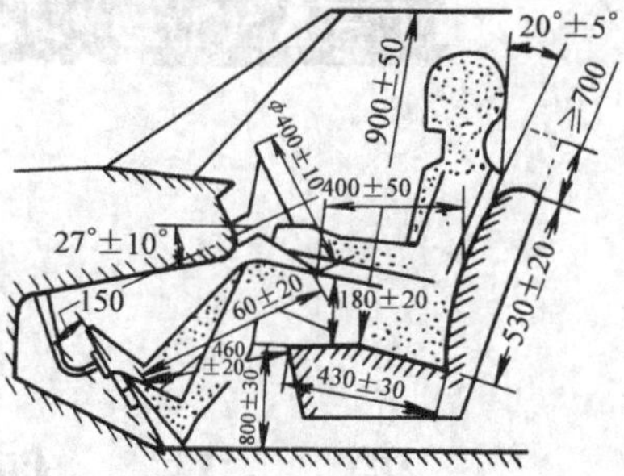

图 6-54　轻便小汽车驾驶室座椅

图 6-55 所示为载货汽车驾驶座椅的形式。图上给出的尺寸对身高 1 750mm ±50mm 的驾驶员最佳。座椅位置可以调节，在水平面上可调节 ±100mm，在垂直面上可调节 ±50mm。

图 6-56 所示为火车司机驾驶用座椅的形式。图中的尺寸是有关人机学者通过实践检验所得的数据。

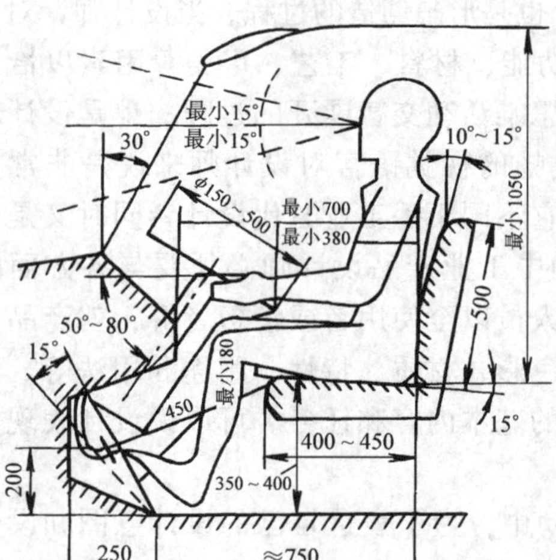

图 6-55　载货汽车驾驶室座椅

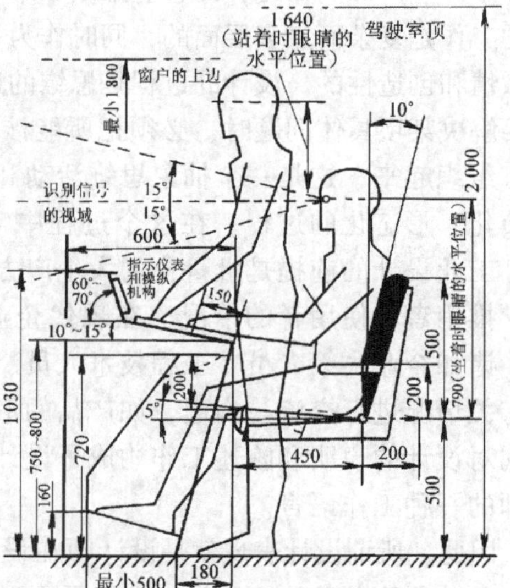

图 6-56　火车司机驾驶室座椅

Industrial Design

第七章 造型设计表现技法

第一节 概 述

一、设计与设计表现

工业设计活动具有多学科性、多层面性、多阶段性、多方位性、多交互性等特点，它贯穿于一个产品的始终，即企业策划—市场开发—生产—销售—服务的各阶段。因此设计师的工作是复杂而又多层面的，同时作为一项富于心智的设计活动，设计师的工作又是赋有激情和创造性的。设计的过程是思维的过程，也是形态创造的过程。当设计师针对人的需要解决某项具体问题时，必须把所能涉及的功能、材料、工艺、审美等因素以恰当的形态组织起来，这是一个抽象思维活动和形象思维活动交替展开的过程，也是设计思想物质化、形态化的过程。在这个过程中掌握流畅的视觉语言对设计师来说是非常重要的。工业设计的前提是批量化的大生产方式，它不同于手工业时代设计者同时又是生产者、推销者和使用者的情况，在现代企业活动中工业产品设计师必须要与各方面的人员，诸如企业决策人员、工程技术人员、营销人员以至使用者或消费者等，就产品设计的有关情况进行交流与沟通，如产品的形象、色彩、材质、特性、用途和用法等。这一系列对设计的说明和陈述工作构成了设计表现的基本内容和任务。可以说设计表现是设计师的一种工作语言。

因此，所谓设计表现就是设计师在设计活动中，为了表达自己的设计意图和设计思想，通过各种表现手段，以二维的平面形式或者三维的立体形式形象地、逼真地予以展现。设计表现是工业设计所特有的设计手段。

二、设计师的基本技能

在新产品的开发过程中提出设计的起因可能是多方面的，可以是“需求（当前的和预见的）驱动”、“竞争驱动”或是“技术驱动”，不同类型的产品开发都有着各自的规律和设计工作的次序。技术驱动型产品往往从系统设计阶段入手，较少涉及概念设计。而顾客驱动型产品则需要从概念开发开始（图7-1）。作为设计的分工，工业设计师介入一个设计项目的时机可能不同。但在新产品开发中良好的设计表现是设计师所必须具备的能力。设计表现是设计师将设计概念中的思维具象化、视觉化乃至最后实现制品化的信息传递手段。作为设计师的专业语言，设计表现的作用不仅仅是"描述"或渲染某个已完成的设计构想，而且更重要的是进行造型思考的语言方式。设计表现通过这一造型设计独特的专业语言，形成了造型设计的基本的思维方式和思维特点，即所谓形象思维。这种造型思维借助于表达语言而得以实现具体化和视觉化，并受其激励而发展深入。对于工业设计师来说掌握设计表现的技法是非常必要的。首先，它可以做到快速、准确、经济、有效地表达设计构思。其次，通过设计表达可以对方案进行推敲，及时发现设计中的不足，提出更好的解决办法。最后，它可以较真实地表达设计意图，虚拟设计构思的真实状态，以利于全面评价和检验设计方案。

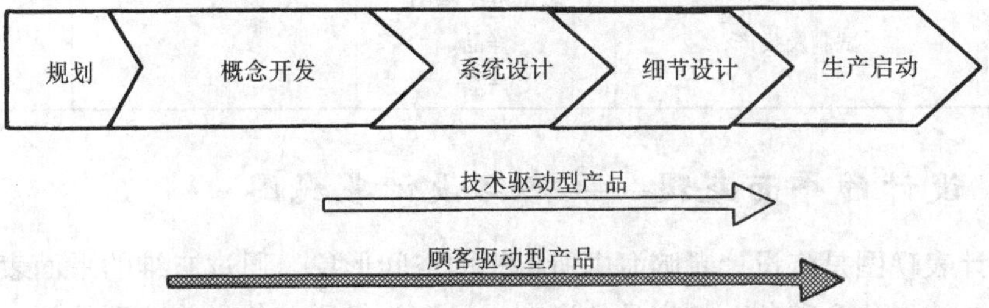

图7-1　新产品设计过程中工业设计的不同介入期

设计表现能力是建立在广泛的设计修养和扎实的造型基础上的综合能力。通过循序渐进的学习方法，培养严谨的造型观念和技巧，掌握必备的结构素描、透视图法知识，才能掌握正确的表现方法，创造出高品质的作品。

设计表现的能力是设计师的基本技能之一。设计师对这一技能掌握的熟练程度将直接影响其工作效率及创造力的发挥。

三、设计表现的阶段与形式

一般来说，可将设计过程归纳为四个发展阶段，即准备阶段、展开阶段、定案阶段和完成阶段。在这四个阶段中，设计师常常要采用多种媒介来对其创造意图和构想进行说明、陈述和演绎。这就要求设计师必须掌握从简要明了的设计报告书的写作到草图、效果图、工程图的绘制，以及模型的制作等一系列的表现手法和技巧，来应对在不同设计阶段，设计表现的不同传达功能和目的。

从设计表现的视觉形式或空间模式上看，设计表现可以归纳为两大类，即设计的平面表现与设计的立体表现。在设计实践中这两大类之间又都是相互辅助、密不可分的。在绘制预想效果图的同时，设计的全过程还需配合各种模型制作和工程制图来完成。单独通过描绘是无法了解或表现产品的准确尺寸和空间的感受，只有绘制工程图或做出立体模型才能确定其准确尺寸，比例，体量，空间状态（表7-1）。模型更接近于真实产品，通过触觉可实际体验和判断，最后的方案实施则以准确的工程制图为依据来完成。

表 7-1 各设计阶段的表现形式

设计阶段	设计程序	表现形式	方案可塑性	方案成熟性
准备阶段	对设计课题的认识 调研与问题分析 设计目标的确立	文字与图表	高	低
展开阶段	构思初步展开 方案初步评价与选择 构思再展开 方案评估、选择、综合	草图 草模 概略效果图		
定案阶段	方案审定	精确草图 精确模型 工程图 设计报告书		
完成阶段	试制及投产	零部件工程图 样品 产品	低	高

（一）设计的平面表现——产品设计表现图

产品设计表现图是将设计者脑海中所构思的空间形象，通过二维的平面表现出来，以得到产品的具体形象和印象，如产品的形态、尺度、材质、色彩等造型特征。其表现形式特点是① 灵活运用多种设计表现媒介，快捷、便利；② 以透视学原理作为画面表现的基础；③ 强调对设计物的结构、材质、构型关系的真实表现。根据设计表现图的不同类型，

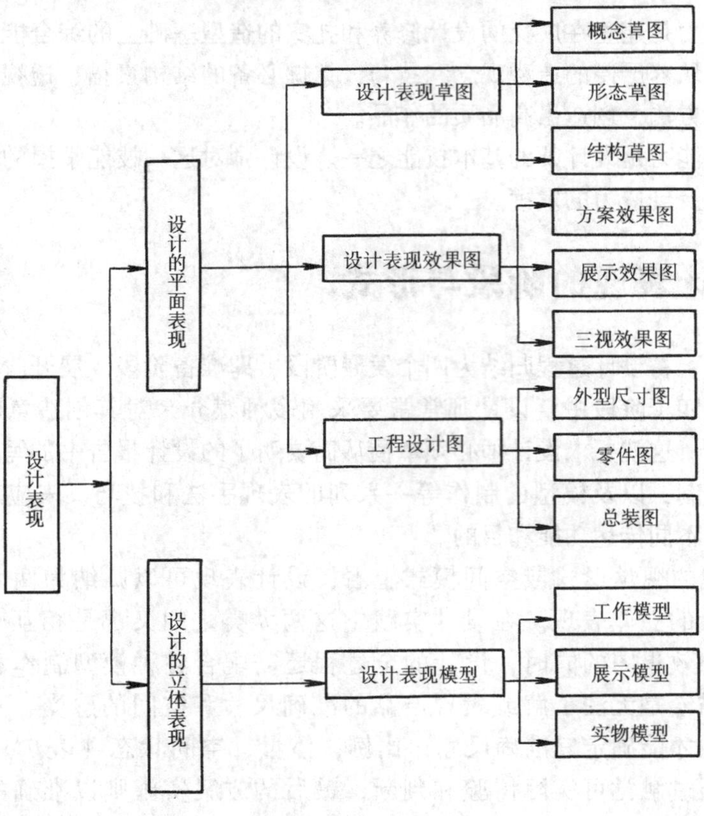

图 7-2 设计的表现形式

可以分为构思草图（sketch）、效果图（rendering）、工程图（engineering or technical drawing）等。

（二）设计的立体表现——产品设计表现模型

产品设计所涉及的问题主要包括三个方面：①形态（研究造型与内部机构；造型与人的关系）；②技术（研究结构与实际加工的关系）；③材料（选择与生产技术相适应的材料）。如果仅以二维的画面来表现这些内容，往往有许多难以表达之处。模型制作的目的就是用立体的形式把这些在图面上无法充分表示的内容表现出来。产品制作的模型大致可分为工作模型、展示模型和实物模型（图 7-2）。

第二节 透 视 图

一、透视的基本概念

当我们观看三维的立体时，对于同样高度的物体，距离人眼近的给人感觉就比较高，距离远的感觉就比较矮；同样大小的物体距离近的感觉比较大，距离远的感觉就比较小；站在道路中间向远处看，同样间距的树木，近处就感觉比较疏，远处的树间距就感觉密；原来平行的道路两边，在远处会越靠越近，到最远处会聚、消失于一点，这就是透视现象的规律（图 7-3）概括起来就是：近高远低，近大远小，近疏远密，空间的平行线在远处会聚消失于一点。

图 7-3 街道的透视现象

透视图法是描绘产品预想效果图的基本法则。在日常生活的三维空间中，物体都是以多维空间关系存在着，我们需要把所看到的三维物体通过二维平面表达出来，即在平面的纸上描绘出有立体感的物体形象。

当我们站在一个被固定的点上，就如同照相机的镜头一样，以一只眼睛凝视物体，这时眼睛的位置称为视点。假想我们在眼睛与被看物体间竖起一块透明的玻璃（即画面），那么，连接观者眼睛与物体上各点，这些连接的线在穿过画面时就必然得出一些相应的点，如果把这些点连接起来，画面上即可显示出我们所称的透视现象。

二、透视图有关术语

下文介绍透视学中有关的名词术语（图7-4）。

画面（*PP*，Picture plane） 绘画透视图的直立面。

基面（*GP*，Ground Plane） 也称物面，放置对象物的水平面。

基线（*GL*，Ground Line 或 Picture Line） 水平基面与画面交切的线。

视点（*VP*，Visual Point 或 Eye Point） 眼睛的位置也即投影中心。

站点（*SP*，Station Point） 视点在基面的正投影，即画者立足之点。

视心（*VC*，Visual Center） 也称主点、心点，视点在画面的正投影。也是主视线与画面的焦点。

主视线（*MVL*，Main Visual Line） 过视点面垂直于画面的视线。

视平线（*HL*，Horizontal Line） 过视点的水平面（视平面）与画面相交的交线。

物体（Object） 绘画的对象物。

视线（*VL*，Visual Line） 视点与物体上任一点的连线。

目线（Eye Line） 视线在画面上的正投影。

足线（Foot Line） 视线在基面上的正投影。

透视图（Perspective Projection） 视线与画面的交点。

灭点（Vanishing Point） 又称消失点，空间直线上无穷远点的透视。凡平行于基面的直线其灭点必处于视平面上某一点。

视高（*VH* - Visual High） 视点到基面的距离，即 *VP* 至 *SP* 的距离。

视距（*VD* - Visual Distance） 视点到画面的距离，即 *VP* 至 *VC* 距离。

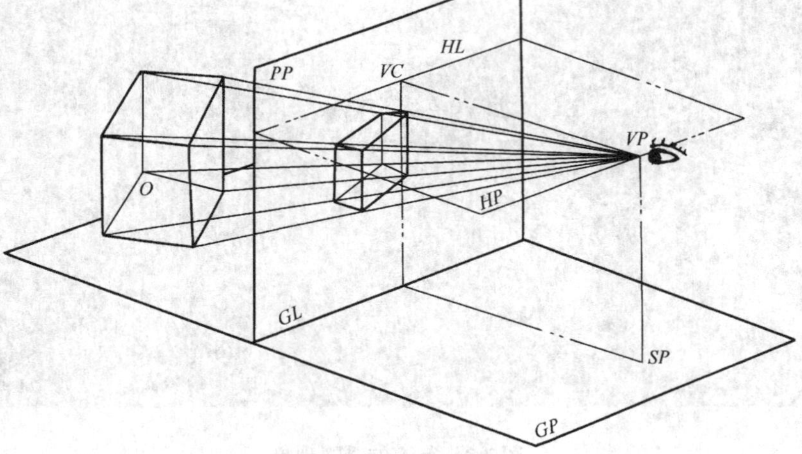

图7-4 透视图术语符号

三、常用的透视图

（一）平行透视（Parallel Perspective）

一般透视画法皆以立方体的画法为基准进行分类。当构成立方体的三维坐标系与构成画面的三维坐标系（以画面宽、高与进深方向为坐标轴的坐标系）各坐标轴均分别平行时，所作的立方体透视图为平行透视。平行透视的透视图中，仅进深方向的线与画面相垂直，它们的灭点即视心。这时与画面平行的立方体各边保持原方向不变，并无灭点，因此这种透视图从画法上来分亦称为一点透视。立方体的平行透视作图方法见图7-5。

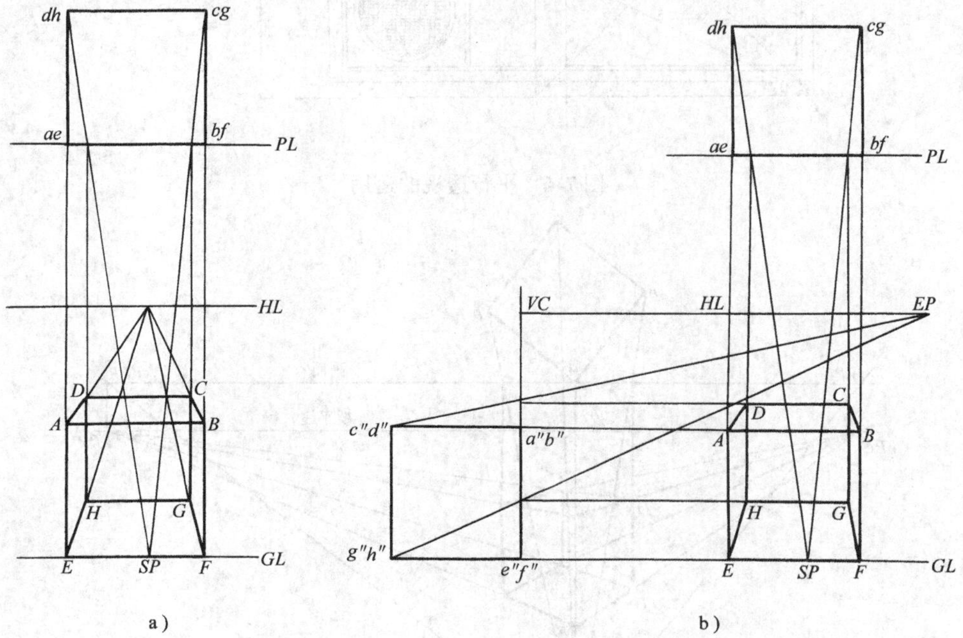

图7-5 平行透视作图方法

a）以平面图和正面图画出平行透视图 b）以平面图和侧面图画出平行透视图

平行透视的运用：

平行透视是一种简易透视图法，特别是表现形体的正立面状态（主视面）比较复杂的物体时更为方便。作图时视平线应设在稍高于产品的上方，这样，可以更集中展示产品的正立面功能及细部结构（图7-6）。

（二）成角透视（Angular Percentile）

当构成立方体的三维坐标系与构成画面的三维坐标系（以画面的宽、高及其垂直线为坐标轴的坐标系）仅一个轴（如高的方向）相平行，而其他两轴分别成某一倾角时，所作的透视图称为成角透视。例如，在成角透视中，立方体仅高的方向各边仍保持原有方向不变，而两个倾斜成角的轴线方向各边均分别存在灭点，故这种透视图也称为两点透视。这时的两个灭点分别在与主灭点等高的视平线上视心的两侧，它们与视心的距离根据各自与画面所成夹角的大小而定，但一般使主要表现面与画面的夹角小一些。

立方体的成角透视作图法如图7-7所示。现将作图法介绍如下：

1）在画面上画出立方体的水平投影 *abcd*，任意角度皆可。

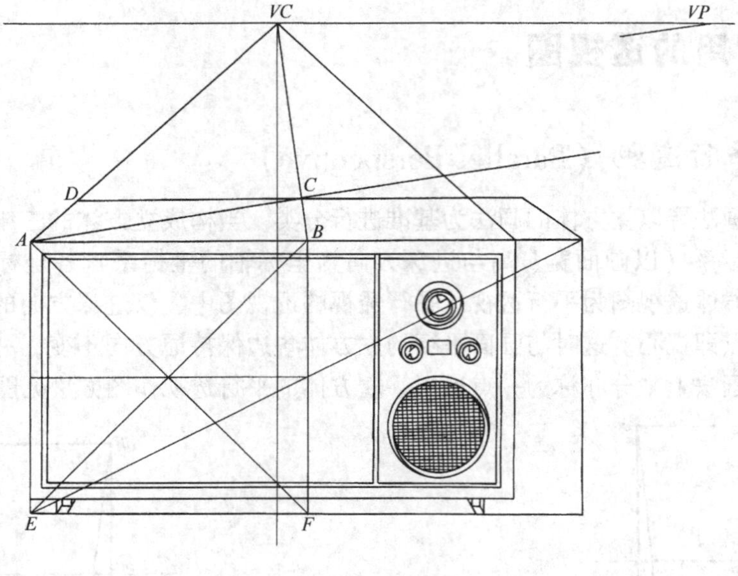

图 7-6　平行透视的运用

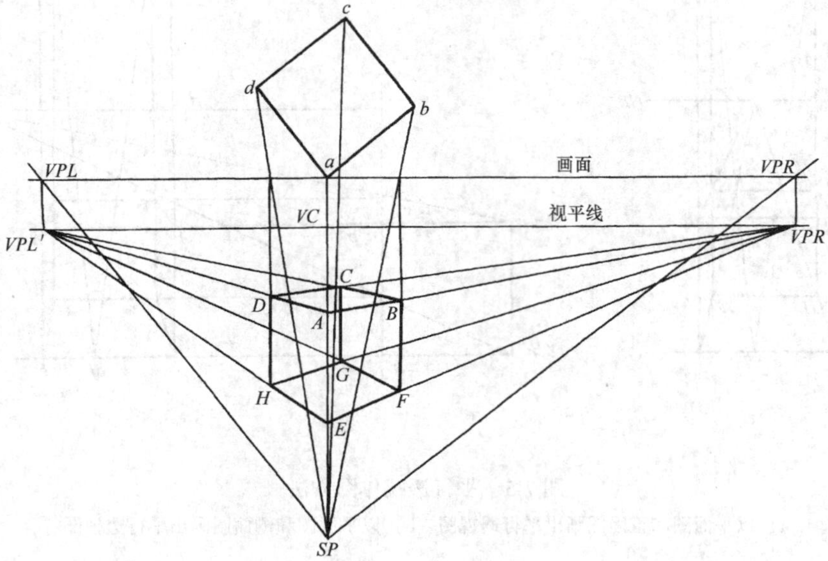

图 7-7　成角透视作图法

2）找出画面与立方体水平投影之交点 a，由此点作垂线，并在垂线上取一定点 E。

3）经 SP 作平行线与 ab 和 ad 平行，使其与画面交于 VPR 及 VPL。由 VPR 及 VPL 分别向视心的水平线作垂线，分别交于 VPR' 及 VPL'。VPR' 及 VPL' 即为本画面的两个灭点。

4）在 a 点的垂线上取 A、E，此即立方体的高度。分别连接 E 点、VPR' 及 VPL'，经 A 点连接 VPR' 及 VPL'。经 SP 分别连接 b、c、d 点与画面相交，过交点分别作垂线，与 A、E 点和 VPR'、VPL' 点的连线相交。再以上面同样的画法完成此立方体。

图 7-8 所示为采用成角透视作图法画的产品透视图。

对于外形复杂的产品，可先将其抽象地归纳为六面体，确定长、宽、高的尺寸，然后再按程序画出产品的透视形态。在有透视变化的形体中分出各部分比例，然后根据产品形态变化画出具体轮廓和细部。视点位置的选择对透视图的变化影响很大，一般视点不能离物体太近，视点越近，相应棱线的灭点在视平线上离心点就越近，将引起透视变形。一般视点距物体的距离应是物体长度的两倍半。画透视图时，如要着重表现物体顶部形状，视

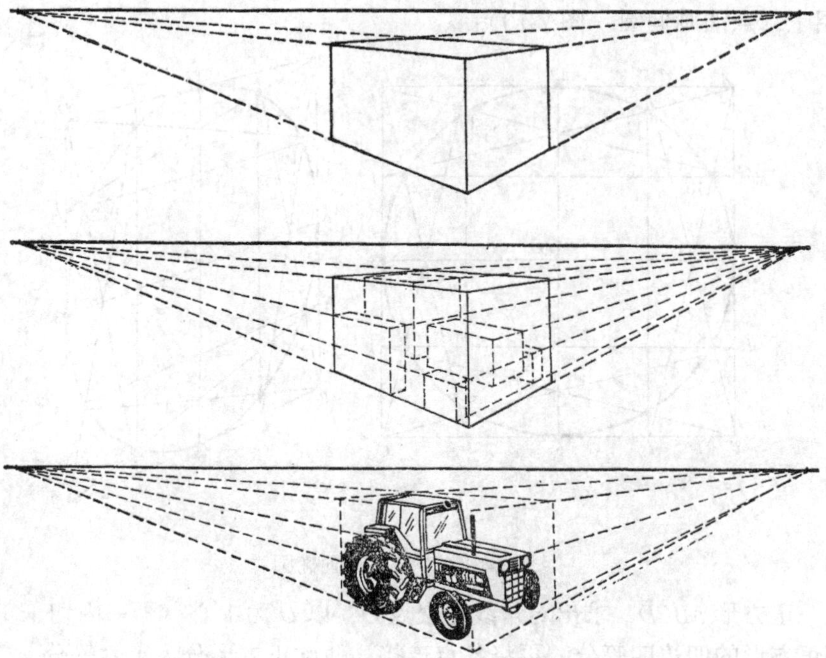

图 7-8　采用成角透视作图法画的产品透视图

平线高度应降至基线以下；反之，如要着重表现其底部形状，视平线高度应低于物体底部离基面的高度。如要重点表现物体右侧形状，则右面与画面夹角应小一些，同时视点也应偏向右侧，反之亦然。

（三）圆的透视

当物体上的圆形倾斜于画面时，它的透视是椭圆，而当圆形平行于画面时，其透视仍为正圆，而直径则随其与画面的距离而异，反映出与画面近大远小。这种由正圆到椭圆的变化即为圆的透视变化。从图 7-9 中可以看到，圆形与画面成不同角度时，在视平线上下会产生各种不同宽窄变化的椭圆。离视平线越近时，圆的倾斜角度越大，因而变得越窄，反之，越远就越接近正圆。此外，离视者越近的越大，越远则越小，这和物体在空间中会产生近大远小的原理是一致的。

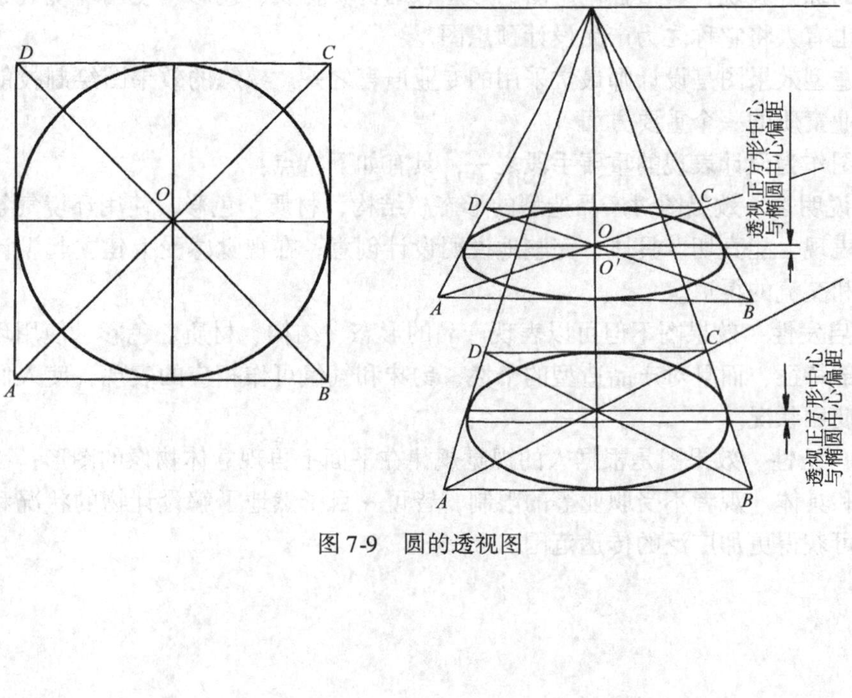

图 7-9　圆的透视图

现介绍十二点法画椭圆（图7-10）：

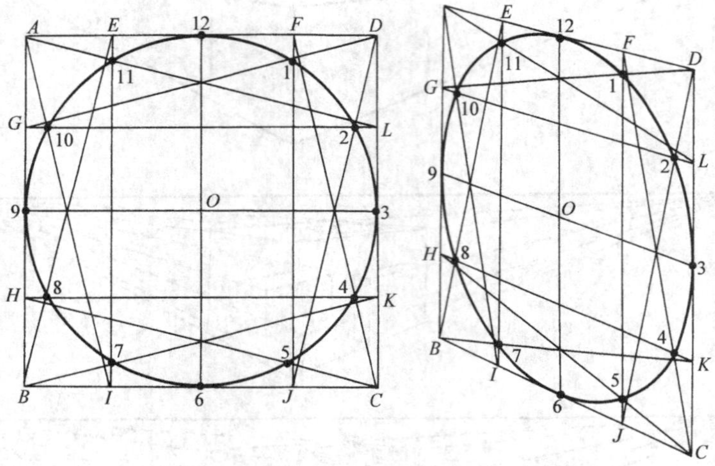

图7-10　十二点法画椭圆

1）画一正方形 *ABCD*，求出对角线之交点 *O*，以 *O* 为中心，画一内切于正方形的圆。

2）将正方形的四边四等分，再将各点连接，使此正方形分为十六等分。

3）连接 *CH* 与 *JF* 交于5。

4）重复上项的程序，即可在内切圆的圆周上得到十二点。在立方体透视图各侧面上作同样分割就可应用此十二点连接起来，成一椭圆形。

第三节　效　果　图

一、效果图基本概念

产品造型效果图是设计表现技法的重要形式之一。效果图以透视图法为基础，同时通过对产品的综合表现，着重强调产品的形态、结构、材质、色彩、使用环境气氛等预想效果，所以也有人将它称之为产品设计预想图。

产品造型效果图是设计师最常采用的专业语言之一。熟练的效果图绘制技能是优秀设计师的专业素质的一个重要方面。

效果图作为设计表现的重要手段之一，具有如下特点：

（1）说明性　效果图对产品造型的形态、结构、材质、色彩、使用环境气氛等作全面而深入的表现，能真切、具体、完整地说明设计创意。在视觉感受上建立起设计者与他人进行沟通和交流的渠道。

（2）启发性　效果图不但可以表现产品的形态、结构、材质、色彩、使用环境气氛等可视的外部特征，而且对产品造型的个性、韵味和气氛可作相应的表现，使人们联想到未来产品的使用状况。

（3）广泛性　效果图是根据人的视觉规律在平面上再现立体物像的图形，因而比工程图更直观和具体。观者不受职业等的限制，皆可一目了然地了解设计物的状况和特点。因而设计师可获得更加广泛的传达范围。

(4) 简捷性 在设计过程中，设计师往往要在短时间内提出多种设计方案以供选择和发展。准确、迅速而美观的效果图比费时费工的模型制作要经济、简捷得多，具有更高的效率。

(5) 局限性 效果图的局限性在于它终究是在平面上来描绘立体物像，故只能表现产品某一个或几个特定的角度和方向，而且常因视点、角度选择不当而使物像变形失真或错误地传达信息。因此在设计最终的定案阶段，效果图不及模型那样能具体、全面而精确地反映设计意图。

在产品的开发设计中，往往不可能对实物写生，只能借助于绘画的表现规律来描绘设想中的产品。掌握和熟悉这些基本规律和要素对专业设计师是十分重要的。即使对于没有受过专门绘画训练的工程技术人员，只要学习和掌握了这些规律，通过实践和练习，也可作出满足要求的产品效果图。

效果图的作用是以最简便、迅速的方法和平面表现形式，表达出设计师对产品造型的设想，这项工作需要工业设计师具有训练有素的敏捷思维能力，丰富的实践经验与准确的效果图表现力。效果图的功能主要在于：

1) 在设计过程中，采用二维的方法绘制效果图的表现技法，比语言和文字说明更明了、直接，比制作成模型迅速、方便，是一种有效的表现方法。

2) 将头脑中暧昧不清的图像固定，借此进一步研究、推敲、修改完善。这一过程是一种以视觉为媒介的信息交流与反馈，是构成完善构思的重要手段。

3) 现代设计是一种群体活动，其构思的新设计方案需通过具体表现在特定的媒体上以供合作者讨论交流，供领导、业主、评价、审定。在这里设计表现效果图不仅仅是形态的确定，更是重要的是对设计的重点加以说明。

二、效果图的画前准备

效果图表现是设计工作程序中一个很重要的阶段，是设计师的创意和灵感的视觉展现的过程。为了使效果图作画过程能顺利进行，画前的准备工作是非常重要的。

首先效果图表现是对所设计的未来产品的构想，在现实生活中没有原形可循。所以，收集和准备与设计有关的文献图片和数据等参考资料是必不可少的。

其次就是工具的准备，这项工作不容忽视，若所用工具不全或放置位置不当，都可能会影响描绘速度和效率。按照一般人右手操笔习惯，着色前后需经过：洗笔——擦笔——蘸颜色——调色——着色。因此，工具最好依次序放置桌面右端，具体摆放则根据个人的使用习惯为宜。

第三，进行裱纸。步骤如下（图7-11）：

1) 先在纸背用水均匀地抹湿。

2) 待半干时，在纸背的四周边缘10~15mm涂上乳胶。

3) 将纸翻过正面，平铺在画板上，用手由一边向另一边压实至四周，尽量避免板与纸之间有气泡存在（也可用宽约15~20mm的纸条涂上胶水，沿纸的正面边缘贴于画板）。

4) 再将纸正面的中部用湿毛巾打湿，以防纸张在干燥过程中的收缩不匀。

5) 最后，平放阴干即可使用。

6) 作画完成后，用美工刀裁划下板。

最后，转印底稿。转印的目的是为了保持画面的整洁，防止纸面被橡皮过多擦伤而影响着色效果。它是利用描图纸打好铅笔轮廓，后再转印到正式的图面上。方法如下：

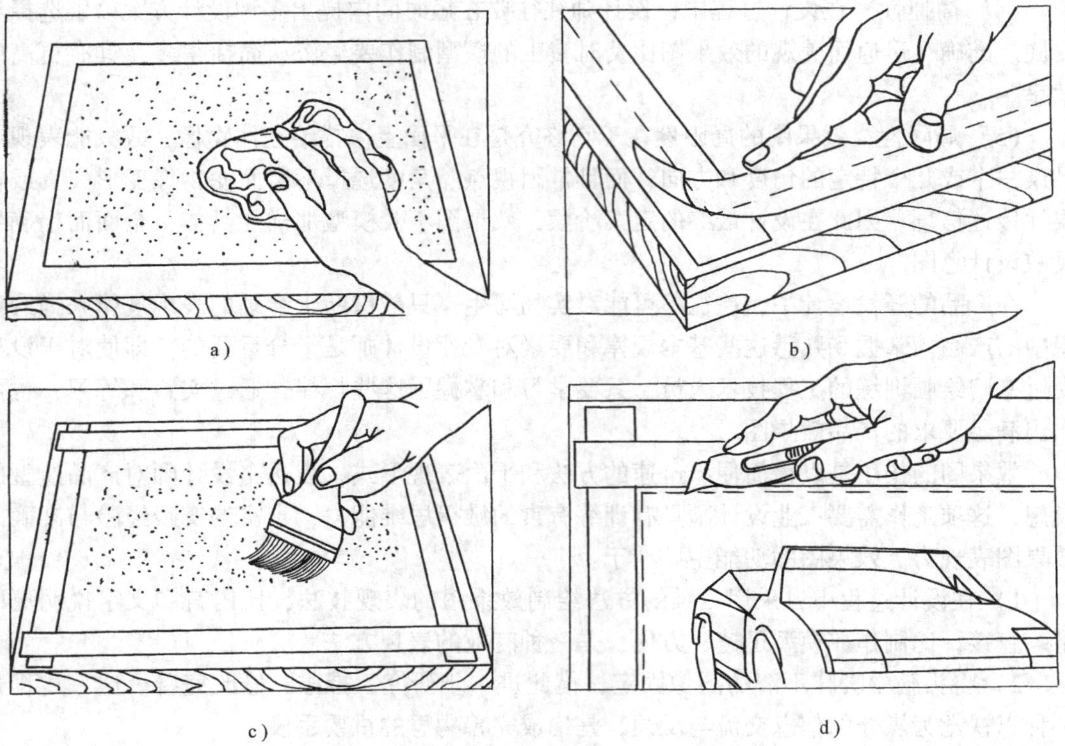

图 7-11　图纸的装裱

1）在描图纸上画出产品的铅笔轮廓。

2）将描图纸的反面用稍软的铅笔在可见的轮廓线上涂上铅粉。

3）将描图纸反过正面，放在正面纸上固定，用硬性铅笔将轮廓线重复勾画一遍。

4）拿掉描图纸后，铅笔轮廓图便清晰可见。

三、产品效果图技法的主要种类

（一）钢笔淡彩效果图

钢笔淡彩的表现方法是：先用钢笔勾勒出设计产品的结构、造型的轮廓线，然后，再施以淡彩，表现出物体的光与彩的关系，从而使画面获得生动活泼的画面效果，如图 7-12 所示。

钢笔淡彩的表现方法适用于广泛的设计题材，如从生活日用小品、家用电器、家具、室内设计、服装设计、器皿设计到交通工具、机床等的造型等的设计，钢笔淡彩的表现方法在设计表达中具有较强的伸缩性，从最初的设计雏形、单线草图，设计的展开、单线施以淡彩，直至严谨透视预想图的深入刻画都能运用此法。

图 7-12　轿车的钢笔淡彩效果图

钢笔淡彩的表现方法因其使用能快速挥发的透明颜料，具有快捷方便的特性，因此这种方法具有非常广阔的前景（彩图 17 ~ 彩图 20）。

钢笔淡彩画的主要工具和材料是钢笔和水彩色，以及碳素墨水、水粉笔、毛笔、底纹笔等。再准备一支白水粉色，用来画高光用。纸张为以白卡纸为最佳，亦可用绘图纸代替。

钢笔淡彩画的作画步骤：

1）先用钢笔在裱好的纸上准确地将产品的透视及结构轮廓画好，并略分一下明暗关系。然后用钢笔详细勾勒造型及结构透视轮廓线。

2）在完成的钢笔线条图上，用适当大小的底纹笔，先铺大关系。第一遍色不宜过重，由浅入深地将环境与主体一起画两遍。

3）待第一遍水色完成后，可用电吹风将整个画面均匀地吹几遍，当八成干时即可着第二遍水色。第二遍色比第一遍色在明度上应深一度，但仍从整体出发，注意留白的地方。

4）待干后即可再深两度。调色时纯度减弱。物体受光与背光的明度对比逐渐加强。再将画面的细部用不同色相画出。

5）在作画的各个步骤中始终应注意物体的大关系，不拘小节，由浅入深描绘出物体的立体感，即受光面与背光面阴影的关系，从而达到正确的材料质感、色彩的表现。

6）画出装饰色彩部分。

7）用薄白水粉提出反光与最亮处，然后用厚白水粉点出高光点。

8）写出产品的装饰文字和标志。

9）最后再调整一次画面的大效果。如重量不够的地方应加深，画面不透气的地方用薄白水粉压一下，即可透气（如阴影部分）。

在作画的步骤中可先用钢笔勾线，也可在最后提高光前的一个步骤中勾画笔线，都能达到目的。

（二）投影图法效果图

投影图法效果图就是借助于三视图的形式进行设计的表现。三视图是工程技术中的表达语言，以这种产品生产加工过程中所专用的技术语言为基础，所表现的产品内容如尺寸、比例、材质、结构关系都是真实的，可被验证、复制，它具有更强烈的真实感，并可直接与生产加工联系起来（图 7-13）。

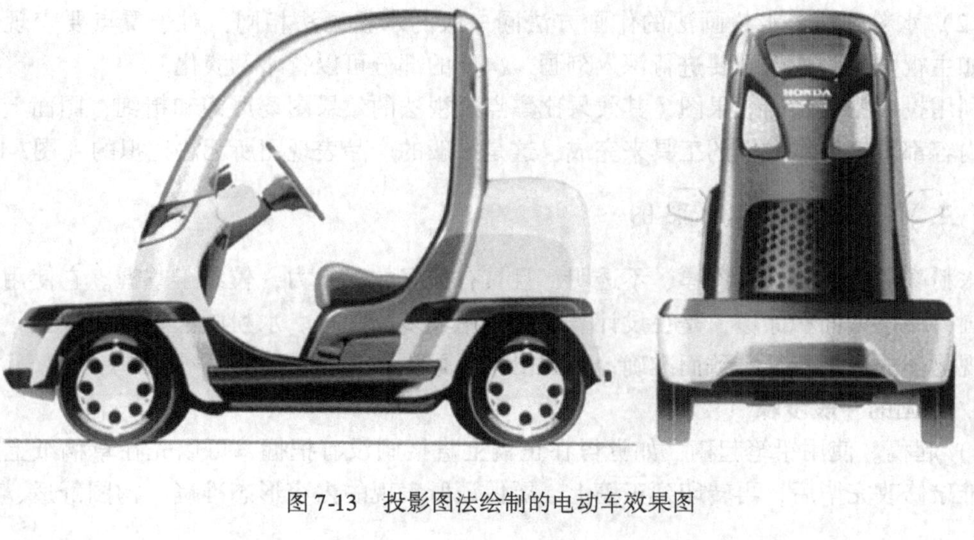

图 7-13 投影图法绘制的电动车效果图

投影图法效果图对于表现产品的特殊形态有很明显的优势。有些产品的形态用透视画法是难以表达准确的。如几个直径大小不等的圆叠在一起，在成透视角度的情况下，会变成空间上推移变化的椭圆形，从而极难画准，照相机上的镜头就是典型的例证。而使用投影图画法则可以既将产品的形态特征淋漓尽致地表现出来，又避开了许多难点。

使用投影图方法绘制效果图，表现的重点可放在产品的形状、尺寸及产品的色彩分区、材料应用以及结构关系上。

投影图方法绘制效果图作画方法有：

(1) 钢笔透明水色法　先将投影图画在稿子上，然后用钢笔依靠绘图工具勾勒出产品造型的轮廓线（也可使用绘图笔和签字笔）。轮廓线可以脱离制图线的束缚，能显得轻松活泼。待干后即可按照透明水色画法步骤由浅入深地进行着色。颜色不宜画得过厚，要保持钢笔线和色彩通透的感觉（图 7-14、图 7-15）。

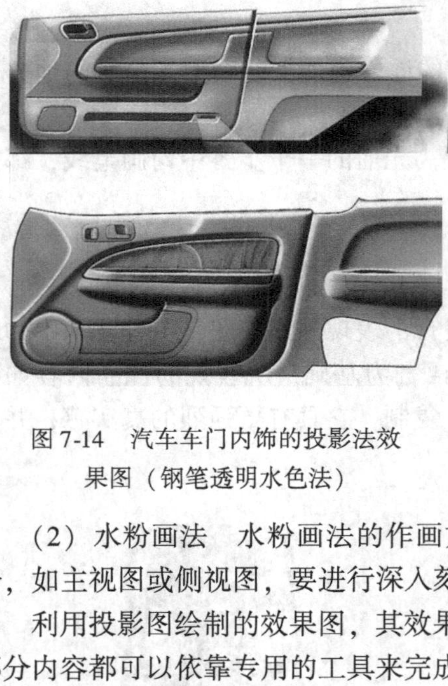

图 7-14　汽车车门内饰的投影法效果图（钢笔透明水色法）

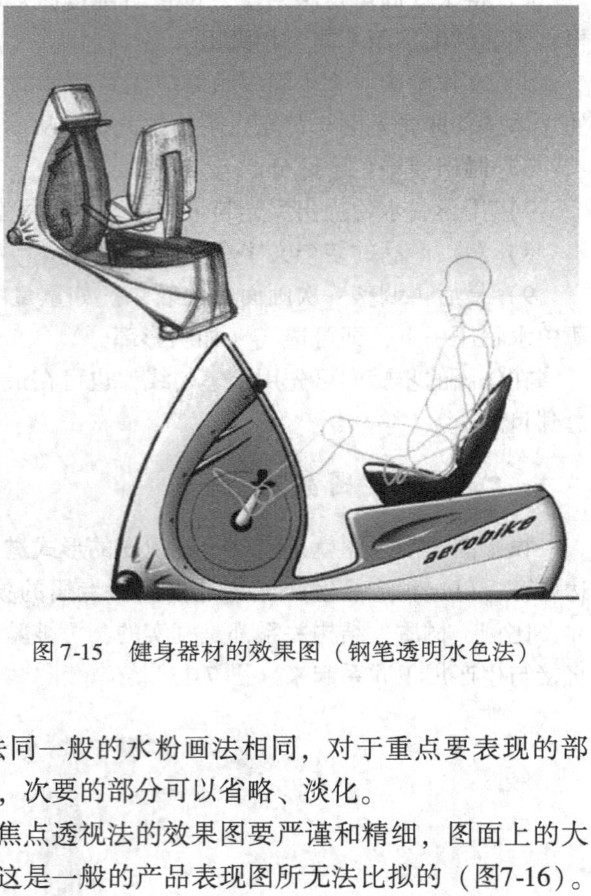

图 7-15　健身器材的效果图（钢笔透明水色法）

(2) 水粉画法　水粉画法的作画方法同一般的水粉画法相同，对于重点要表现的部分，如主视图或侧视图，要进行深入刻画，次要的部分可以省略、淡化。

利用投影图绘制的效果图，其效果比焦点透视法的效果图要严谨和精细，图面上的大部分内容都可以依靠专用的工具来完成，这是一般的产品表现图所无法比拟的（图7-16）。

（三）水粉画法效果图

水粉颜色色泽鲜艳、浑厚、不透明，且具有很好的覆盖力，较易于掌握。它使用水调合作画，便于大面积涂覆，是在设计表现中采用较多的画种。水粉画法表现力很强，能将被表现物体的造型特征精致而准确地表现出来（彩图 21、彩图 22、彩图 23）。

1. 作画的一般步骤

1）起稿。使用铅笔起稿，如觉得在正稿上直接画没有把握，可以先在草稿纸上起草图，推敲修改完毕后，再转印到正稿上。要保证所表现的内容形态准确、构图舒适、透视

图 7-16　叉车的投影法效果图（水粉画法）

准确、结构清晰。

2）着色。由于水粉色具有较好的覆盖力，着色的步骤比较灵活、自由，既可以先从暗部入手，逐渐向中间色和亮部推移，也可以从大块的中间色画起，然后加重暗部、提出亮部。

3）随着刻画的深入，再逐渐由整体转入局部，细心地刻画每个应予表现的设计细节，并随时对画面的大关系进行调整，逐步完成作品。

4）最后加重最深部位，并点上最亮的高光。

2. 湿画法与干画法

（1）湿画法　在画中运用很多。使用湿画法作画，笔与笔之间的衔接柔和、自然，没有明显的笔触，不同的色块融合成一片，变化细腻。对于表现光滑、细致的物体和变化微妙的体面关系极为适宜。

（2）干画法　干画法是在底色干了以后，根据物体的结构一笔一笔地画上去，笔触明显，画面效果强烈。对表现转折变化明显的部分，用干画法处理，会使重点极为突出。

3. 借用底色的画法

为了快捷地完成一幅产品效果图，巧妙地借用在纸基上刷的底色，是卓有成效的办法，这个方法可以使底色作为表现图上的一个组成部分保留下来，可省去大量的敷色时间。先行刷上具有一定明度和色彩倾向的基色，可使我们很容易地控制住画面的整体色调。水粉是有很好覆盖力的颜料。在底色上再行着色，其颜色的饱和度要高些，而且稳定性好，特别适于对精细部分进行深入刻画（图 7-17）。

通常，底色的选择是以被表现产品上的某明暗面或产品上某种材料的质感为准。在作画的第一步，将整个画面刷上统一的底色，待其干后，再将产品的形态表现出来，调整画面的明暗和色彩的对比关系，逐层深入。

（四）彩色底浅层画法

根据所表现的对象的形态、色彩、质感，选择浅层底色涂刷的形式及颜色。如用笔的疏、密、干、湿、深、浅等，选择的标准应根据所表现对象的固有色及环境色，并在动手之前，反复考虑，表现时能利用哪块底色来表现对象，考虑成熟后方可动笔。涂刷底色时

图 7-17　水粉画法效果图

最好一气呵成，如有改动也最好趁湿下笔，这样有种空气感，表现出来更生动真实。在施加明暗时，最好用透明色或水粉、淡彩，这样能透出底色，表现出来的画面色彩会更统一。经过反复几轮的着色调整，加重最深的部位，最后点高光。高光要点得饱满（圆形或椭圆形高光点），如此会显得更生动（彩图 24）。

（五）麦克笔画法

麦克笔分为水性、油性两种。其中水性麦克笔易和其他水性颜料混合使用，而油性麦克笔则不会溶于水，且油色会渗透纸张。麦克笔是目前使用较普遍的一种工具，它具有作画迅速、适应性强、色彩明快、携带方便等优点。目前市场销售的麦克笔多为进口产品，色彩种类较多，可以套装或以单支形式来选择购买。因可供选择的色彩较多，所以在着色时不必进行调色，有利于提高作图速度。麦克笔颜色质地较好，容易平涂均匀，附着力强，干得快。但其覆盖力差，不易修改，对刻画细部有一定的限制（彩图 25、彩图 26、彩图 27）。应用麦克笔的着色方法基本上有：

（1）直接平涂法　直接平涂物体本体，在产品表现技法上最为困难。但此法更能精确忠实地表现产品的外观、材质。平涂时，利用渐层的变化即可表现明暗。最后亦可用不同的背景处理来衬托产品。

（2）利用背景渐层画法　此法最能迅速多样化地表现设计师的设计构想。图中渐层较深的部分画在立方体的假设阴暗面。在画产品时，则可选在最重要的部分，能更清楚地表现设计特点。

（3）利用背景平涂　此法与平涂法最大差异在于仅能快速的表现产品的外观，无法明显地表达产品的色彩与质感，但可省略背景处理，同时大面积的平涂容易掌握笔触的问题。在利用背景平涂时，仍要注意明暗变化。

（六）色粉画法

用色粉来进行效果图的绘制，这种方法已被国内外很多设计师所接受，特别是在国外的汽车设计行业早已被广泛地采用。

色粉画的主要特点是：可以绘制出大面积十分平滑的过渡面及柔和的反光，特别适合绘制各种双曲面以及以曲面为主的复杂形体；在质感刻画方面对于玻璃、高反光金属等的质感有着很强的表现力。特别值得一提的是这种表现技法与喷绘等其他技法相比更具有优势，即能在短时间内达到很好的效果。色彩表现图的基本技法和步骤如下（彩图28、彩图29）：

（1）起稿阶段　首先在色粉专用纸上用铅笔或细的签字笔起稿，然后用麦克笔在纸的背面将重的阴影和边缘线绘出。

（2）贴低粘度薄膜　在色粉纸上贴好低粘度薄膜，并根据绘制的要求用专用刻刀将要着色的部分刻出并取下。

（3）着色阶段　用刀把粉棒刮成很细的粉末状，然后加入20%左右的辅助滑石粉，并混合均匀。用色粉专用棉条或棉花团将纯的辅助色粉轻轻涂在纸的表面，这一步是为上色作准备，以便能在着色时比较光滑、顺畅。

（4）背景的上色阶段　首先用低粘度薄膜将画面的主体遮盖住，再用麦克笔添加剂同色粉粉末相混合，然后快速地涂于画面，笔触要轻松奔放，起到烘托气氛的作用。

（5）装裱阶段　因为色粉专用纸为半透明状，所以要用白色的卡纸来作为衬纸。用色粉定画喷剂将画面定画后，用低粘度喷胶将已绘制完成的画稿贴于衬纸之上，这样一张色粉表现图就完成了。

以上介绍的是色粉表现图的基本技法，因为这是一种较易掌握的绘画方法，所以只要掌握要领就可得到满意的效果。

（七）喷绘法

喷绘法是以喷笔着色为主，以毛笔修饰为辅而进行描绘的一种表现技法，它与上述绘画方法有许多不同之处。首先是使用的着色工具与画笔截然不同，因此使绘图的方法也别具一格。喷绘时，必须制作遮屏来掩盖不需着色的部分，喷笔不直接接触纸面，而是像喷漆一样将颜料喷涂到纸面上，因此，可以获得极细腻均匀的色彩效果，甚至能达到乱真的程度，这一点是其他技法难以比拟的。

但喷绘法须做大量的遮屏计划，花费的时间和精力较多，因此，一般只在设计方案最后确定时才采用这种方法绘制效果图。另外，喷绘法需要专门的喷绘工具和空气压缩设备，这给绘画带来不便。

（八）计算机辅助绘制效果图

目前设计界主要使用计算机辅助绘制产品效果图。运用的软件已有多种版本，各种软件都有自身的特长，绘制一个产品效果图，往往需要几种软件相互支持方能圆满完成。

3ds Max软件具有三维立体建模、场景灯光、材质编辑和渲染等功能，它能给我们提供方便的操作和良好的效果。使用该软件可以绘制几何形体比较规整、曲面形状较简单的产品效果图。对于曲面形状复杂的产品，如绘制汽车的效果图时，宜采用功能强大的Alias软件就更为方便，它的操作是参数化的，其NURBS曲面造型功能十分强大，而且灯光、材质、渲染和动画技术也是一流的，用它绘制产品外观效果图十分理想。

Pro/Engineer是一套参数化建模软件系统，它包括了工业设计和机械设计等方面的多项功能，提供了全面、集成、紧密的产品开发环境，已广泛应用于工业设计和产品设计中。它的特点是全参数化设计，也就是将产品的尺寸用参数来描述。它不但可以通过建模绘制出形体曲面复杂的产品效果图，并且可以较方便地直接过渡到产品零部件结构设计中去，绘制出自动标尺寸的零件图、爆炸图。它对于零件需用模具加工的产品特别方便，从产品零件的效果图就可以容易地设计出所需模具的结构，并直接支持数控机床，使产品从CAD阶段方便地进入到CAM阶段。企业一般都要求设计人员提供用Pro/Engineer软件绘制的图样。图7-18和图7-19即为运用计算机辅助设计绘制的产品效果图。

图7-18　地铁列车效果图（计算机辅助绘制）

图7-19　家用轿车效果图（计算机辅助绘制）

第四节　模型制作

一、模型制作的概念

模型从字面上解释应是指对某一特定物体的同质或异质的三维复制品。在这里我们所讲的模型是指产品设计过程中以立体形态进行设计表达的一种形式。模型的表达首先是以设计方案为原始依据，按照一定的尺寸比例，选择合适的模型材料，最终制作完成接近真实的产品立体模型。

从本质上讲工业产品都是以三维的物质形式呈现的，在产品设计过程所涉及的问题，如形态（包括研究造型与内部机构、造型与人的关系）、技术（包括研究结构与实际加工的关系）、材料（包括选择与生产技术相适应的材料）等，如果仅以二维的画面来表现，往往有许多困难之处。因此，模型制作的目的就是用立体的形式把这些在二维画面上无法充分表示的内容表现出来。

二、模型制作的特性

（1）直观性　与图样上的平面形象不同，产品模型是具有三维空间的实体，可以通过视觉、触觉等感官真实地去感受，这种亲临其境的效果是模型制作所独有的。因而模型是一种被普遍运用的最直观的、有真实感的设计表现形式。

（2）完整性　产品模型的制作体现了一定的精确度和完整性。设计是一个逐步改进、逐步完善的过程，作为设计的一个重要环节，我们可以通过模型制作的过程对设计方案进行改进或调整，使其更加精确合理。把模型制作简单地理解为由平面设计图过渡到立体形态的一般表现是不合适的。同时平面方案图的表示与三维实体存在着视觉上的差异，这种差异性也需要通过模型制作加以纠正。所以产品模型无论在整体外观上还是在细节处理上，都具有完整性和统一协调性。

（3）真实性　产品模型所表达的是未来产品的真实效果，通过三维的形态真实地不仅展现了产品的机能、构造、制造、材料、色彩、肌理、人机交互的设计特点，而且还表达了产品设计的形态语义和美学信息。因此，可以说产品模型的制作是理性与感性结合的真实性传递过程。

三、模型制作的表现形式

模型的种类有很多，表现形式也很丰富。依据产品设计过程可以将产品的模型制作大致分为概念模型、设计模型和工作模型三大类。

（1）概念模型　概念模型又叫草模型（彩图30），是指设计师在设计构思阶段的模型制作。设计师为了发现、确认构思，为了掌握与发展自己的构形仅供自身研究用而不向他人提示的模型，一般都用容易得到、易于加工的材料，如粘土、卡纸、发泡塑料、木材与金属等制作。它的功能是为了解产品形态的构造、工艺和使用特性，进而验证人、物、环境的合理关系和产品功能的可行性。属于设计研究型的模型。

（2）设计模型　设计模型又叫外观模型、仿真模型。这是在设计方案基本确定后，为了提供给有关各方对设计进行研讨评价、向委托方提示、向生产部门传达目的制作的模型。一般展示模型不包含内部机构，但与最终产品的外形是非常一致的模型。可供进行美学评价和商业宣传展示。

（3）工作模型　工作模型又叫制造原型、功能模型。这是在批量生产之前，确认产品能否顺序运转，并研究生产工艺，生产出外形、材料以及内部机构等均与投产后生产的产品相同的试制品。这种制造原型还可在最后投产之前作产品功能与性能的测试之用（彩图31）。

四、模型按制作材料分类

模型受材料特性影响而产生各自形式，它们也是设计师经常实践的内容，现根据常用材料作如下分类：

（1）吸塑模型　是利用薄型聚氯乙烯板（0.5mm）在简易复合密封铝制模腔内加热，并抽真空整体成型，然后进行二次加工及装饰的模型。它具有一致性、完整性、边缘转折和厚薄均匀等优点，但是由于它需要生产模具，费时费工和资金较多，且模型体质较软和无法细微刻画的不足，故通常不大采用。

（2）石膏模型　是利用雕塑石膏粉与水调和浇注成基本形后，手工进行旋削（车制）或刻制成型的模型。它虽然具有无法对产品内部功能和结构进行考证，及其细部难以刻画的局限性，但是，由于它制作简便、成本低、时间短等因素，能赋予模型美观的形态，成为设计师经常采用的模型材料（彩图32）。

（3）油泥模型　是用油泥（可用彩色油泥）以手工技艺成雏形后，对表面进行二次装饰技术加工，它具有制作快、可变性和及时表达设计思想的优点。利用优质油泥棒做汽车模型，能接受手加工或机加工，成型后能承受一定的功能检验。但是选用一般的油泥，将会有坚硬度不高、难保留、不能测定内部功能和细部难以深入的缺点。

（4）粘土模型　是利用可塑性粘土（雕塑土最好），以雕塑手工技艺成型，待干后进行表面二次装饰技术加工的模型。具有石膏模型和油泥模型的优点，而且材料来源丰富，成本很低，自由修改和有一定的坚硬度等特点。但是，粘土选择和调和不好，模型易开裂，也存在内部功能和细部刻画不足等缺点。

（5）木质模型　是利用各种不同质地的木板、木料、夹板、复合板等木质材料，以木工技艺成型后，再进行表面二次加工和装饰的模型。虽然对小模型加工困难，并受木工工具、技艺能力限制，而且不能对方案进行深刻论证，以及功能直接发挥的实用性不足等缺点，但是，由于材料特性和成型工艺多样及可有专业人员配合，已成为设计师最常用的模型形式。

（6）纸质模型　是利用模型纸板进行手工裁剪粘贴成型，然后再进行表面二次装饰技术的模型，具有制作时间快、简便、经济、轻巧等优点，但也存在体态软弱、难以携带，实用性和真实性不足的缺点。

（7）金属模型　是利用铁、铝、铜等金属板材、棒材、型材，以金工或机加工工艺成型后，进行二次加工和装饰的模型。是实用价值最高，真实感最强的模型。但是，由于制作工序多，劳动强度大，需要机械设备、场地、手工技术，是设计者个人制作难度较大的模型。

（8）金属装饰模型　利用专用金属材料以金工或理化处理的功能、操作件以及有文字或无文字的装饰件等，依附在不同类型的模型上，起到使用、美化的效应。但由于要求严格的配合尺寸、可靠的机械加工和照相、理化处理，以及高级工艺和准确的文字内容，所以一般以协作方式来解决。

（9）塑料模型　这里主要突出的是利用塑料大家族中的有机玻璃或ABS塑料，以手工工艺成型后，再给予二次装饰技术的模型。它虽然要求较高的设计制作技术、加工工具和专用工具（工装夹具等二类工具），以及费时和安全性规定等不利因素，但是，由于塑料规格齐全，可加工性极强，制作成的模型有很高的真实性和实用性，以及便于设计方案论证和长期保留等优点，已成为当今设计师最常用的材料模型。

（10）综合材料模型 通常情况下，一件标准的现代模型设计制作，是利用不同材料在不同加工技艺下有机组合成这种模型，就叫做综合材料模型。它给设计师的意图和设计效果造成极佳效应，自然地成为常见模型。

五、常用材料的模型制作工艺与技术

（一）纸质模型的设计制作

纸质模型制作方便，来源丰富，工艺性较好，适宜制作展示模型、建筑模型和产品设计模型。

1. 纸质模型制作的工具

（1）画线工具 直尺、圆规、笔、三角尺、直尺、量角器等。

（2）粘接剂 乳胶、胶水、双面胶、胶带等。

（3）裁切工具 美工刀、界刀、圆切割器、45°切割用刀、钻孔器、剪刀、手术刀等。

2. 纸质模型制作的主要材料与辅助材料

纸质模型的主要材料是易于粘接、切割加工的纸张，有薄纸、卡纸、瓦楞纸、吹塑纸，带有色彩和底纹的其他纸张，以及建筑模型专用纸等。辅助材料有软木、发泡材料、木板等。

3. 纸质模型设计制作的流程

描绘模型图样→切割折线→切割制作每一部件→粘接拼装→表面装饰。

4. 纸质模型制作工艺与技术

（1）切割 垂直切割用美工刀或其他切割工具切割，使断面与纸平面垂直；45°切割使粘口断面与纸平面成45°角，可用45°切刀完成。

（2）打孔、切圆 大的孔和圆形，用圆规画出尺寸，用手术刀沿圆周小心切割，或用圆切割器切下；小的孔用打孔器打出；方孔用刀加工。

（3）曲面弯曲 当需要制作圆柱面、圆锥面时，可将其展开图画在板材上并加以切割，然后用三角板或直尺的一边压住纸张的一头，用手将纸张向上倾斜拉出，反复几次，纸张自行卷曲，曲面的弯曲程度不同，则向上拉出的倾角不同。这样制出的曲面，不易反弹，不易折皱，易于粘接。

（4）折棱的处理 折棱是模型制作中经常遇到的，如果不作特殊的处理，棱线易于毛糙，不挺拔。为了使棱线挺拔、光洁，可采用如下的处理方法：

1）用刀刃沿棱线轻轻刻划，不要切开纸张，然后沿刻线折叠，切割线向外。

2）用无油墨圆珠笔或刀背压划出痕迹，沿痕迹线折叠，迹线向内。

在折叠厚纸板时，为了使折叠后的轮廓挺括，也可事先在纸的折叠位置切割两道切迹，以达到更好的折叠效果（图7-20）。

5. 纸质产品模型制作的方法与程序

1）绘制模型三视图，按照所需的比例，画出模型三视图，以此为模型制作的尺寸依据。

2）分析模型设计制作的粘贴顺序与成型方法，确定制作工艺与技术，在模型卡纸上画出所需要拼装零部件的外形尺寸图。画图时要确保外形与尺寸准确。

3）粘贴拼装零部件。画出贴制的基准线，在纸板上涂抹乳胶，乳胶不宜过多，以防溢出和变形，按基准线准确拼贴，加压去除溢出的乳胶，使干燥后，用细砂纸修磨拼

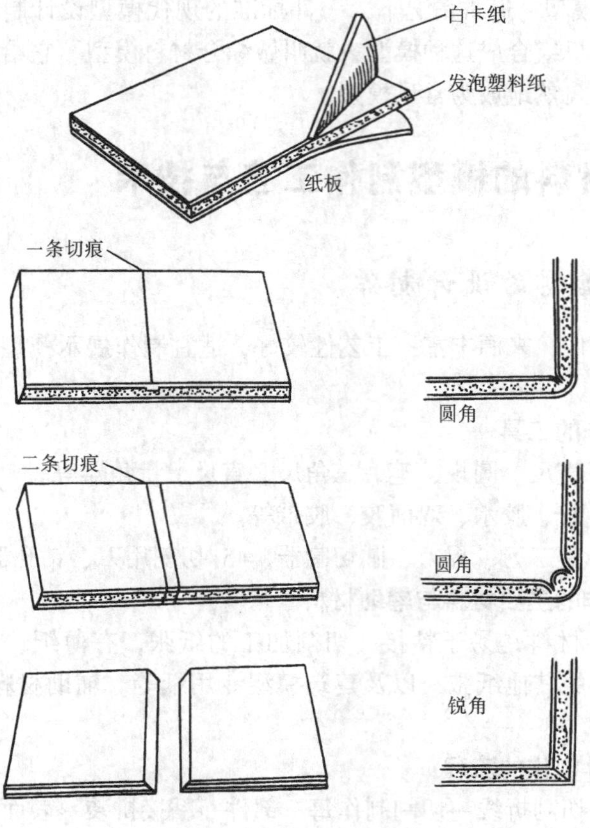

图 7-20　纸板折棱工艺

接缝。

4）加工制作后部托架方框。先绘制出两方柱的展开图，并留有粘接口，以直角下料法切割下料。将所下的两块料合并一起修整，保证其尺寸形状一致，沿虚线用刀背用力刻划，做出压迹，将压迹向内折叠成型，修整、清理乳胶。

5）托架与基体拼装。将已制作好的托架进行修整，在托架的方框斜口上及两平板上涂抹乳胶，粘贴到基本相应的位置上，并及时清除多余的乳胶，使其干燥固化。

6）表面整体修正打磨。对制作好的模型，使其完全干燥固化后，用细砂纸包住小木块精心打磨修整各个棱角和粘贴缝，以保证小圆角和拼缝的平整。

7）表面二次加工。将打磨修整好的模型进行表面灰尘清理，用自喷漆喷涂模型表面，用转印字模转印所需的字体，再用透明的光油漆喷一层，以保护字体不掉。至此，该产品模型设计制作全部完成（图 7-21）。

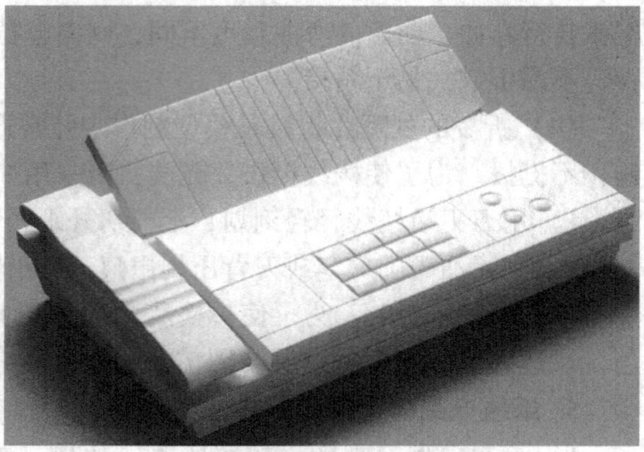

图 7-21　纸质模型

（二）木质模型设计制作

木质模型的特点是材料来源方便，成型工艺简单，并能保证尺寸准确度。但木质模型的后期修整工作量大，且需要有一定的木工技艺能力。

1. 木质模型加工常用的工具

木质模型加工的常用工具包括：手工锯、手工刨、电刨、打磨机、抛光机、木刻刀、砂纸、线锯机、锯床、角尺、画线墨斗等。

2. 主要的材料及辅助材料

（1）主材　松木，柳木，泡桐木等，以松木为主的木板、人造板等。

（2）辅材　粘接剂、铁钉、螺钉等。

3. 木质模型设计制作的工艺流程

备料→画出零部件三视图→下料修整→零部件加工→组装成型。

4. 木质模型制作的工艺与技术

（1）绘图　按比例绘制模型三视图。

（2）下料　在已修刨成型满足厚度要求的木料上画出零部件尺寸图，并放出加工余量，以便修整。

（3）正立方体的配制成型法

1）对角成型法。先画出正方形，锯截下料并放出一定的余量，用刨子修刨出45°斜角，然后拼装成型，在内侧加粘直角三角支撑，以保证垂直和粘贴牢固。

2）搭接成型法。搭接成型是一种常用的方法。由于木板有一定的厚度，为了确保形态尺寸，下料时必须考虑好搭接的形式和顺序，不同的搭接形式，下料的形状和尺寸也不同。

（4）制作工艺与技术

1）连接工艺与技术。榫接是木材加工工艺中最古老而有效的连接方式，榫接在我国有着悠久的历史，且技术精湛，常见的榫接有明榫和暗榫。榫眼连接常用于两木块，对头垂直连接这种榫接加工制作的方法是：在一个木头上用锯子，锯截出榫头，另一木头在画好榫眼线后用木工凿子打凿成型。现在也有打凿榫眼的机器可用于开榫眼，明榫连接是榫眼打通，暗榫榫眼不完全打通，配合时涂抹乳胶。

交错榫，这种榫连接适用于两木块交叉错合连接，也是木工工艺技术中常用的技术。这种连接，吻合稳固不易转动，其加工制作的方法是：先画出交错榫开口线，用锯子锯出，然后用木凿子打凿成型，配合时涂抹乳胶。

咬合榫，这种榫连接，适用于板材的连接，其加工制作要求较高，必须先画出两板正确的咬合尺寸图，否则无法配合。该种咬合榫的加工，通常用钢丝锯或线锯机加工完成，配合时涂抹乳胶。

钉连接是木工加工工艺与技术最基本，最简单易行的连接方法，操作简便快速，但表面的修整难度较大，而且牢固度不如榫接。

2）打孔工艺。打孔是在木质模型制作中常见的，如何进行打孔，掌握打孔的方法也是非常必要的。

木材加工常见的孔有方孔、圆孔，方孔和圆孔又可分为通孔和不通孔。

3）曲面加工。曲面加工是模型设计制作中的重要工艺技术之一，是模型制作过程中经常遇到的问题。薄板曲面加工时，先在薄板上画出曲线，用手工锯或线锯机加工，沿曲线切割下料，再用木工锉或用砂纸包着木块打磨，修整曲面。块材曲面加工时，先加工制作出块材基准面，制作出基本长方体，在断面画出需要刨削曲面的形状，在侧面画出曲面与平面的分界线，用木工平刨刨削成型。画线时要注意，两断面都要画出曲面的曲线，两侧面也都要画出分界线，以便在刨削时找寻基准线，使形状保持准确。对内凹曲面的成型加工，其难度较大，通常采用成型工具加工制作，如使用内凹曲面加工铲。加工时在断面画出曲面的曲线，用铲刀逐次铲削，然后用半圆锉、砂纸打磨修光。图 7-22 所示为木材的连接结构。

图 7-22　木材的连接结构

（三）石膏模型设计制作

1. 石膏的成分与特性

石膏是模型制作的常用材料，石膏和水混合，在短时间内可以凝固成结实的固体，凝固后，可以随意地进行拉刮、切割、旋切等。定形后，稳定性好，干湿引起的变化不大，价格便宜，制作简单，适于做外观形态模型。

石膏中加入一些添加剂可以调节石膏硬化的速度，在石膏中加入占石膏质量的 0.1% ~1% 的食盐、硫酸钾、氯化钾、水溶液可以加速硬化，加入碳酸氢钠等水溶液剂会延迟硬化。石膏模型设计制作中水与石膏的比为1∶1.2，温度为 30℃为理想状态。

图 7-23　石膏模型设计制作工具

2. 石膏模型设计制作的工具

（1）雕刻工具　美工刀、界刀、铲刀、雕塑用刀、调刀、刮子等（图 7-23）。

（2）旋切工具　手动转盘、电动转盘、手摇旋切、旋转刮板等。

（3）调浆工具　盘子、碗、勺子、搅棒、筛网等。

（4）翻模工具　麻丝、脱模剂、刷子、木榔头等。

（5）测量与其他工具　工作平台、玻璃板、直尺、三角尺、角尺、线尺、画线针台、游标卡尺、内外卡规等。

3. 石膏模型设计制作的辅助材料

（1）麻丝　麻丝是天然植物，用麻皮加工而成，用于石膏模型翻模时起加强作用。

（2）水　水是石膏模型设计制作必不可少的，水与石膏的配比影响石膏的凝固时间。

4. 石膏模型制作的方法

石膏模型的成型方法一般有三种形式：一是浇注一块稍大于所作产品尺寸的石膏块，然后进行切削、雕刻、表面处理、最后成型；二是表面先用粘土或油泥塑造形态，经过翻制模型后，再用石膏浇注而成；三是经过浇注成粗模型后以机械的方式旋切而成，这种方式比较适合于柱状的造型。图 7-24 所示为浇注石膏模型的挡板。

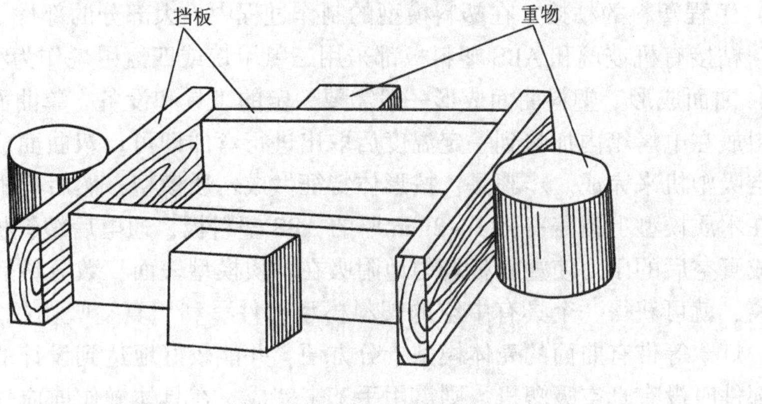

图 7-24　浇注石膏模型的挡板

（四）工程塑料模型设计制作

工业塑料是一个大家族，随着化工事业的发展，成员将会更多。在这个大家族中，经实践和筛选，普遍认为热塑性塑料中的有机玻璃、ABS 和 PVC 塑料是现代模型设计制作的最佳材质，被普遍采用。

此外需要木质三合板、五合板、木板等供工业塑料热成型时做套模用。

1. 工程塑料的加工特性

1）工程塑料具备尺寸稳定、形态稳固、表面光泽平整、质轻耐腐、良好的机械强度等属性。

2）工程塑料可手工或机械钻孔、抛光、刨平、锉齐整、锯截、划断以及车、铣、刨等加工成型。

3）工程塑料有韧性，有弹性，易于刻画与截取，还可受热任意成型。

4）工程塑料来源丰富、规格齐全、色彩多样。

5）有机玻璃工程塑料表面易喷涂、丝印、烫印等二次加工，且能进行手工或机械加工，使表面有强烈的折射光效应和热预制肌理、纹理成型的特性。

6）工程塑料在四氯甲烷（也称氯仿）粘合下可快速成型，壁厚均匀，能体现内部功能，并可长期保存。因此，工程塑料是当前现代模型设计制作最理想的材料。

2. 工程塑料模型制作的步骤

设计→制图→下料→零件加工→部件加工→粘合→整形→二次加工→装饰→组装成型。

3. 工程塑料模型制作的成型工艺与技术

（1）工程塑料的开料　在开料前必须按照所设计的产品造型形态，绘制出每个立体部分的展开平面图形，并标好详细的尺寸。然后根据展开图进行材料的切割，实际操作时应比实际尺寸适当放宽一些，为以后的精细处理留有加工余地。工程塑料板的厚度应根据模型所需要的厚度、强度以及加工时的易难程度进行选择。

不同形状的塑料料块，切割应选择不同的工具。如切割直线形的料块用钩刀就能完成；而带曲线形的板材则需要用线锯或电动切割机；切割较厚的板材需用手锯。

（2）工程塑料的修正与打磨　塑料板经切割后，形状和尺寸尚未达到一定的精确度，因此需要进行轮廓修正。在修正时，必须将部件夹在台虎钳上，用锉刀细心修正（为了提高锉刀的工作效率，必须经常用刷子将附粘在锉刀上的塑料粉末清除掉）。修正后的部件轮廓再用砂纸轻轻打磨，在达到图样上所规定的尺寸后就可进行粘接。

（3）工程塑料的粘接　在塑料模型的制作过程中，大部分的部件是靠塑料板之间的粘接而成。粘接有机玻璃和ABS塑料板都采用三氯甲烷或四氯甲烷作为粘接剂。

（4）曲面成形　塑料曲面成形一般需要一定的工具和设备。单曲面成形比较容易，只要把塑料放在电烤箱内加热到一定温度后取出进行弯曲即可。双曲面成形较复杂，一般需借助真空吸塑机来完成。步骤是：按形体特征做成木质模型，然后将木模放入真空吸塑机内，并在木质模型上覆盖一张1~2mm厚的ABS塑料板，通电后塑料板即软化，然后利用机内抽成真空后的压力使塑料板均匀地附吸在木质模型表面，数分钟后取出模型，将木质模型剥离，就可获得一个具有中空的塑料模型部件。利用真空吸塑机加工像汽车、船艇、吸尘器、灯罩等带有曲面的壳体模型十分方便，并能较好地达到设计的要求。如在加工这类壳体部件时没有真空吸塑机，则需用手工来完成。在具体操作前应先用石膏或发泡塑料做好相应的模子，将塑料板在电烤箱内加热后再用模子压成。

（5）表面处理　塑料模型表面处理前应先将形体打磨光滑，然后再用腻子填补接缝线。待形体全部打磨光滑后就可上色。色彩宜选用喷漆或自喷漆。为使喷涂表面上的色彩细腻均匀，每上一次漆，必须等前一遍漆干透后再进行。如在喷漆过程中模型表面粘有颗粒或起毛，可用水砂纸蘸肥皂水轻轻打磨光滑后再上最后一道漆。表面处理过的产品塑料模型可以达到非常真实的视觉效果。

彩图33、彩图34、彩图35所示的模型均为塑料制成。

（五）油泥模型

油泥模型是在产品设计中进行模型制作时常用的一种形式。由于油泥加工方便、容易修改，特别适用于概念模型的制作。在一些家用电器，汽车等交通工具的模型制作中应用十分广泛（图7-25）。

图7-25　用油泥制作的1:10汽车模型

油泥是由石蜡、凡士林、硫黄、灰分及少量树脂、颜料按一定的比例配制而成。目前设计用油泥大部分从日本进口，故价格较贵。油泥的特性是可塑性强，在达到一定的温度后油泥会开始软化。油泥的软化温度因其配方比例的差异也有所不同，通常在45～60°C之间。当温度在24°C以下时，油泥达到最高硬度，因此环境温度在20～24°C之间是最好的工作温度。

1. 油泥模型制作工具

油泥模型制作时，需要专门的制作工具。根据需要，也可自制一些工具。油泥在软化后才能进行塑造。用恒温烤箱软化油泥最为理想，如没有条件，用其他一些加温手段也可以。如放在电炉上方烘烤，但烘烤时油泥必须离电炉有一定的距离，并要不停地转动，使其均匀受热。油泥放在开水中浸泡也能达到软化的效果。但在浸泡时，油泥必须用塑料袋密封好，防止水的进入，另外泥的体量不宜过大。

除了软化油泥的工具设备外，常用的油泥模型制作工具有：

（1）三角形刮刀　具有各种不同大小的尺寸，可用于制作一些靠近边角或较为细小的面。

（2）平口刮刀　平口刮刀有各种不同的尺寸，主要用来刮去形体表面多余的部分。

（3）椭圆形刮刀　具有各种大小不同的尺寸，用于加工形体的凹面处。

（4）锯齿形刮刀　主要用于使表面获得平整的工具。

（5）线形刮刀　线形刮刀一端为平头，另一端呈线形，具有各种尺寸。主要用于制作形体的细节，如线角和凹槽处等部位的细微制作。

除了上述工具外，制作模型时还需要绘图工具、测量工具、模板等辅助工具（图7-26）。

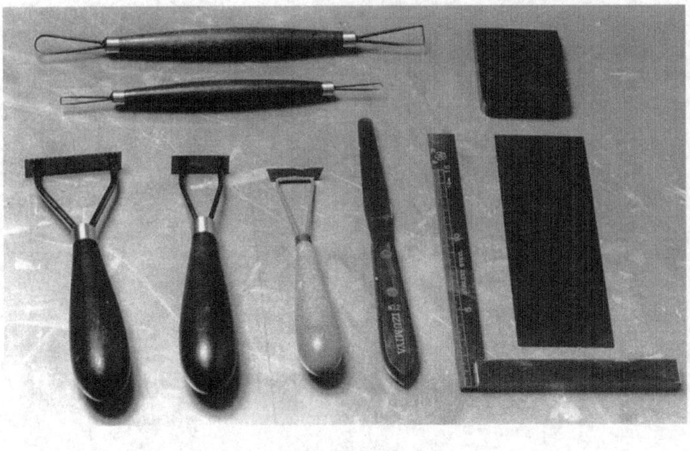

图7-26　油泥模型制作工具

2. 油泥模型制作的程序

1）根据设计方案，画出较为精确的模型图样。

2）根据模型图样的基本尺寸制作模芯。模芯可用泡沫塑料制作。

3）用测量仪器测量模芯的基本尺寸，确保模芯的形态和所设计的形态基本相似（但必须小于其实际的尺寸），要保留一定的尺寸余地，使覆盖后的油泥层有足够的厚度。

4）将软化的油泥用手覆盖在模芯表面。第一层覆盖在泡沫塑料表面的油泥层十分关键，油泥必须紧贴模芯表面，用手压实，不能留有丝毫间隙和裂缝，否则，油泥层容易脱落。

5）塑造大体形态。用油泥塑造形体基本上和泥塑的方法相似，用手将油泥堆积至满足基本尺寸即可。

6）光顺和整平油泥模型的表面，并不断检查形体是否与设计的要求相一致。

7）细部刻画。

8）表面处理。表面处理的一种方法是可用油泥专用彩膜进行粘贴；另一种方法是可用喷漆进行着色。在使用喷漆着色时，可先将油泥模型进行硬化处理，用原子灰作为腻子涂刷在模型表面，待补泥固化后打磨光滑，再进行喷涂。彩图36为一摄像机的油泥模型。

设计人员面对制作完成的实物模型，总有欢欣雀跃的兴奋。这些模型会依照设计构想重现质感和量感，简直就像艺术品一样，甚至比商品化的成品还要美。制作实体模型的工作是把设计所绘的图纸分厘不差地立体化，同时还要加入美学意识。目前完全仰赖手工的实体模型制作，有很多已可以由计算机控制的自动成型机加工出来，使模型制作的效率大大提高，制作时间也缩短很多，但最后的修饰和微调还必须依靠人工完成。计算机技术与手工艺相结合是能够迅速完成高水平工作的诀窍。

Industrial Design

第八章 工业产品造型设计程序

第一节 工业产品造型设计的一般程序

一、设计程序

在日常生活中，我们要将一件事做好，往往就要事前制定和安排一定的计划，从而使所要做的工作能够有条理地展开，最后达到预期的效果和目标。工业产品的设计也是这样，要设计好一个产品，除了要用正确的设计理念和思想来指导设计行动外，还需要有一个与之相适应的、科学的、合理的设计程序。有了这一设计程序，人们就可以通过设计来实现自己的想法和追求，从而改善生活环境与生产工具，实现更新的生活方式，直至达到人类自身的改善以及与自然关系协调的目的。

所谓设计程序即是指工作的步骤，亦是指有目的地实施设计计划和科学的设计方法。设计程序包含从开始到结束的全部过程中的各个阶段。由于工业产品设计所涉及的内容与范围很广，设计的复杂程度相差很大，因而设计程序也有所不同，但无论何种产品，其设计的目标最终是服务于人，在产品的整个发展过程中都要受人们的生活观念、社会文化、科学技术、市场经济等一些共同因素的影响，因而表现在设计过程中必然包含着同一性的因素。

设计程序的实施是在严密的次序下渐进的。这个渐进的过程有时相互交错，出现回溯现象，称为设计循环的系统。循环是为了不断检验每一步工作是否符合设计要求与目的，所以，设计程序的建立并不会束缚设计者的创造力，相反在解决实际设计问题的过程中，可以主动地从战略上做出合乎需求的安排，协调各方面的关系，更好地与设计目标相适应。

随着工业设计实践和理论研究的不断深入与发展，根据专家对过去设计实践经验的总结，逐步归纳出了几种比较典型的产品设计程序模式，即线型发展的模式、循环发展的模式和螺旋形发展的模式。以下逐一介绍。

（一）线型发展的模式

在线型发展的模式中包括：①准备阶段。首先是对资金、能源、技术、材料、设备等企业资源的筹集。此外，计划产品开发的时间，选择合适的设计人才也是准备阶段的重要内容。②开发阶段。包括最初设计概念的产生，如设计定位、分析、设计构思。在设计构思中对相关因素的考虑，如人机工程学、技术条件、经济价值、美学因素等。③评价与实施阶段。包括两方面的内容，首先对最初的设计概念以模型测试等手段进行检验和评估，其次对评估后的设计概念作生产的准备和生产的实施。④市场反馈阶段。当产品进入市场后，通过对企业所做的一系列售后服务工作及用户的反馈意见进行收集整理工作，如图 8-1 所示。

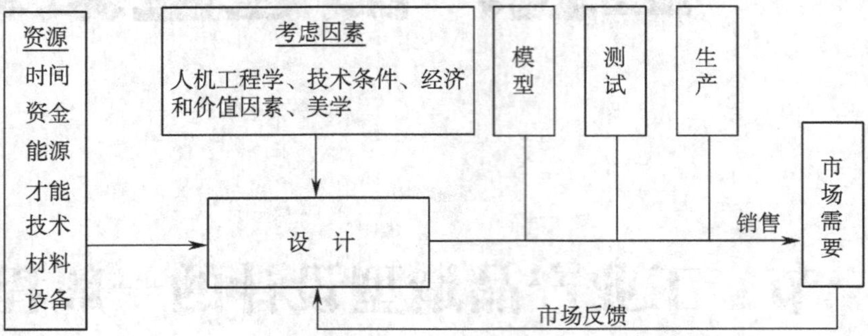

图 8-1　线型发展的模式

（二）循环发展的模式

循环发展的模式中各阶段内容包括：①从问题的发现到熟悉、分析阶段，包括问题调查、问题分析、设计定位。②从问题的熟悉到问题的分析、综合阶段，包括设计分析、设计概念产生、设计概念深化。③从问题的综合阶段到问题的评价、选择阶段，包括模型发展、设计评估。④从问题的评价、选择阶段到最后的解决、完成阶段，包括测试、试制、修改、生产，如图 8-2 所示。

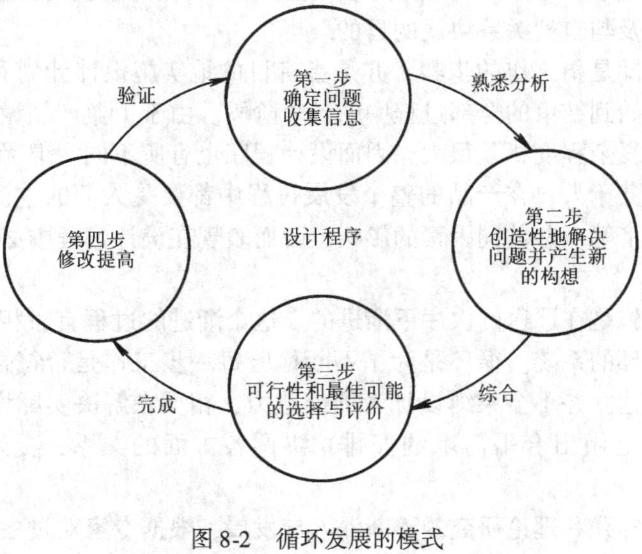

图 8-2　循环发展的模式

（三）螺旋形发展的模式

螺旋形发展的模式中各阶段内容包括：①设计的形成阶段。包括调查问题、分析问题，设计目标制定，设计计划制定。②设计的发展阶段。包括产生新的设计概念，概念的评估与设计的深化，设计模型，完善设计（设计概念评估、修改，设计概念展示）。③设计实施阶段。包括绘制生产图样，信息汇总，生产系统修改，试制，批量生产，投放市场。④设计的反馈阶段。包括顾客反映，售后服务，问题的追踪，如图 8-3 所示。

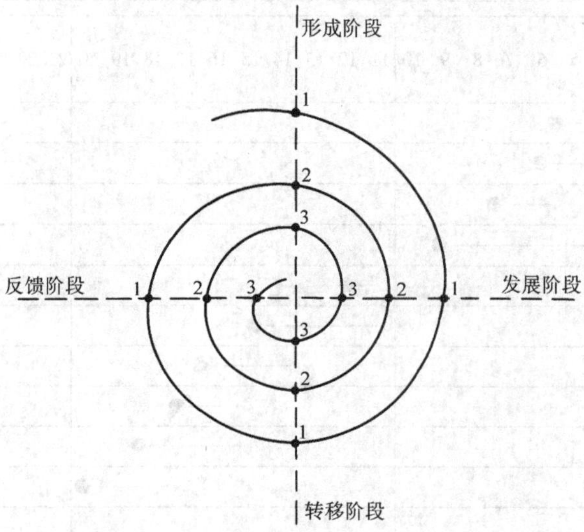

图 8-3　螺旋形发展的模式

二、设计程序的基本内容

通过上述三种不同的设计程序模式可以看到，线型模式、循环模式、螺旋形发展模式这三种不同设计程序尽管在内容上有所差异，但就设计基本完成过程及每个阶段包含的内容来看，有着很多相似之处，归纳起来大致可分成如下四个基本阶段。

（一）设计准备阶段

对于一个设计项目来说，可以是对现有产品的改良性设计，也可能是全新产品的创新性设计，可以是受技术驱动的设计动机，也可以是受需求驱动的设计动机。不同的设计类型对工业设计的要求是不一样的，工业设计介入的时间段也是不一样的。但无论是哪一种形式的设计工作，设计前期的准备工作都是不可缺少的。在设计准备阶段要通过设计规划和进行大量的社会、市场、技术等方面的调查与资料收集工作，并对收集到的情报与资料进行研究和分析。如社会需求分析、社会因素分析、环境因素分析、市场分析，以及从人体工学角度、材料学角度、生产程序、有关标准、法规、生产管理等诸方面进行系统分析，作为策划和决定设计的依据。

1. 设计规划的制定

在进行设计之前制定相应的原则和设计方针，并对设计程序进度实施规划，这对设计工作的顺利完成是至关重要的。设计规划的制定包括以下几项内容：

（1）成立设计规划小组　由设计师、工程师、企业家与销售专家组成。

（2）设计策划　设计策划以下列情况为依据而确立：如预测市场的新需求，研制新产品；利用现有技术，研制新种类的产品；研制与现有设计相关的产品，扩大新需求；制定合理化的生产计划；改进外观设计等。并以此对设计策划书进行论证与审定。

（3）制定具体设计计划　制定设计工作进程表和具体实施设计的方法步骤。表 8-1 为某产品设计方案的时间表。

表 8-1 设计方案时间表

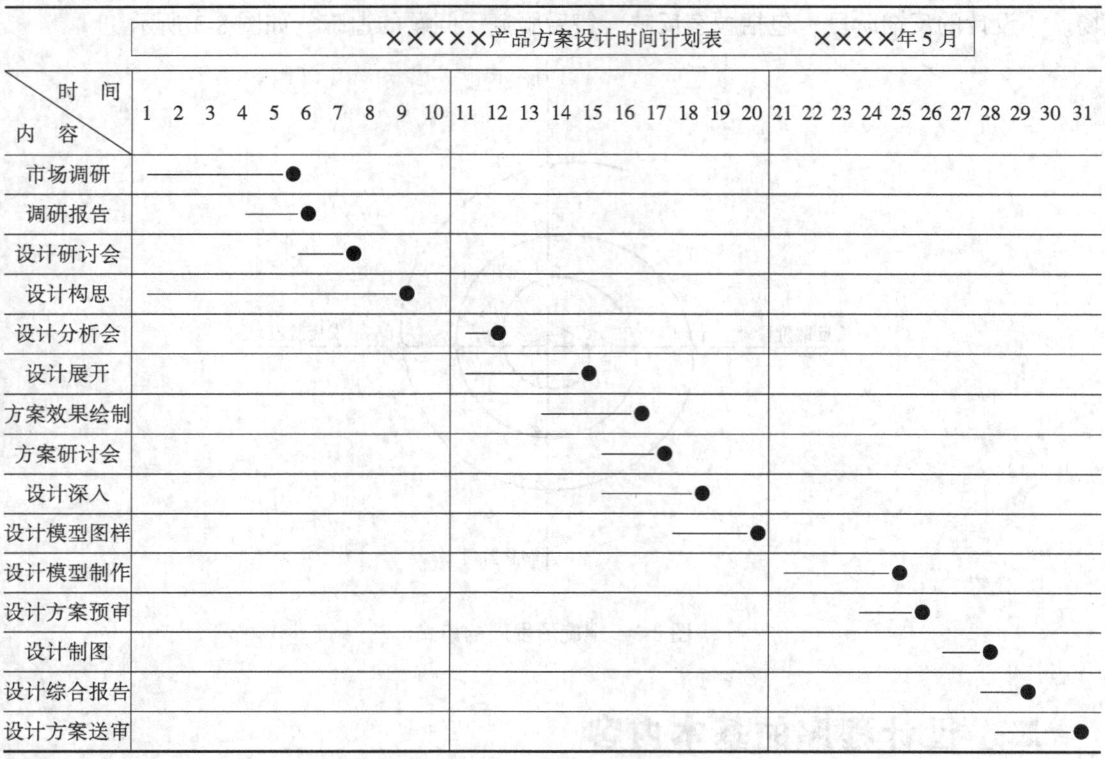

2. 设计调查

从某种角度来说，设计来自经验，对于一名设计人员，最重要的一项活动便是如何将经验转化为产品，以适应某一特定市场。在设计之前需研究用户的要求，他们在当地的生活方式，以确保产品符合当地消费者的“口味”。设计者有自由创造的权利，但重要的是选择与价值判断的权力在用户。往往设计者并不比用户更了解他们的生活、他们的需求与价值观。因此要去观察调查，与用户面对面地沟通，到具体的情景、事物过程中去体验无比重要，仅依靠网络或电话调查是远远不够的。

调查是最基本、最直接的信息来源，只有以市场信息为依据加上准确的判断力，才能使新设计居于领先地位。通常设计调查的内容主要有：

（1）消费者的调查研究　主要包括对消费市场、消费者购买动机与行为、消费者购买方式与习惯等方面进行调查研究。尤其应重视对消费者的性别、年龄、民族、风俗、时尚、教育程度、兴趣、嗜好、经济状况、需求层次和消费者对产品的造型、色彩、装饰、包装的意见，以及在使用、保存、维修、折旧等方面的问题。

（2）对市场方面的调查研究　市场就是指产品销售的区域。市场调查的目的是分析产品销售的潜力，分析消费者对产品设计的态度与意见。

（3）对社会影响方面的调研　主要是对产品的安全性和公害等情况的调查。

（4）对生产方面的调研　主要是对产量、成本、生产技术等方面的调查。

（5）对法规方面的调研　对商标、专利权及有关法则、政策的调查。

图 8-4 所示为产品开发设计调查范围图。

3. 资料整理

在调查阶段应尽力收集有关资料，对资料可暂不作整理与评价，但应对资料和调查所得的情报进行归纳分类（可列表待查用），然后整理出系统的设计资料。

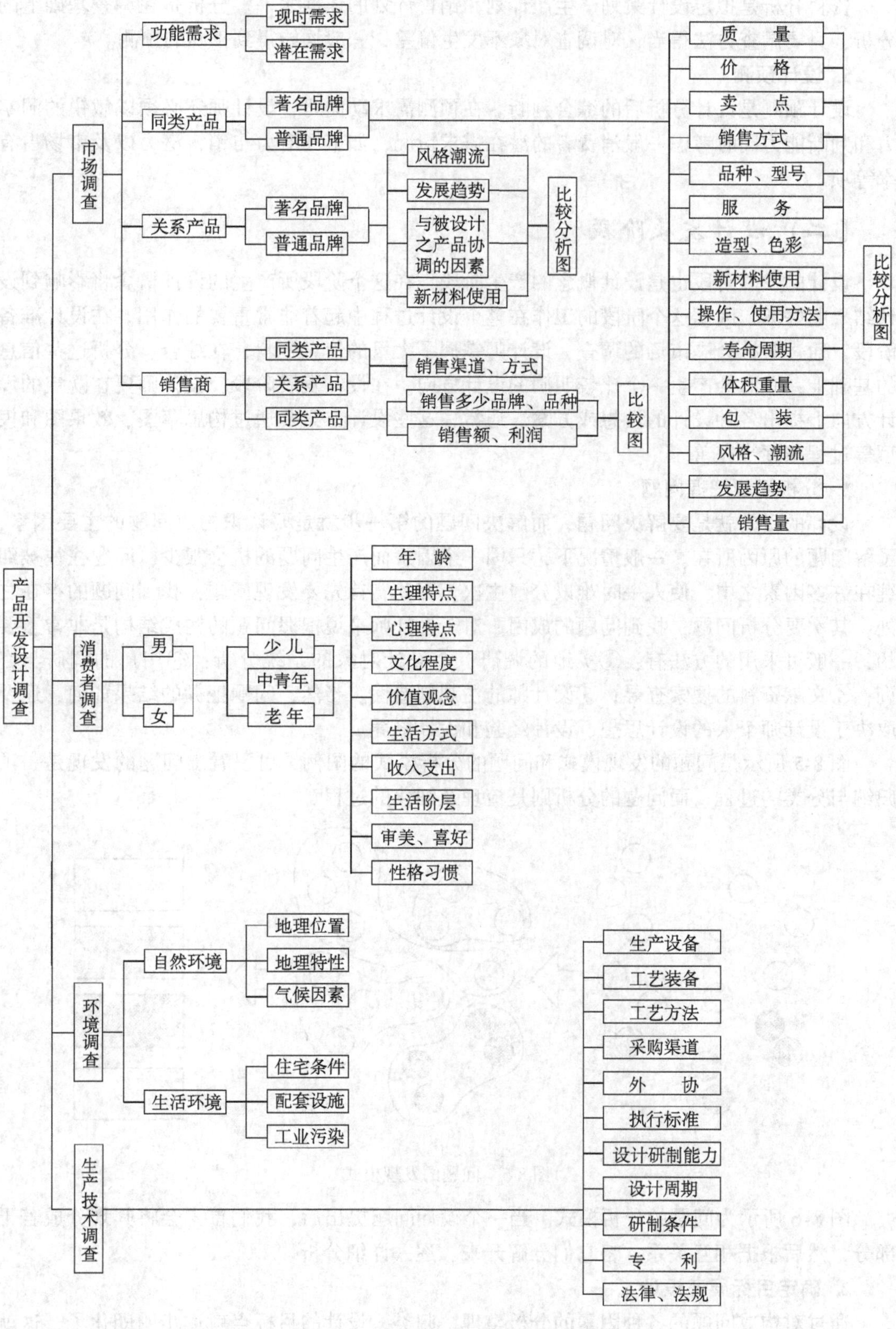

图 8-4　产品开发设计调查范围

4. 资料分析

资料分析是拟定设计策划、生产计划和销售计划的依据之一。分析是在调查基础上的分析，只要调查方法得当，对调查对象不发生偏差，一般均能得到正确的预测。

5. 设计预测

设计预测是设计分析后的综合判断。在预测需求动向时，设计师还必须以敏锐的洞察力和判断能力同时考虑一般消费者的潜在需求情况，如市场潜力与销售潜力以及市场占有率等项。

（二）设计发展阶段

设计的发展阶段也是设计概念的产生阶段，在这个阶段所产生的设计概念将影响到设计结果的好坏，因而这个阶段的工作在整个设计过程中起着非常重要的作用。在设计准备阶段，通过对社会、市场的调查，设计师掌握了大量的信息资料，在综合、分析这些信息的基础上，必定会产生一个比较明确的设计方向。在设计发展阶段，设计师要在既定的设计方向上提出各种设计的设想或方案。通常，这些设计方案要通过构思草图、效果图和模型等过程来逐步完善。

1. 分析问题把握问题

设计的目的就是要解决问题，而解决问题的第一步就是要认识构成问题的主要因素，了解问题的原因所在。一般情况下，只因一个因素而产生问题的机会很少，问题往往被纠缠在许多因素之中，使人一时难以分清主次。因此，首先要发现问题，找到问题的存在之处，其次要分析问题，找到问题的成因。对于设计师来说把握问题的构成结构是非常重要的，一般可采用的方法有：①实地的调研；②设计对象的系统分析；③用户的调研与咨询；④文献资料的搜索查寻；⑤设计师的主观创造性。当然，问题把握的结果如何，还要取决于设计师个人的设计思想、设计经验和设计修养。

图 8-5 所示是问题的发现模式和问题的分析模式的图例，可以看出问题的发现是一项归纳与分类的过程，而问题的分析则是梳理及细化的过程。

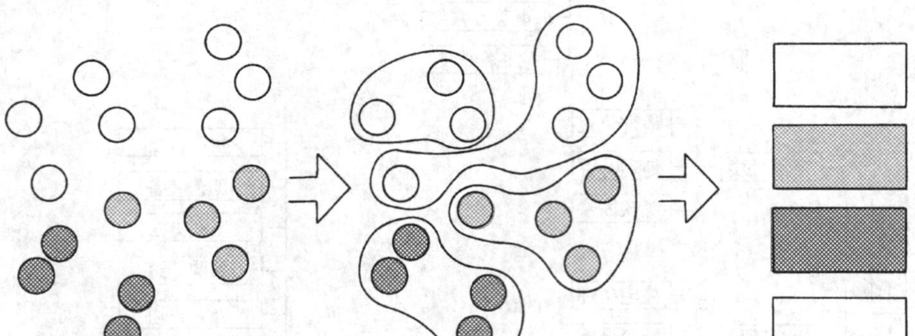

图 8-5　问题的发现模式

图 8-6 所示为问题的分析模式。当一个设计问题提出后，我们首先会将其划分成若干部分，然后根据相互关系，将它们分解开来，逐一详细分析。

2. 确定目标展开设计

通过对构成问题的各种因素的分析整理、归类，设计的目标点就逐步明朗化了，这就为下一步设计的推进打好了基础。设计目标的确定一般是从“人与产品、人与环境、产品与环境”等三个方面的关系来考虑的，如果我们将这三者之间的相互联系、相互作用、相

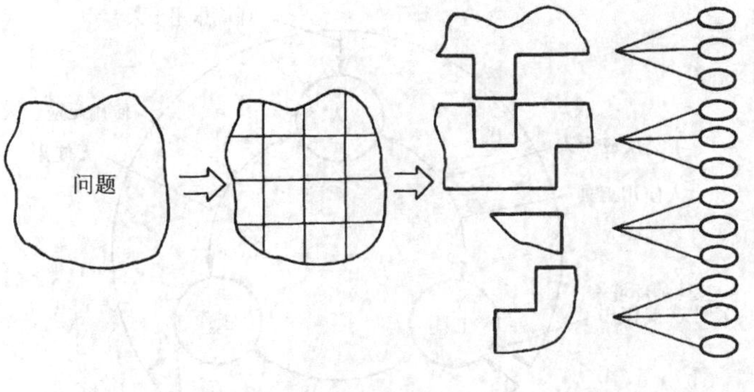

图 8-6　问题的分析模式

互影响的关系绘制成表格，就可以很明确地找到各要素之间的问题点。这些问题点可以帮助我们在设计的分析阶段和设计的目标阶段准确地把握解决问题的关键（图 8-7）。

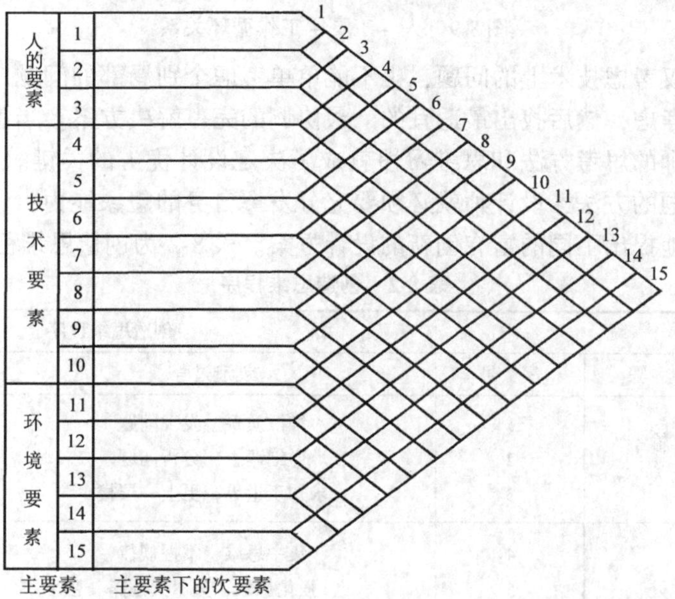

图 8-7　目标展开设计三要素

在产品的展开设计中，面对构成产品的方方面面多层次、多方位、错综复杂的因素，必须通过科学的方法，将众多的相关因素进行组织、协调，寻找一个最佳的解决问题的切入点。根据 L. B. 阿切尔的观点，对产品的使用性作如下描述："设计起源于需要，并以满足这种需要为目的，创造出产品；产品产生出某种效果，这种效果作用于环境，环境反过来作用于人。"

图 8-8、图 8-9 所示的循环表体现了如下关系因素：①环境作用于人；②人做工作；③工作反应给人；④人使用工具；⑤工具反应给人；⑥工具进行工作；⑦工作作用于工具；⑧工作作用于环境；⑨环境作用于工具；⑩工具对环境的次要作用；⑪环境作用于人。

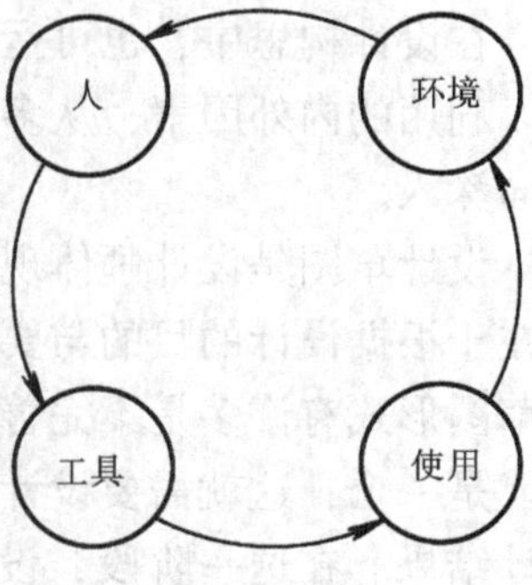

图 8-8　人 – 工具 – 使用 – 环境循环关系

从图中可以看出，人们使用的产品与诸多因素有关：

1）从人与物的对应关系提出有关人的各种问题。

2）从人和工作的对应关系提出技术上的问题。

3）从人和工具的对应关系提出人机工程学的各种问题。

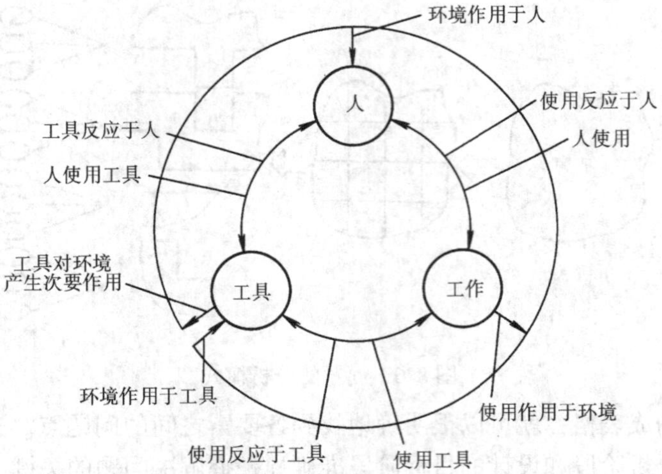

图 8-9　人 – 工具 – 工作循环关系

设计既不能仅考虑技术上的问题，也不能单单考虑个别局部的问题。设计应该是将综合因素加以通盘考虑，然后找出最适宜的、最协调的完整解决方案。当掌握了设计的一般程序之后，设计师的思考方法和思维习惯就成了决定设计优劣的关键。要寻求一个最佳、最合理的解决问题的方法，设计师就必须要充分发挥自身的想象能力，广开设计思路，尽可能更多、更好地提出不同的富有创新的设计方案。表 8-2 为创造思维程序。

表 8-2　创造思维程序

系　统			创造思维程序	
措　施	步　骤	序　号	创造过程	思维方式
反馈	输入	1 2 3	细微质疑，发现问题 详细调查，分析问题 求知于世界，更上一层楼	有意识
	处理	4 5 6 7	集中思维，掌握规律 强化想象，望尽天涯路 扩散思维，捕捉思想火花 逐步逼近，形成新的概念	潜意识
	输出	8 9	充分验证，反馈控制 新的突破，纳入常规	有意识

在设计构思中，也可运用一些创造技法如“头脑风暴法”等设计技法，充分利用一切可以利用的内外因素，从多种角度、多种思路去探索各种设计的可能性，将设计构思不断引向深入。

设计草图是设计师体现最初设计概念的视觉形式。由于在构思草图期间，设计师的重点在于根据设计的目的与要求，从大处着眼，提出各种解决问题的思路与设想，因此，这种草图形式有许多是不完善和不成熟的，需要进一步发展与完善。另外，设计的最终方案只能是一个，这就需要设计师通过对各种设计概念的反复评估与修改，去探求最为理想的设计结果。在这一阶段，设计师一般要通过效果图、模型等形式将设计概念进一步具体化。可以说，效果图、模型等形式既是设计师设计概念具体体现的必经途径，也是对设计概念进行评估和修改时的重要依据。

（三）评估与实施阶段

这一阶段的内容，大致包括设计概念的评估、验证和修改，生产前的准备及批量生产。设计概念产生以后，就有了比较明确的设计方案，但这个设计方案是否可行，还必须进行各种形式的评估与验证。例如，对某些产品要制作一些工作模型，通过工作模型来研究及检验设计是否达到了设计目标中所规定的各项设计指标与要求。譬如产品的内部机构与外在形式是否构成一个有机的整体；在材料的选用，各部比例配合，结构、形式等设计方面是否能最大限度地发挥产品的各种机能；产品的技术指标、安全性能是否达到了设计的要求等。除了利用模型来进行评估和验证以外，还可利用计算机进行模拟试验、成本计算等。在对设计的评估与验证过程中，设计师必须不断与生产厂家、消费者及有关专家进行交流，征求他们对设计的意见，以求得设计的更加完善。

当设计通过评估和验证后，对存在的一些问题可作进一步的修改。当这些活动基本结束，设计概念达到较为完善的程度以后，就可以作生产的准备工作了。这一阶段的工作主要围绕从设计转移到生产方面进行，如运用工程图告诉生产部门产品具体的尺寸和装配要求，对所使用的材料进行说明，对生产新产品所需要的生产系统作调整与修改，当这些工作结束后，就可进行小批量的试制，产品试制成功以后，就可转入批量生产，投放市场。

（四）验证与反馈阶段

产品进入市场以后，设计并没有因此而结束。因为设计一件产品必定会受当时的科学技术、社会文化、市场信息以及设计师、企业决策领导人的个人知识、能力等诸方面因素的影响。当产品进入市场以后，产品还可能在某些方面存在着与社会发展及消费者需求方面不相适应的地方。因此，要使产品在市场上真正具有较强的竞争能力及较长的生命周期，新产品进入市场后还要有一个进一步完善和提高的过程。市场是验证产品的一面镜子，设计师要通过产品在市场上的销售情况以及各种渠道，了解消费者对该产品的反馈意见，为下一轮的设计开始做准备。

设计师在造型设计中需具备三种能力：造型能力、构想能力和整合能力。造型能力是设计赖以确立的基本能力，假如设计不能牢牢地确立于“形的世界”，那么就难以确保其“美的形态语言传播者”的地位。在设计中给产品以可见的形态，其重要性是不言自明的。要概括一个产品的构想，往往会涉及各种专业领域，并非仅由创意决定胜负。如何把设计成员各自拥有的不同性质的潜在智慧归结为统一的构想，将概念通过实际形态来表现，让设计被人所理解，设计就蕴藏着统筹作用的可能性。设计现场不断提出各种问题，同时也激发设计成员的智慧和创意，并将此融入到形态设计之中。

设计工作直接成果就是设计图，它与实施加工制造阶段紧密相关。只拿一张设计图，以后的事全交给工程技术部门，这样的设计可能使开发项目中途夭折，或会制造出似是而非的东西。这就需要有整合力，每次设计都要讨论形态、色彩、材料、加工工艺等方面的变化与替代方案。细部设计的变更还要不断与各类企业——电子、机械、化工、纤维、塑料等专业制造商打交道，使实施过程不致偏离当初构想的框架，这样才可能完成产品的实体。在设计与制造过程中，根据需要，可能会出现要求改变原设计或材料，修改布局，开发新结构等情况，因此一个形态的实体化过程，不是仅靠设计的力量就能够完成的，还需要有技术、销售、经营等各相关部门的配合。不过这其中能成为“灵魂”的仍然是形态，是设计的作用。设计的整合力，在很大程度上左右着最终产品质量的好坏。这也表明创造过程必然是反复摸索和试验的过程。

第二节　从造型设计到产品的实现过程

一、概述

产品造型设计是创新创意和决策的活动，是一个在功能和形态上从无到有的过程。一项成功的设计，综合了对技术、经济、社会、文化、生态环境等因素的思考，以及对产品加工制造、营销等密切相关问题的分析与决策。在产品造型设计与开发的全过程中，作出一定的审美判断，涉及技术、艺术和人文诸多范畴，要设计人员作出创意和正确的决断，并非易事，需要与其他工程技术人员和营销人员互动和配合才能完成。

一个设计人员需掌握造型设计的基本理论、基本技能，具有创新思维的能力，同时还要具有自然科学和社会科学的基本知识。在造型创新设计中，既要对市场调研的信息进行分析，把握消费者的需求，还要利用创造性思维的技巧，在恰当的时候，产生出新的洞察力与新的创意，在设计过程中，还需对各方面的因素进行综合考虑，来实现设计目标。在企业中，创新是需要符合许多边界条件的，例如企业管理体制的限制、行业标准和企业标准的限制、企业工程条件的限制、工程和市场决策的限制等。即使来自工程和设计外界的限制不太多，设计本身的目的也并不是单一的，因此各种技术资源、设计方法必须进行优化和选择，设计师要在众多边界条件的限制内完成创新设计。因此，一个好的设计师必须充分理解这些“限制”，善于利用各种技术资源和技术方法，最后才能提供符合企业实际、符合市场需求的设计。

在企业内部，设计师对产品各方面处于相对主导地位。在产品决策和开发过程中，设计师要遵循整个企业发展策略和方向，设计会受到技术、性能、结构成本、时间、市场需求等各方面的限制，设计师要学会选择和放弃，综合考虑各方面的因素。如果没有最好的方案，必须在现有不完美的方案中选择比较满意的一个，在汽车开发中，不乏这种例子。可以说大部分产品是一个各方妥协的产物，最终的产品往往和设计师最初的设想有一定出入。设计师在产品商品化过程中，在某些阶段处于主导地位，可以说在较大程度上决定了产品商品化的成败与否。企业中的绝大部分创新属于渐进性、积累性的创新，企业设计师、工程师的这种创新似乎不那么引人注目，不那么振奋人心。但当大量的子系统、子领域的微小创新日臻完善，不断积累，就能产生突破性的创新。企业中优秀的设计创新，绝不是个别知名设计师“灵光乍现”的“发明创造”，而是多学科、多领域的设计和工程技术人员通力合作，持之以恒不断积累的结果。

各种工业产品性质和特点有所不同，但具体的造型设计程序与方法，基本上仍在前节所阐述理论的大框架内，只是根据不同产品有所差异。现以某企业开发电动观光车新品的造型设计工作为例，作简要介绍，以更加切合实际。

二、11 座电动观光车造型设计与开发

（一）编写开发项目技术文件

技术文件主要包括设计建议书、设计任务书、设计开发计划书等，用以说明设计开发

项目的目的、要求、内容、各部门分工任务，各阶段实施的时间计划等。

（1）项目名称　11 座电动观光车开发

（2）开发目的　国内电动观光车已发展到一个比较成熟的阶段，其核心部件（即电动机、电池、电器控制装置）基本上各企业都从市场上采购，性能处于同一水平。基于以上情况，通过对销售和售后服务部门收集的资料分析，产品研发部认为：如果要在目前市场竞争激烈的情况下，保持本企业产品在市场上的优势地位，除需提高产品质量外，还必须有外观造型美观的新车型投入市场，延续产品风格，推陈出新，保持产品在市场上的新鲜感。

（3）对新车型的基本要求　此车主要用于旅游观光景区移动观光，大型游乐场所和居民社区乘客短途运载，额定乘员数为 11 人。

底盘采用微型面包车底盘重新设计，整车钢结构车架，非承载式车身；玻璃钢主体外覆盖件，总体结构易于装配、维护、运输；精简内饰，多彩车身；整车设计尺寸（长×宽×高）5 000mm×1 500mm×2 000mm。

双回路四轮液压制动，匀速行驶速度 20km/h，制动距离小于 4.5m，续驶里程大于 80km，最大爬坡度小于 20%，进口串励电控，5kW 串励牵引电动机，系统电压 12×6V，4+1 变速可调。

（4）市场预测分析　包括市场需求、用户期盼、竞争对手情况、产品质量现状、预期首批销量、交货期限、出厂价格等。

主要的市场需求在各大旅游景区、大型游乐场、大型场馆、大型居民社区等。欧洲各国有较严的环保政策，四轮电动车是他们较理想的代步工具。从近期国外市场反应来看，其需求正稳步增长。因此，在稳定国内市场的情况下，国际市场的开发可作为此后的工作重点。

从目前各企业投入市场的同类产品的分析来看，大部分产品在市场上销售了较长时间，已不能引起客户的兴趣。本公司投放的 11 座电动观光车也有一年多时间，不论是内部还是外部的要求，我们都急需一款新的车型来投放市场，占得先机。

（5）可行性分析　包括技术、工艺、采购、成本等。

从技术上考虑，因主要借用原 11 座电动观光车底盘及主要电气部件，则开发重点在整车车身的造型设计上。根据以往新品开发的经验，整车车身造型设计和开发试生产可较为顺利地完成。

对于采购来说，采购渠道不会有明显改变，仍沿用原车型的配套体系。

主要生产工艺没有大改变，可以使用现有的工装、夹具、设备实现新产品的生产。成本较之原车型会有所增加，主要在开发费用方面，待工艺成熟和生产成本达到一定批量之后，整车成本将会有所下降。

（6）资源配置

1）研发部成员负责整车设计开发。

2）生产部配合整个开发过程，包括生产人员在相关阶段的配合，生产设备的提供，工装夹具的制作，配合生产工艺的制定和更改等。

3）采购部配合整个开发过程，包括初期提供现有配套厂商信息，在试生产阶段根据研发部提出的物料清单和配套厂商清单采购整车零件和各类相关辅料，确定采购渠道，为批量生产作准备。

4）质量部配合整个开发过程，包括试生产阶段来料检验，过程检验，整车测试验证，相关质量文件的编制等。

5）设计开发项目负责人根据需要，不定期组织相关人员的碰头会，招集相关部门人员对设计开发的各个阶段进行评审，保证信息畅通。

6）开发预算的分配主要有以下几方面：模型制作，整车内饰和覆盖件模具的开发，整车零件冲压模具，样车制作，其他费用。

（7）设计开发阶段的划分和主要内容

1）资料的收集和整理分析。

2）总体设计、方案评估。

3）整车设计和零部件设计，技术文件编制。

4）整车 1:1 模型制作评审，相关模具开发。

5）整车底盘样机制作评审。

6）底盘测试验证。

7）整车各类模具完成，样件到位。

8）样车试装，测试评审。

9）设计更改，评审确认。

10）生产工装夹具制作，评审确认。

11）技术测试文件发放，小批量试生产。

12）试产车辆评审、检测、试验。

13）正式技术文件下发。

14）制定 11 座电动观光车开发进度表。

（二）新产品开发实施过程

（1）总体设计　总体设计要根据市场需求和设计原理，由项目组为主组织讨论制定，具体技术参数见表 8-3。

表 8-3　11 座电动观光车整车参数表

项　目	参数或配置	项　目	参数或配置
额定乘员/人	11	制动距离（20km/h）/m	<4.5
外形尺寸 长×宽×高/ （mm×mm×mm）	5 200×1 500×1 940	噪声/dB	<65
轴距/mm	2 650	整车质量（空载）/kg	1 200
轮距（前/后）/mm	1 190/1 200	整车质量（满载）/kg	2 000
最小离地间隙/mm	120	系统电压/V	72
最小转弯半径/m	6	电动机功率/kW	5
最高行驶速度/（km/h）	45	电控	—
续驶里程（满载）/km	85	电池	6VX12
最大爬坡度（满载）（%）	20	充电机	—

然后根据参数配置进行概念设计，这是造型设计重要的阶段。概念设计一般分两个阶段，第一阶段是纯粹的概念设计，设计师不受太多限制，无须过多地考虑车辆的结构和具体布置，图 8-10 所示为概念设计初步方案草图。

第二阶段是工程概念设计，这是在第一阶段的基础上，针对选定的方案进行工程设计

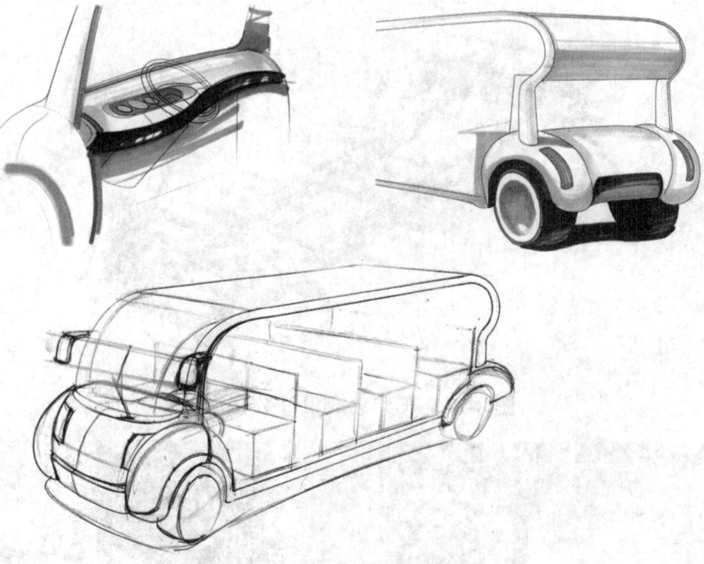

图 8-10　电动观光车初步方案草图

方面的调整，做细节的概念设计（图 8-11、图 8-12）。这时需考虑整个结构形式，各零部件的布置，功能部件的功能设计，以及人机工程分析等（图 8-13）。

图 8-11　电动观光概念车方案草图

图 8-12　新设计的电动观光车效果图

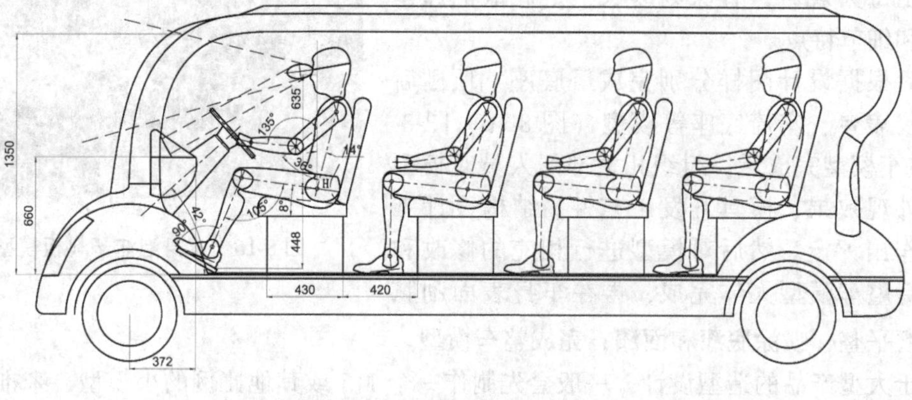

图 8-13　新设计的电动观光车人机工程分析

（2）整车 1:1 模型制作　整车模型制作工作主要放在试制车间进行。车间主管和工人在设计师和工程师指导下开展施工，因设计的新车型利用原 11 座电动车主体底盘结构，故新底盘和车架总成设计和制作在较短时间内完成（图 8-14、图 8-15）。

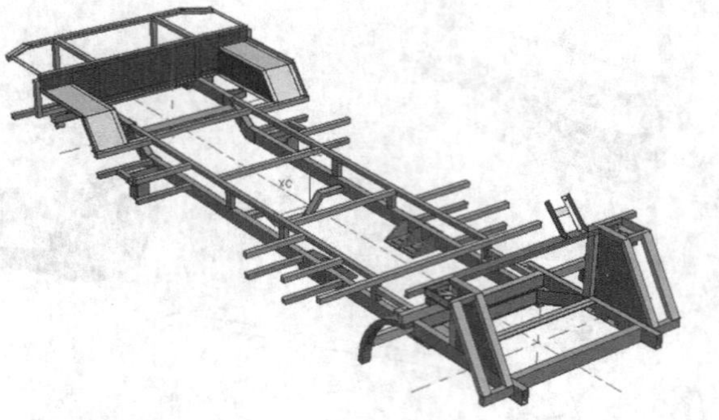

图 8-14　车架总成设计数字模型

图 8-15　制作完成的车架总成

整车模型一般用手工制作，采用聚氨酯泡沫塑料板材作为模型的主体材料，原子灰作为板材的粘合剂，矩型钢管作主体模型骨架支撑，12mm 胶合板作各位置截面样板。制作时，将整车数字模型制成 1:1 线稿图，贴在车间的墙壁上，让制作技工每天观看，有深刻印象，更好地把握模型风格和细节特点。

图 8-16　车身泡沫塑料板模型

此后根据设计图样分别完成后底座、顶棚后立柱、仪表台、座椅底座等模型（图 8-16、图 8-17）。整车模型完成后，组织相关部门人员对模型的总体外观效果、模具开发工艺性、结构设计工艺性等作出评定。然后对模型进行相应的修改和调整。待整车模型大体完成，再在车身表面刮腻子，打磨平整，喷涂底漆和面漆，完成整车模型。

对于大型产品的造型设计，一般会先制作一个 1:5 或其他比例的小模型，来推敲外观造型概念设计的效果，然后才会制作 1:1 的模型。本文所介绍的方式已较为简单，除非具有较丰富的经验，不然可能要承担较大的风险。

（3）整车设计　整车模型完成后，用移动激光扫描仪进行整车模型数据的测绘，根据测绘数据重新建立计算机三维模型，一般在概念设计阶段，设计师会花费较多的精力和工

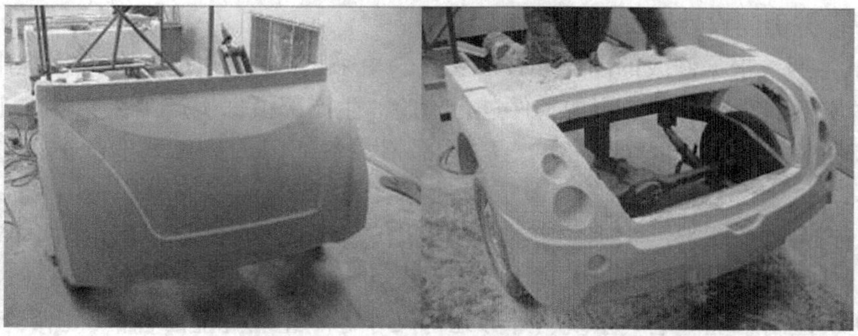

图 8-17　前围和后围模型

程技术人员讨论结构的概念设计。此后才会进入计算机三维设计阶段，这时不仅是外观造型设计，还要进行所有零部件的结构设计。最终完成的三维数据模型，其改动量基本在 10% 左右。最后还要进行内饰件、后视镜、车灯等的设计。

（4）零部件、外协件及模具加工制造　将车架总成、车身骨架图样发往外协件供应厂，制作车架总成散件和车身骨架焊接总成，完成加工后，进行检验。

将内饰件和后视镜设计的数字模型提供给外协厂，签订技术开发协议，由对方完成。

车身模型由技工按标记分割线分模，分割后的模型再将安装结构制作出来，交由玻璃钢厂进行模具开发（图 8-18）。在模具开发前，一般会让玻璃钢厂的技工参与模型制作。这样在制作模型时，他们已详细了解整车的结构和设计师的意图，使制模工作进行得较为顺利。工程师在模具制造过程中进行指导，指明每一处的结构尺寸形式。同时，根据需要对不合理的地方进行修改。

图 8-18　车身的玻璃钢模具

（5）样车试制　首先编写一份车辆主要零部件清单和一份简易的装配工艺指导文件，将需要的零部件按顺序摆放，准备足够的连接标准件，如螺母、螺栓等。

然后在工程师指导下进行整车装配，并对全过程进行记录，包括各零部件装配时间，所需零件数量，装配用工具种类，螺栓拧紧扭矩，轮胎气压等。观察记录装配结构工艺性，如何改进。

样车装配完成（图 8-19），根据记录文件，整理出一套生产、制造、安装等工艺文件。

由相关人员进行评审，内容包括性能、机构、装配工艺、包装运输、维护、

图 8-19　新研制的 11 座电动观光样车

外观造型等。并编制设计开发评审报告。

(6) 试生产　根据修改的图样和技术文件，由采购部向外协厂、供货商提出供货和生产要求。由质量部对来料和外协加工件进行检验。生产部根据生产工艺文件在工程师指导下进行生产和装配，质量部全程检验。技术部招集各部门人员对试生产车辆进行综合评审，并编写〈试生产总结报告〉。

(7) 新产品检测试验　根据评审结果，由生产部安排两台样车，交由中国特种设备检测研究中心对车辆进行型式试验，其中包括：设计资料、空载试验、满载试验、10%坡度测试、外观、控制系统、电气系统、外形几何尺寸等。经检验全部合格，出具特种设备型式试验报告。

至此，整个产品开发工作基本完成，企业可投入小批量生产。

在产品造型设计实施过程中，设计师除了做好自身的设计工作外，另一重要工作就是和工程技术和营销人员的沟通。这是一个很“烦”的事，所谓“烦”是指实施过程的复杂性，事无巨细均要沟通讨论；其次是时间长，贯穿在整个实施过程中。随着工作进程变化，如配件型号不同，材料有变动等是经常遇到的情况。设计师不能太固执己见地坚持原来的设计，要懂得妥协和改变，其实，设计是在不断修改过程中完善起来的。

第三节　工业产品造型质量评价

一、造型质量评价的概念

工业设计是一个系统同时又是一项复杂的工程。在设计活动中为了达到预想的目标和设定的发展方向，就必须在设计的各个阶段和进展环节对设计的质量展开评价。对于新产品开发来说正确的评价可以提高效率、降低设计成本、减少设计风险。造型设计评价涉及产品的使用性、经济成本、社会效益、美学、文化、环境保护等诸多复杂的因素，所以设计的优劣不能完全依靠技术指标。参与设计评价的主体有消费者、设计师、工程师、技工、营销人员、企业主管等，他们对产品造型的评价视角各不相同，心目中的评价标准也不相同，其结果也就具有相当的不确定性。

造型质量的评价也就是对产品价值的判断。在这些评价项目中，按其评比过程可分为理性的评价及直觉的评价两类。例如在价格上，产品Ⅰ比产品Ⅱ较为便宜，这显然属于理性的评价。又如比较同类产品的色彩后，对某种颜色产生偏爱，显然就属于直觉的评价了。

直觉与理性的两种判定方法在任何评价工作中都是有所兼顾的，而且往往还同时并用。在大多数设计的评估过程中，一般都是以个人的专业经验作为判断的主要依据，因为在许多审美性、舒适性以及有不少项目的评比上，计量性的数据是难以获得的，而靠经验的取舍，虽缺乏一定的确切性，但对设计初期的抉择有明显的帮助。然而个人的主观见解总是有一定的片面性，因此采用理性判断给以验证和补充，也是必不可少的。这种方法须按一定的标准对评估项目进行逐个衡量，尔后以有关的规则对其进行综合的评价。如此反复评比、筛淘、优选，最后才能确定出造型设计的最优方案。随着时代的变迁，社会意识的进步，生存目标的改变，作为一种专业知识和社会评价标准，也在逐渐改变着。

二、产品造型质量评价的项目

产品造型设计是适应人们的需要，调和环境，满足需求、机能及价值的创造性行为。尽管要评价一个产品造型设计的质量是一件主观性强的工作，但是，我们可以通过考察工业设计工作所影响到的各个方面，定性分析产品造型设计是否实现了预期的目标，并从以下五个方面做出评价。

（一）产品的用户界面质量

主要目标是评价产品使用的便利程度。用户界面的质量与产品外观、感觉以及人机交互模式有关。

与产品的用户界面质量相关的要点为：

1）产品的特征是否向顾客有效地揭示了相应的操作？

2）产品使用方便吗？

3）所有的性能都安全吗？

4）所有潜在的顾客以及产品的用途都明确了吗？

对于特定的产品，还可以将问题具体如下：

1）握持件舒适吗？

2）转动枢纽活动自如吗？

3）电源开关操作方便吗？

4）显示屏的内容便于阅读和理解吗？

（二）产品的感染力

主要评价目标是产品对顾客的感染力。感染力是部分通过产品的外观、感觉、声音和气味来实现的。

与产品的感染力有关的评价要点是：

1）产品吸引人吗？令人兴奋吗？

2）产品能显示它自身的质量吗？

3）看上去给人一种什么印象？

4）拥有产品能够给顾客带来自豪感吗？

对于特定的产品，具体问题如下：

1）车门关闭时的声响怎么样？

2）手工工具感觉坚固可靠吗？

3）咖啡机放在厨房的柜台上好看吗？

（三）产品的维护和修理性能

主要评价目标是产品维护和修理的方便程度。维护和修理应该与其他人机交互性一起考虑。

与产品的维护和修理性能相关的评价要点为：

1）产品的维护方法明显吗？方便吗？

2）产品的特征是否能反映出拆卸和装配的程序？

对于特定的产品，具体问题如下：

1）清除复印机的卡纸的方法明显吗？方便吗？

2）拆卸和清洗食品加工机的难度有多大？

3）更换随身听、遥控器或电子表的电池困难吗？

（四）产品资源的合理利用

主要评价目标是在满足顾客需要时所使用的资源的合理性。资源一般指用在工业设计和其他功能上的支出。这些因素很可能会决定制造成本。

一个设计不好的产品，或一个具有不必要的特征的产品，或一个由特种材料制成的产品都将会影响到加工工具、制造过程、装配过程等。这里要问的问题是这类支出是否合理。

与产品资源的合理利用相关的评价要点为：

1）为满足顾客的需要，所耗费的资源合理吗？

2）材料的选择恰当吗（根据成本和质量）？

3）产品的工业设计是过分还是不足（产品的特征是冗余的，还是有疏漏之处）？

4）是否考虑了环境的、生态的因素？

（五）产品的差别性

主要评价目标是评价产品的独特性，及其与企业形象的一致性。产品的差别性主要来自于产品的外观。

与产品的差别性相关的评价要点为：

1）顾客能够根据产品的外观把它与别的产品区分开来吗？

2）看到产品广告后，顾客能记住该产品吗？

3）在街头看到该产品时，顾客能认出这个产品吗？

4）产品是否符合或强化了企业的设计形象？

不同类型的产品，因其功能、用途、加工工艺、材料、生命周期等因素不同，导致造型设计评价的标准和方法各异。对于工程机械的设计评价而论，其工作性能、安全性、操纵性、生产率、节能、工艺性等指标无疑是最重要的评价标准，而美学因素显然处于次要位置。而对于手机、数码相机等产品，则更多是以其外观造型和人机交互界面为评价目标。表8-4提供了德国工业设计奖“IF”中国区评价标准。表8-5为美国工业设计师协会（IDSA）优秀工业设计评奖标准，以供参考。

表8-4　德国IF工业设计奖中国区评价标准

序　号	项　目
1	设计品质
2	工艺
3	材料选择
4	创新程度
5	环境友好
6	功能性、人机工学性
7	使用上的视觉明晰性
8	安全性
9	品牌价值和品牌营造
10	技术与形式的分离

表 8-5　美国 IDSA 优秀工业设计评奖标准

序　号	项　目
1	创新：设计如何的新颖和独特
2	美学：设计如何在形象上强化产品品质
3	用户：设计如何为用户解决问题
4	环境：设计如何承担生态义务
5	商业：设计如何有助于客户的生意

参考文献

[1] 陈震邦，张文莉．色彩设计［M］．北京：机械工业出版社，1994.
[2] 庞志成．工业造型设计［M］．哈尔滨：哈尔滨工业大学出版社，2002.
[3] 丁玉兰．人机工程学［M］．北京：北京理工大学出版社，2005.
[4] 巴尔巴拉 R. 平面设计图典［M］．沈阳：辽宁美术出版社，2002.
[5] 刘光复，刘志峰，李纲．绿色设计与绿色制造［M］．北京：机械工业出版社，2000.
[6] 张宪荣，张萱．设计色彩学［M］．北京：化学工业出版社，2003.
[7] 边守仁．产品创新设计［M］．北京：北京理工大学出版社，2002.
[8] 闫卫．工业产品造型设计程序与实例［M］．北京：机械工业出版社，2003.
[9] 许喜华．计算机辅助工业设计［M］．北京：机械工业出版社，2001.
[10] 罗世鉴，朱上上，孙守迁．人机界面设计［M］．北京：机械工业出版社，2002.
[11] 王继成．产品设计中的人机工程学［M］．北京：化学工业出版社，2004.
[12] 唐纳德 A 诺尔曼．情感化设计［M］．付秋芳，程进三，译．北京：电子工业出版社，2005.
[13] 陈浩，高筠，肖金花．语义的传达［M］．北京：中国建筑工业出版社，2005.
[14] 李雪如．搞设计［M］．北京：中国建筑工业出版社，2005.
[15] Kevin N Otto，Kristin L Wood. 产品设计［M］．齐春萍，等译．北京：电子工业出版社，2006.
[16] 胡琳．工业产品设计概论［M］．北京：高等教育出版社，2006.
[17] Bemhard E BÜrdek. 产品设计——历史、理论与实务［M］．胡飞，译．北京：中国建筑工业出版社，2007.
[18] 许或青．绿色设计［M］．北京：北京理工大学出版社，2007.
[19] 彭国希，陈杰．Pro/ENGINEER 工业设计案例精讲［M］．北京：科学出版社，2007.
[20] 丁满，孙秀丽．产品二维设计表现［M］．北京：北京理工大学出版社，2008.
[21] 谢里尔·丹格·卡伦，莉萨 L 西尔，莉萨·希其．小手册大创意［M］．刘爽，钟晓南，译．北京：中国青年出版社，2008.
[22] 佘玉亮，陈震邦．产品设计与实现［M］．北京：机械工业出版社，2008.
[23] 王效杰．工业设计——趋势与策略［M］．北京：中国轻工业出版社，2009.
[24] 孙宁娜，董佳丽．仿生设计［M］．长沙：湖南大学出版社，2010.
[25] 靳埭强．说物［M］．合肥：安徽美术出版社，2010.
[26] 坂井直树．设计的图谋［M］．济南：山东人民出版社，2010.
[27] 威廉·立德威尔．设计的法则［M］．李婵，译．沈阳：辽宁科学技术出版社，2010.
[28] 林柱岚．散步中的设计［M］．北京：中国青年出版社，2011.
[29] 刘新．好设计·好商品——工业设计评价［M］．北京：中国建筑工业出版社，2011.
[30] Mads Nygaad Folkmann. The Future Innovtors［J］. Design Danmark，2002（7）：51 – 53.
[31] John Heskett Past. Present and Future in Design for Industry［J］. Design lssves，2001，17（11）：18 – 26.
[32] Jack K Yamaguchi. 2002 North American International Auto Show［J］. Car Styling，2002，30（3）：5 – 32.
[33] Christopher A Sawyer. Opening Doors to the Future［J］. Automotive Design and Production，2008（8）：28 – 30.
[34] Kevin M Kelly. Toying with Design at Mitsubishi［J］. Automotive Design and Production，2008（4）：16 – 20.

信息反馈表

尊敬的老师：

您好！感谢您多年来对机械工业出版社的支持和厚爱！为了更好地满足您的需要，欢迎您对我社的教材多提宝贵建议。谢谢！

一、基本信息

姓名：__________ 性别：_______ 职称：_______ 职务：_______

邮编：__________ 地址：______________________________

任教课程：____________ 电话：______—______（H）_______（O）

电子邮件：__________________________ 手机：____________

二、您对本书的建议和意见

（欢迎您指出本书的疏误之处）

三、您的希望

（1）选择一本书的理由：①内在质量_______；②出版社_______；③价格_______

（2）您想要的书，买不到____

（3）您想出版一本书____

（4）____

（5）____

请与我们联系：

100037 机械工业出版社·高等教育分社 冯编辑 收

Tel：010—8837 9715（O），6899 4030（Fax）

E-mail：fcs8888@163.com